高等职业教育机电类专业教学改革系列教材

金属材料与热处理

主编　彭广威

参编　王志洪　程　文

主审　刘海渔

机械工业出版社

本书在"基于工作过程导向"的高职机械类课程体系改革的基础上，根据新课程教学大纲的要求，按照"感性认识→理性认识→综合应用"的认知规律对课程内容进行了遴选和重构。全书以项目任务驱动和项目问题导入为主线，激发学生的学习兴趣。本书充分吸取现有相关教材的优点，图文并茂，对重要点设有相关知识拓展与提示，注重在理论知识、技能、能力、素质等方面对学生进行全面培养。

本书以培养高等职业技术应用型人才为目标，着重于理论与工程实践的联系。全书分为六大课题，分别为金属材料的分类与识别、金属材料的结构与性能测试、铁碳合金组织观察与分析、金属材料的常规热处理、金属材料的表面处理、金属材料的工程选用。

本书适用于高职高专机械类专业使用，也可供电视大学、职工大学及相关工程技术人员参考。

图书在版编目（CIP）数据

金属材料与热处理/彭广威主编. —北京：机械工业出版社，2010.8
（2022.7 重印）
高等职业教育机电类专业教学改革规划教材
ISBN 978-7-111-31210-9

Ⅰ.①金… Ⅱ.①彭… Ⅲ.①金属材料-高等学校：技术学校-教材
②热处理-高等学校：技术学校-教材 Ⅳ.①TG14②TG15

中国版本图书馆 CIP 数据核字（2010）第 128268 号

机械工业出版社（北京市百万庄大街22号 邮政编码100037）
策划编辑：边 萌 责任编辑：边 萌 版式设计：霍永明
责任校对：张晓蓉 封面设计：鞠 杨 责任印制：单爱军
北京虎彩文化传播有限公司印刷
2022 年 7 月第 1 版第 8 次印刷
184mm×260mm·14 印张·345 千字
标准书号：ISBN 978-7-111-31210-9
定价：39.00 元

电话服务　　　　　　　网络服务
客服电话：010-88361066　机 工 官 网：www.cmpbook.com
　　　　　010-88379833　机 工 官 博：weibo.com/cmp1952
　　　　　010-68326294　金 书 网：www.golden-book.com
封底无防伪标均为盗版　机工教育服务网：www.cmpedu.com

高等职业教育机电类专业教学改革系列教材
湖南省高职高专精品课程配套教材

编 写 委 员 会

前　言

本书以"基于工作过程导向"的课程体系为基础，根据高职机械类专业就业岗位对金属材料相关知识和应用能力的要求，对传统的课程内容和课程结构进行了遴选和重构。课程内容的遴选是根据高职机械类大多数专业的培养目标中对金属材料理论知识及应用能力的要求，精简学科理论知识，突出理论与实践的"前因后果"关系；课程内容的重构是遵循学生的认知规律，按照"感性认识→理性认识→综合应用"的顺序对课程内容进行序化，使学生由浅入深，从具备金属材料的基本概念和初步鉴别能力，到掌握金属材料的本质和具备显微鉴别能力，再到具备金属材料及热处理的工程应用能力。在课程的教学方法和组织上，应用项目任务驱动和项目问题引入来激发学生的学习动机和兴趣。

本教材分为六大课题：金属材料的分类与识别、金属材料的结构与性能测试、铁碳合金组织观察与分析、金属材料的常规热处理、金属材料的表面处理、金属材料的工程选用。理论知识主要包括了金属材料的分类与编号、金属材料的性能与结构、金属材料的塑性变形、回复与再结晶、二元合金相图、铁碳合金相图、热处理原理及热处理工艺、表面处理相关知识等。实验实训主要为：金属的火花鉴别、硬度与冲击韧度测试、金相显微观察、普通热处理实训、表面处理实验等。全书教学时数约为 70～80 学时，各项实验实训教学约为 30 学时。在教学中，教师可根据各专业方向的侧重和实验实训设备的情况，对项目内容进行简化和省略。

本教材每个项目后有多种题型的思考与练习题，并与课程中的引导性问题相呼应，以巩固学习效果。习题中包含了大量国家机械类职业技能鉴定中金属材料方面的试题。

本教材适用于高职高专机械类、机电类专业（模具设计与制造、机电一体化、数控技术等）专业使用，也可作为成人教育学院、职工大学、业余大学等相关专业学生的用书，也可供有关专业技术人员参考。

全书由彭广威主编，王志洪和程文参编。其中课题 1、2、3、5、6 由彭广威编写，课题 4 由王志洪编写，程文参与了资料整理和核校工作。本书由刘海渔主审。

本书在编写过程中得到了株洲职业技术学院的领导和同行们的大力支持和帮助，湖南华菱涟源钢铁集团彭真工程师也提出了不少宝贵意见，在此一并表示衷心的感谢。

由于编者水平有限，书中难免有错误及不妥之处，恳请读者批评指正。

编　者

2009 年 12 月

目　　录

课题1　金属材料的分类与识别

⏰ 课题引入

首先请大家思考以下几个问题：
- ➤ 机械行业中常用的钢有哪些类型，是根据什么进行分类的？
- ➤ 机械零件和模具零件常用的钢种有哪些？
- ➤ 不同的钢种是如何进行编号的？
- ➤ 各类工业用钢分别有哪些不同的主要用途？
- ➤ 在工厂里如何区分不同的金属材料？

⏰ 课题说明

机械工程材料一般分为金属材料和非金属材料，其中金属材料是现代化工业、农业、国防和科学技术等部门使用最多的材料，从日常生活用品到高科技产品，从简单的手工工具到复杂的机构，都使用了不同种类、不同性能的金属材料。

金属材料的品种繁多，性能各不相同。本项目通过对金属材料的分类和识别，学习各类常用金属材料的编号及简单识别方法，从而具备对常用金属材料的初步认识，为后续项目深入了解金属材料的性能及应用打下基础。

⏰ 课题目标

知识目标：
- ◇ 掌握工业用钢的分类方法。
- ◇ 掌握普通碳钢、优质碳钢、碳素工具钢、合金结构钢和合金工具钢的编号。
- ◇ 熟悉各种类型钢的主要工业用途。
- ◇ 能根据机械零部件的不同要求进行合理选材。
- ◇ 掌握砂轮机的安全使用和金属材料火花鉴别实验的操作技能。
- ◇ 熟悉常用碳素钢和合金钢的火花特征。
- ◇ 能利用火花鉴别区分常用碳素钢和合金钢。
- ◇ 独立完成课后练习题。

技能目标：
- ◇ 掌握火花鉴别的基本操作方法和流程。
- ◇ 能熟练安全地使用砂轮机。
- ◇ 能根据材料的火花特征和标准钢种的火花特征的对比进行钢种鉴别。

📖 理论知识

问题1 为什么大多数金属导电，而一般的塑料和陶瓷不导电？

1.1 金属材料概述

1.1.1 工程材料的分类

材料是人类生产和社会发展的重要物质基础。在生活、生产和科技各个领域中，用于制造结构、机器、工具和功能器件的各类材料统称为工程材料。工程材料按其组成特点和性质可分为金属材料（如钢铁、铝合金）、有机高分子材料（如塑料、橡胶）、无机非金属材料（如陶瓷、水泥、玻璃）及复合材料（由前三种材料中的两种或以上的材料复合而成，如钢筋混凝土、碳纤维增强塑料）四大类。

金属材料、有机高分子材料、无机非金属材料具有明显的不同特性。比如：金属一般能导电，具有较好的塑性；高分子材料熔点低、质量轻；无机非金属材料一般熔点高、硬而脆。这些材料具有不同的特性主要是由于它们的组成质点（原子、分子或离子）之间的结合方式和作用力（结合键）不同造成的。

固体中的结合键有四种：离子键、共价键、金属键和分子键。

1. 离子键和离子晶体

离子键是由电子转移（失去电子者为阳离子，获得电子者为阴离子）形成的，即正离子和负离子之间由于静电引力所形成的化学键。离子键形成的矿物总是以离子晶体的形式存在，如氯化钠即为典型的离子晶体。

离子晶体的特点：①离子键的结合力大，因此离子晶体的硬度和强度高，热膨胀系数小，但脆性大；②离子键为正常价化合物，键中很难产生可以自由运动的电子，所以离子晶体都是良好的绝缘体；③在离子键中，外层电子被牢固束缚，不会被可见光激发，因而不吸收可见光，所以典型的离子晶体是无色透明的。

2. 共价键和共价晶体

共价键也是一种化学键。由两个或多个原子共同使用它们的外层电子，在理想情况下达到电子饱和的状态，由此组成比较稳定和坚固的化学结构叫做共价键。金刚石为典型的共价晶体。

共价晶体的特点：①共价键的结合力很大，所以共价晶体强度和硬度很高，脆性大，熔点和沸点高，挥发性低，结构也比较稳定；②由于相邻原子所共有的电子不能自由运动，共价晶体的导电能力较差。

陶瓷主要为一种或多种金属元素与一种非金属元素的化合物，如硅、铝氧化物的硅酸盐材料、高熔点的氧化物、碳化物、氮化物、硅化物等。非金属原子与金属原子化合时形成很强的离子键，同时也存在一定成分的共价键。所以陶瓷表现为硬度很高、熔点高、但脆性很大。

3. 金属键和金属晶体

金属键主要存在于金属中，金属原子结构的外层电子少，容易失去。当金属原子相互靠近时，这些外层电子就脱离原子，成为自由电子，形成电子云，为所有失去电子的金属离子所共有。这种由金属正离子和自由电子之间相互作用而结合的方式称为金属键，如图1-1所示。

金属晶体的特点：①金属键中有大量自由电子，当金属两端存在电势差时，电子可以定向、加速地流动，使金属表现出优良的导电性；②由于自由电子的活动性强及金属离子的震动作用，金属的导热性很好；③金属键没有方向性，原子间也没有选择性，所以在外力作用下发生原子位置的相对移动时，键不会被破坏，使金属表现出良好的塑性变形能力；④金属中的自由电子能吸收并随后辐射出大部分投射到表面的光线，所以金属不透明并呈现特有的金属光泽。

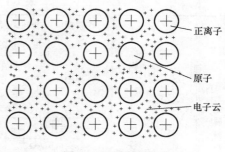

图1-1　金属键模型

4. 分子键和分子晶体

分子键为物理键。由双原子分子的偶极形成很弱的作用力（也称范德华力），结合过程中，没有电子的得失及共有或公有化，价电子的分布几乎不变。大部分有机化合物的晶体和二氧化碳（CO_2）、二氧化硫（SO_2）、氯化氢（HCl）、氢（H_2）等在低温下形成的晶体都是分子晶体。

分子晶体的特点：由于范德华力很弱，所以分子晶体结合力很小，熔点很低、硬度也很低。

高分子材料主要包括塑料、橡胶及合成纤维。主要成分为有机化合物，亦称聚合物，是由大量分子量特别高的大分子化合物组成。有机物质主要以碳元素（通常还有氢元素）为其结构组成。大分子内的原子之间由很强的共价键结合，而大分子与大分子之间的结合力为较弱的范德华力。所以高分子材料具有塑性良好，绝缘性很好、强度和硬度较低、熔点低、重量轻等特点。

1.1.2 金属材料的基本分类

金属材料是最重要的工程材料，尤其是对机械行业更是如此。金属材料包括金属和以金属为基的合金。传统金属材料主要包括工业用钢、铸铁、非铁金属材料等三大类。

以铁为主要元素，碳的质量分数一般在2%以下，并含有其他元素的材料称为钢。其中非合金钢价格低廉，工艺性能好，力学性能能够满足一般工程和机械制造的使用要求，是工业中用量最大的金属材料。但工业生产不断对钢提出更高的要求，为了提高钢的力学性能，改善钢的工艺性能和得到某些特殊的物理化学性能，有目的的向钢中加入某些合金元素，就得到合金钢。

工业上常用的铸铁是碳的质量分数在2%～4%的铁、碳、硅多元合金。有时为了提高力学性能或物理、化学性能，还可加入一定量的合金元素，得到了合金铸铁。铸铁在机械制造中应用很广。按重量计算，汽车、拖拉机中铸铁零件约占50%～70%，机床中约占60%～90%。常见机床床身、工作台、箱体、底座等形状复杂或受压力及摩擦作用的零件，大多用铸铁制成。

以铁和铁合金为成分的钢和铸铁也称为黑色金属。而除此之外的金属材料，工业上一般称为非铁金属或有色金属。与钢铁相比，非铁金属的产量低、价格高，但由于其具有许多优良特性，因而在科技和工程中也占有重要的地位，是一种不可缺少的工程金属材料。

综上所述，金属材料的基本分类如表1-1所示。

表 1-1　金属材料的基本分类

金属材料	钢铁材料	钢	碳素钢	普通碳素结构钢、优质碳素结构钢、易切削碳素结构钢、碳素工具钢
			合金钢	低合金高强度结构钢、滚动轴承钢
				合金结构钢	合金渗碳钢、合金调质钢、合金弹簧钢
				合金工具钢	量具钢、刃具钢、模具钢
				特殊性能钢	不锈钢、耐磨钢、耐热钢
		铸铁	一般性能铸铁	灰铸铁、球墨铸铁、可锻铸铁、蠕墨铸铁
			特殊性能铸铁	耐磨铸铁、耐热铸铁、耐蚀铸铁
	非铁金属材料	铝及铝合金(变形铝合金、铸造铝合金)
		铜及铜合金(黄铜、白铜、青铜)
		其他金属及合金(钛及钛合金、轴承合金、锌及锌合金、镁合金等)
		硬质合金、高温合金等

1.1.3　金属材料的发展历史

我国是世界上最早使用金属材料及热处理技术的国家之一。早在4000年前，我们的祖先就开始使用金属材料。公元前1000多年的殷商时代，我国进入青铜器时代。青铜冶铸技术已达到了很高的水平，在武器、劳动工具、生活用具、礼器等方面已大量使用青铜器。如重达875kg的司母戊大鼎，不仅体积庞大，而且花纹精巧、造型美观，是迄今世界上最古老的大型青铜器；越王勾践的两把青铜宝剑，长55.6cm，至今锋利异常，是我国古青铜器的杰作。春秋战国时期《周礼·考工记》中关于青铜"六齐"论述，总结出了青铜的成分、性能和用途之间的关系，在当时达到了世界的最高水平，创造了灿烂的青铜文化。

从青铜器过渡到铁器是生产工具的重要发展，我国早在周代就已经掌握了生铁的冶炼技术，并用于农业生产。特别是战国后期，开始大量使用铁器。从兴隆战国铁器遗址中发掘出了浇铸农具用的铁模，说明冶铸技术同泥砂造型水平进入铁模铸造的高级阶段。到了西汉时期，炼铁技术又有很大的提高，采用煤作炼铁的燃料，这要比欧洲早1700多年。在河南巩县汉代冶铁遗址中，发掘出20多座冶铁炉和锻炉，炉型庞大，结构复杂，并有鼓风装置和铸造坑。我国古代创造了三种炼钢方法：第一种是从矿石中直接炼出自然钢，用这种钢做的剑在东方各国享有盛誉，东汉时传入欧洲；第二种是西汉时期的经过"百次"冶炼锻打的百炼钢；第三种是南北朝的灌钢。先炼铁后炼钢的两步炼钢技术我国要比其他国家早1600多年。从西汉到明朝的一千五、六百年间，我国钢铁生产技术远远超过了世界各国。相应地，其他金属材料的工艺技术也都有高度的发展，留下了大量的珍贵文物和历史文献。

铁器在公元前1000多年以前在亚洲大地上出现以后，逐渐在文明古国巴比伦、埃及和希腊也得到了广泛的应用。经过许多世纪的发展，西欧和俄国后来居上，创造了不少冶炼技术，使钢铁材料的生产和应用跨进一个新的阶段。但是，由于材料的问题太复杂，直到17世纪的科学革命和18、19世纪的工业革命时期，人们对金属材料的认识仍是非理性的，还主要停留在工匠、艺人的经验技术水平上。

18世纪以后，由于工业迅速发展，对材料特别是钢铁的需求急剧增长。为适应这一需要，在化学、物理、材料力学等学科的基础上，产生了一门新的科学——金属学。它明确地提出了金属的外在性能决定于内部结构的概念，并以研究它们之间的关系为主要任务。近

100多年来，由于显微镜、X射线技术、电子显微镜等新仪器和新技术的相继出现和发展，金属学得到了长足的进步。

近代中国，由于封建制度的腐败和帝国主义的侵略与压迫，科学技术发展极为落后。新中国成立后，我国在金属材料及热处理技术方面有了突飞猛进的发展，促进了冶金、机械制造、石油化工、仪器仪表、航空航天等现代工业的进步。"两弹一星"、载人航天、超导材料、纳米材料等重大项目的研究与成功，标志着我国在金属材料及热处理技术方面都达到了一个新的水平。

问题2 工业用钢是如何分类和命名编号的？

1.2 钢的分类及编号

钢是使用最广、用量最大的金属材料，在现代工农业生产中占有极其重要的地位，在机械制造业中更是如此。如在机加工车间，机床的主要零部件、加工用所的刀具和夹具、其他辅助设备与工具大多都由不同类型的钢制造而成，而要加工的对象也往往是钢质零件。

钢是碳的质量分数在0.04%~2.3%之间的铁碳合金。随着含碳量的增加，钢的强度和硬度增加、塑性下降。为了保证其韧性和塑性，碳的质量分数一般不超过1.7%。此外在铁碳合金基础上加入各种合金元素，可制成各种合金钢。加入不同的合金元素，可使合金钢具有耐热、耐腐蚀、耐磨、高强度等特殊性能。

生产上使用的钢材料品种很多，在性能上也千差万别，为了便于生产、使用和研究，要对钢进行分类和编号。

1.2.1 钢的传统分类方法

工业用钢的种类很多，根据不同的需要，可采用不同的分类方法，多数情况下需将几种不同方法混合起来使用。

1. 按钢的用途分类

（1）结构钢 结构钢用于制造各种工程结构（建筑工程、桥梁、船舶、车辆、压力容器）和各种机器零件（轴、齿轮、各种联接件等）的钢种称为结构钢。根据成分特点，它主要包括碳素结构钢和合金结构钢。结构钢的一般性能要求为较高的强度和韧性，所以主要为低碳钢和中碳钢（碳的质量分数在0.05%~0.60%）。

（2）工具钢 工具钢是用于制造各种加工工具的钢种。根据工具的不同用途，又分为刃具钢、模具钢、量具钢。根据成分特点，主要包括碳素工具钢和合金工具钢。工具钢的一般性能要求为高强度、高硬度、良好的耐磨性，所以主要为高碳钢（碳的质量分数在0.7%~2.0%）。机械制造业主要使用结构钢、工具钢（量具钢、刃具钢、模具钢）、专业用钢（如桥梁用钢、锅炉用钢）、特殊性能钢（如耐热钢、不锈钢）等。

（3）特殊性能钢 特殊性能钢是指具有某种特殊的物理或化学性能的钢种，用于某些专用行业。包括不锈钢、耐热钢、耐磨钢、电工钢等。

2. 按钢的成分分类

（1）碳素钢 碳素钢是指碳的质量分数低于2%，并有少量硅、锰以及磷、硫等杂质的铁碳合金。工业上应用的碳素钢碳的质量分数一般不超过1.4%。由含碳量的高低又分为

低碳钢：碳的质量分数≤0.25%。

中碳钢：碳的质量分数 = 0.25% ~ 0.60%。

高碳钢：碳的质量分数 ≥ 0.60%。

（2）合金钢　合金钢是指在碳素钢基础上添加适量的一种或多种合金元素而构成的铁碳合金。根据添加元素的不同，并采取适当的加工工艺，可获得高强度、高韧性、耐磨、耐蚀、耐低温、耐高温、无磁性等特殊性能。合金钢的主要合金元素有硅、锰、铬、镍、钼、钨、钒、钛、铌、锆、钴、铝、铜、硼、稀土等。由含合金总量高低又分为：

低合金钢：合金的质量分数 ≤ 5%。

中合金钢：合金的质量分数 = 5% ~ 10%。

高合金钢：合金的质量分数 ≥ 10%。

3. 按钢的质量等级分类（有害杂质硫 S、磷 P 含量）

（1）普通钢　硫的质量分数 = 0.035% ~ 0.05%，磷的质量分数 = 0.035% ~ 0.045%。

（2）优质钢　硫的质量分数、磷的质量分数均 ≤ 0.035%。

（3）高级优质钢　硫的质量分数 = 0.020% ~ 0.030%，磷的质量分数 = 0.025% ~ 0.030%。

4. 按炼钢时的脱氧方法分类

可分为沸腾钢（用 F 表示）、镇静钢（用 Z 表示）、半镇静钢（用 BZ 表示）。

5. 按钢中主要元素的种类分类

可分为锰钢、铬钢、硼钢、硅锰钢等。

6. 按室温下金相组织分类

可分为珠光体钢、贝氏体钢、奥氏体钢、马氏体钢、莱氏体钢等。

7. 工业用钢材按最终加工方法分类

分为热（冷）轧钢材、拉拔材、锻材、挤压材、铸件等。

8. 按加工前毛坯形状分类

分为线材（如普线、高线、螺纹钢等）、型材（如工字钢、角钢、槽钢等）、板材（如中厚板、容器板、镀锌板等）、管材（不锈钢管、无缝钢管等）。

1.2.2　钢的新国标分类方法

钢的新分类方法国家标准 GB/T 13304—2008 是参照国际标准制定的。按照化学成分、质量等级和主要性能及使用特性进行分类，分为三大类：非合金钢、低合金钢、合金钢。新国标钢的分类总结归纳如表 1-2 所示。

表 1-2　钢的新国家标准分类

钢	非合金钢	普通质量非合金钢	普通碳素结构钢、碳素钢筋钢、铁道用一般碳素钢、一般钢板桩型钢等
		优质非合金钢	优质碳素结构钢、工程结构用碳素钢、冲压薄板用低碳结构钢、镀层板带用碳素钢、锅炉和压力容器用碳素钢、造船用碳素钢、铁道用碳素钢、焊条用碳素钢、标准件用钢、冷锻用钢、非合金易切削钢、优质铸钢等
		特殊质量非合金钢	碳素工具钢、碳素弹簧钢、电磁纯铁、原料纯铁、特殊易切削钢、保证淬透性非合金钢、保证厚度方向性能非合金钢、铁道用特殊非合金钢、航空兵器等用非合金结构钢、核能用非合金钢、特殊焊条用非合金钢等
	低合金钢	普通质量低合金钢	一般低合金高强度结构钢、低合金钢筋钢、铁道用一般低合金钢、矿用一般低合金钢
		优质低合金钢	通用低合金高强度结构钢、锅炉和压力容器用低合金钢、造船用低合金钢、汽车用低合金钢、铁道用低合金钢、矿用优质低合金钢等

（续）

钢	低合金钢	特殊质量非合金钢	核能用低合金钢、保证厚度方向性能低合金钢、铁道用特殊低合金钢、舰船及兵器等专用低合金钢等
	合金钢	优质合金钢	一般工程结构用合金钢、合金钢筋钢、耐磨钢、电工用硅钢、铁道用合金钢等
		特殊质量合金钢	合金结构钢（渗碳钢、调质钢）、合金工具钢、高速工具钢、合金弹簧钢、不锈钢、轴承钢、耐热钢、无磁钢、压力容器用合金钢

1.2.3　非合金钢和低合金钢的编号及应用

我国目前工业用钢主要还是依据传统分类方法进行编号命名。采用汉语拼音字母、国际化学符号与阿拉伯数字相结合的原则表示钢的牌号。

1. 普通碳素结构钢

普通碳素结构钢是建筑及工程用非合金结构钢，简称普通碳钢，其牌号由 Q（表示屈服强度）、屈服点数值、质量等级符号、脱氧方法等部分按顺序组成。其中，质量等级用 A、B、C、D、E 表示硫磷含量不同；脱氧方法用 F（沸腾钢）、BZ（半镇静钢）、Z（镇静钢）、TZ（特殊镇静钢）表示，钢号中 Z 和 TZ 可以省略。

例如 Q235AF，表示屈服点 $\sigma_s = 235\mathrm{MPa}$，质量为 A 级的沸腾碳素结构钢；Q390A 为 $\sigma_s = 390\mathrm{MPa}$，质量为 A 级的低合金高强度结构钢。

普通碳素结构钢价格低廉，工艺性能（焊接性、冷变形成形性）优良，用于制造一般工程结构及普通机械零件。通常热轧成扁平成品或各种型材（圆钢、方钢、角钢、工字钢、钢筋等），一般不经过热处理，在热轧态下直接使用。表 1-3 分别列出了典型普通碳素结构钢的牌号、化学成分及应用。

表 1-3　普通碳素结构钢的牌号、化学成分及应用

牌　号	主要化学成分（质量分数）（%）					应 用 举 例
	C	Mn	Si	S	P	
Q195	0.06 ~ 0.12	0.25 ~ 0.50				制作钉子、铆钉、垫块及各种轻载荷的冲压件
Q215	0.09 ~ 0.15	0.25 ~ 0.55				
Q235	0.14 ~ 0.22	0.30 ~ 0.65	≤0.30	≤0.05	≤0.045	广泛用于制作小轴、连杆、螺栓、螺母、法兰、垫板垫块等受力不大要求不高的零件
Q255	0.18 ~ 0.28	0.40 ~ 0.70				强度较 Q235 稍高，用于制作拉杆、连杆、转轴、心轴、一般齿轮和键等
Q275	0.28 ~ 0.38	0.50 ~ 0.80				

【提示与拓展】

Q235 旧称 A3 钢，是普通碳素结构钢中应用最广泛的一种钢，其综合力学性能较好，价格便宜，作为型材和管材广泛应用于建筑工程。在机械制造领域，也广泛用于制作各类钢制普通零件。钳工实训操作大都用此类钢作为钳工操作训练钢种。

2. 低合金高强度结构钢

在旧标准中，低合金高强度结构钢作为合金结构钢进行编号。在最新标准中，低合金高强度结构钢套用普通碳素结构钢的编号方法。即以字母 Q + 屈服强度值编号。

低合金高强度结构钢中加入了少量合金元素如锰、铬、钒、钛、铌等，改善了钢的性能，所以其屈服强度相对普通碳素结构钢要高。这类钢主要用于房屋、桥梁、船舶、车辆、铁道、高压容器及大型军事工程等工程结构件。表 1-4 为典型低合金高强度结构钢的新、旧标准牌号对照及应用。

表 1-4　低合金高强度结构钢的新、旧标准牌号对照及应用

新标准	旧标准	应用举例
Q295	09MnV、09MnNb、09Mn2、12Mn	车辆的冲压件、冷弯型钢、螺旋焊管、拖拉机轮圈、低压锅炉气包、中低压化工容器、输油管道、储油罐、油船等
Q345	12MnV、14MnNb、16Mn、18Nb	船舶、铁路车辆、桥梁、管道、锅炉、压力容器、石油储罐、起重及矿山机械、厂房钢架等
Q390	15MnTi、16MnNb、15MnV	中高压锅炉锅简、中高压石油化工容器、大型船舶、桥梁、车辆、起重机及其他较高载荷的焊接结构件等
Q420	15MnVN、14MnVTiRE	大型船舶、桥梁、电站设备、起重机械、机车车辆、中压或高压锅炉及容器及其大型焊接结构件等
Q460		可经热处理后用于大型挖掘机、起重运输机械、钻井平台等

3. 优质碳素结构钢

优质碳素结构钢是用于制造重要机械结构零件的非合金结构钢,牌号用两位数(表示平均碳量的万分数)表示。若钢中锰的含量较高时,在数字后面加上化学元素符号 Mn。

例如:40 钢表示碳的平均质量分数为 0.40% 的优质碳素结构钢;60Mn 表示碳的平均质量分数为 0.60%,且钢中合金 Mn 含量较高的优质碳素结构钢。

优质碳素结构钢在机械制造中应用极为广泛,一般是经过热处理以后使用,以充分发挥其性能潜力。优质碳素结构钢的牌号及应用如表 1-5 所示。

表 1-5　优质碳素结构钢的牌号及应用

牌 号	应用举例
05F	主要用作冶炼不锈钢、耐酸钢等特殊性能钢的炉料,也可代替工业纯铁使用,还用于制造薄板、冷轧钢带等
08(F)	用来制成冷冲钢带和钢板用以制造深冲制品、油桶;也可用于制成管子、垫片及心部强度要求不高的渗碳和碳氮共渗零件、电焊条等
10(F)	用于制造锅炉管、油桶顶盖、钢带、钢丝、钢板和型材,也可制作机械零件
15(F)	用于制造机械上的渗碳零件、坚固零件、冲锻模件及不需要热处理的低负荷零件,如螺栓、螺钉、拉条、法兰盘及化工机用储器、蒸气锅炉等
20(F)	用于不经受很大应力而要求韧性的各种机械零件,如拉杆、螺钉、起重钩等;也用于心部强度不大的渗碳与碳氮共渗零件,如轴套、轴以及不重要的齿轮、链轮等。在模具上常用于制作导柱与导套
25	用作热锻和热冲压的机械零件,机床上的渗碳及碳氮共渗零件,以及重型和中型机械制造中的负荷不大的轴、辊子、连接器、垫圈、螺栓、螺母等,还可用作铸钢件
30、35	用作热锻和热冲压的机械零件如冷拉丝、钢管,机械制造中的零件如转轴、曲轴、轴销、杠杆、连杆、横梁、星轮、套筒、钩环、螺母等,还可用来铸造汽轮机机身、轧钢机机身、飞轮、均衡器等
40	用来制造机器的运动零件,如辊子、轴、曲柄销、传动轴、活塞杆、连杆、圆盘等,以及火车车轴
45	广泛用于制造各类机械零件,如汽轮机、压缩机、泵的运动零件,还可来代替渗碳钢制造齿轮、轴、活塞销等零件。在模具上常用于制作固定板、垫板、支撑板等结构零件
50	用于耐磨性要求高、动载荷及冲击作用不大的零件,如铸造齿轮、拉杆、轧辊、轴摩擦盘、次要的弹簧、农机上的掘土犁铧、重负荷的心轴与轴等
55	用于制造齿轮、连杆、轮圈、轮缘、扁弹簧及轧辊等,也作铸件
60、65	用于制造气门弹簧、弹簧圈、轴、轧辊、各种垫圈、凸轮及钢丝绳等
70、80	用于制造各类普通弹簧
15Mn、25Mn	用于制造中心部分的力学性能要求较高且需渗碳的零件
30Mn	用于制造螺栓、螺母、螺钉、杠杆、制动踏板;还可以制造在高应力下工作的细小零件,如农机上的钩、环、链等

【提示与拓展】

45 钢是优质碳素结构钢中应用最广泛的钢种，属于中碳钢。在经过调质处理后零件具有良好的综合力学性能，广泛应用于各种重要的结构零件，特别是那些在交变负荷下工作的连杆、螺栓、齿轮及轴类等。

4. 易切削结构钢

易切削钢是在钢中加入一种或几种元素，形成对切削加工有利的夹杂物，使钢材具备较好的切削加工性能。易切削钢的编号是在同类结构钢牌号前加字母 Y（"易"的拼音字首），以区别其他结构用钢。如 Y12、Y15 等。

易切削钢主要用于制作受力较小而对尺寸和光洁度要求严格的仪器仪表、手表零件、汽车、机床和其他各种机器上使用的，对尺寸精度和表面粗糙度要求严格，而对力学性能要求相对较低的标准件，如齿轮、轴、螺栓、阀门、衬套、销钉、管接头、弹簧坐垫及机床丝杠、塑料成型模具、外科和牙科手术用具等。

5. 碳素工具钢

碳素工具钢的牌号是在字母 T（碳的拼音字首）的后面加数字（表示平均含碳量的千分数）表示。例如，T9 表示碳的平均质量分数为 0.90% 的碳素工具钢。碳素工具钢都是优质钢，若钢号末加字母 A，则表示该钢为高级优质钢。

相对于碳素结构钢，碳素工具钢的含碳量高，热处理后可得到较高的强度和硬度。碳素工具钢生产成本较低，加工性能良好，可用于制作低速、手动刀具及常温下使用的工具、模具、量具等。各种牌号的碳素工具钢淬火后的硬度相差不大，但随着含碳量的增加，钢的耐磨性提高，韧性降低。因此，不同牌号的工具钢适用于不同用途的工具。常用碳素工具钢的牌号及应用如表 1-6 所示。

表 1-6　常用碳素工具钢牌号及应用

牌　号	应用举例
T7	用于制作承受振动和冲击、硬度适中、有良好韧性的工具,如錾子、冲头、木工工具、大锤等
T8	制作有较高硬度和耐磨性的工具,如冲头、木工工具、剪切金属用剪刀等
T9	制作有一定硬度和韧性的工具,如冲模、冲头、凿岩石用錾子等
T10、T11	用于制作耐磨性要求较高,不受剧烈振动,具有一定韧性及锋利刃口的各种工具,如刨刀、车刀、钻头、丝锥、手锯锯条、拉丝模、简单冷冲模等
T12	用于不受冲击、高硬度的各种工具,如丝锥、锉刀、刮刀、铰刀、板牙、量具等
T13	用于不受振动、要求极高硬度的各种工具,如剃刀、刮刀、刻字刀具等

6. 工程用铸造碳钢

铸造碳钢牌号前面是 ZG（铸钢二字汉语拼音字母），后面第一组数字表示屈服点，第二组数字表示抗拉强度，若牌号末尾加字母 H 表示该钢是焊接结构用碳素铸钢。例如，ZG230—450 表示屈服点为 230MPa、抗拉强度为 450MPa 的工程用铸钢。

在机械制造业中，许多形状复杂，用锻造的方法难以生产，力学性能要求比铸铁高的零件，可用碳钢铸造生产，但其铸造性能比铸铁差。铸造碳钢广泛用于制造重型机械、矿山机械、冶金机械、机车车辆的某些要求不高但形状复杂的零件，如机座、变速器壳、阀体等。

1.2.4　合金钢的编号及应用

我国合金钢的编号是按照合金钢中的含碳量及所含合金元素的种类（元素符号）和含

量来编制的。一般，钢号的首部是表示碳的平均含量，表示方法与优质碳素钢的编号是一致的。对于结构钢，表示含碳量的万分数，对于工具钢，表示含碳量的千分数。当钢中某合金元素的平均质量分数 $w_{Me} < 1.5\%$ 时，牌号中只标出元素符号，不标明含量；当 $w_{Me} = 1.5\% \sim 2.5\%$、$2.5\% \sim 3.5\%$……时，在该元素后面相应地用整数2、3……注出其近似含量。

1. 合金结构钢

例如 60Si2Mn，表示碳的平均质量分数为 0.60%、硅的质量分数为 1.5% ~2.4%、锰的质量分数少于 1.5% 的合金结构钢；09Mn2V 表示碳的平均质量分数为 0.09%、锰的质量分数为 1.5% ~2.4%、钒的质量分数少于 1.5% 的合金结构钢。钢中钒、钛、铝、硼、稀土（以 Re 表示）等合金元素，虽然含量很低，仍应在钢号中标出，例如 40MnVB 等。

合金结构钢根据其用途和热处理特点可分为：合金渗碳钢、合金调质钢、合金弹簧钢、滚动轴承钢等。

滚动轴承钢有自己独特的牌号。牌号前面以字母 G（滚的拼音字首）为标志，其后为铬元素符号 Cr，其质量分数以千分数表示，其余与合金结构钢牌号相同，例如 GCr15SiMn，表示铬的质量分数为 1.5%，硅和锰的质量分数分别低于 1.5% 的滚动轴承钢。

主要合金结构钢的牌号、特点及应用如表 1-7 所示。

表 1-7　主要合金结构钢的牌号、特点及应用

类别	牌号（加粗为常用典型钢种）	性能特点	应用举例
合金渗碳钢	20Cr 20CrMnTi 20MnVB 12Cr2Ni4 18Cr2Ni4WA	经表面渗碳再淬火及回火后可使表面具有高硬度和强度,心部具有良好塑性和韧性	用于制造承受强烈冲击载荷和摩擦磨损的机械零件,如汽车、拖拉机中的变速齿轮、内燃机的凸轮轴、活塞销等
合金调质钢	40MnB 40Cr 35CrMo 38CrMoAl 40CrNiMoA	经调质处理(淬火 + 高温回火)后具有高强度、高韧性相结合的良好综合力学性能	主要用于制造在重载荷下同时又受冲击载荷作用的一些重要零件,如汽车、拖拉机、机床上的齿轮、轴类件、连杆、高强度螺栓等
合金弹簧钢	55Si2Mn 60Si2Mn 60Si2CrA	经淬火加中温回火后具有高弹性极限和屈强比,还具有较好的疲劳强度和韧性	主要用于汽车、拖拉机、机车上的减振弹簧和螺旋弹簧、阀门弹簧、活塞弹簧等
滚动轴承钢	GCr9 GCr15 GCr15SiMn	热处理后具有高而均匀的硬度和耐磨性、高的接触疲劳强度、足够的韧性	主要用于制造滚动轴承的内、外套圈以及滚动体,也可用于制造模具和量具

2. 合金工具钢

合金工具钢的牌号与合金结构钢相类似，区别在于含碳量数值表示不同。当碳的平均质量分数小于 1.0% 时，牌号前以含碳量的千分数表示；当碳的平均质量分数等于或大于 1.0% 时，牌号前不标数字。

例如 9SiCr 表示碳的平均质量分数为 0.90%、硅和锰的质量分数均少于 1.5% 合金工具钢；CrWMn 则表示钢中碳的平均质量分数等于或大于 1.0%、钨和锰的质量分数均少于 1.5% 合金工具钢。

合金工具钢与碳素工具钢的共同之处在于都具有较高的含碳量，热处理后可获得高强度和高硬度。区别在于由于合金元素的加入，合金工具钢的热硬性、淬透性和强韧性都优于碳

素工具。

在机械工程上所用的合金工具钢品种繁多，通常按用途分为量具刃具钢（如9SiCr）、冷作模具钢（如CrWMn、Cr12MoV）、热作模具钢（如5CrNiMo）、塑料模具钢（4Cr5MoSiV）、无磁工具钢等。但根据类型和使用条件不同，刃具和模具材料很广泛，不局限于合金工具钢，还包括了优质碳钢、碳素工具钢、合金结构钢、滚动轴承钢、高速钢、不锈钢、硬质合金等，具体在课题6中详细介绍。

3. 高速工具钢

高速钢也属于合金工具钢的范畴，因其独特的性能和用途而将其单列出来。高速钢的编号与合金工具钢基本相同，但不论含碳量为多少，牌号中平均含碳量均不标出。

顾名思义，高速钢指用于高速切削的刀具用钢，主要用于制作各类机械加工刀具，如钻头、铣刀、车刀等。其显著特点为具有很好的热硬性，高速钢刀具在高速切削时，温度可达到600℃，而其硬度仍无明显下降。此外，高速钢还具有高强度、高硬度、高耐磨性及良好的韧性，也是常用的冷作模具材料。常用的高速钢为W18Cr4V和W6Mo5Cr4V2（简称6542）。

【提示与拓展】

高速钢是目前机械生产中应用最广泛、最主要的刀具材料。因为其性能特点，高速钢又俗称"锋钢"（容易磨得锋利），"风钢"（在空气中冷却就可以淬硬），"白钢"（出厂时四边磨得光亮而洁白），"油钢"（在淬火时大部在油中冷却淬火）。

4. 特殊性能钢

特殊性能钢的牌号表示方法与合金工具钢基本相同，只是当碳的质量分数小于0.08%及小于0.03%时，在牌号前面分别标出"0"及"00"，例如0Cr19Ni9、00Cr30Mn2等。

特殊性能钢是指某些具有特殊的物理、化学性能，在特殊的环境及工作条件下使用的钢。工程上常用的特殊性能钢有不锈钢、耐热钢、耐磨钢等。

特殊性能钢常用钢种的分类、牌号及应用如表1-8所示。

表1-8　特殊性能钢常用钢种的分类、牌号及应用

组别	分类	牌号	性能特点	应用举例
不锈钢	马氏体不锈钢	1Cr13、2Cr13、3Cr13、4Cr13	一般具有良好的抵抗空气、蒸汽和水、酸、碱、盐腐蚀性介质腐蚀的能力；同时具有良好的塑性和韧性及较高的强度	用于制造各种腐蚀介质中工作的零件和构件，如化工装置中的各种管道、阀门和泵，医疗手术刀，防锈刃具和量具，耐腐蚀模具。也用来制作日常生活用具，如餐具、水壶等
	铁素体不锈钢	0Cr13、1Cr17、1Cr28、1Cr17Ti		
	奥氏体不锈钢	0Cr19Ni9、0Cr18Ni9、1Cr19Ni9、1Cr18Ni9Ti		
耐热钢	抗氧化钢	1Cr13Si13、3Cr18Ni25Si2	具有较强的高温抗氧化能力及高温强度保持能力	常用于长期在燃烧环境下工作要保持一定强度的零件，如内燃机气阀、加热炉构件、高压锅炉的过热器等
	热强钢	5CrMo、4Cr10Si2Mo、4Cr9Si2		
耐磨钢	高锰钢	ZGMn13	表面硬度高，耐磨性很好，心部韧性好，强度高，而且经受挤压摩擦时极易形成加工硬化	主要用于在工作过程中承受严重磨损和强烈冲击的零件，如铁路道岔、坦克履带、挖掘机铲齿等构件

【提示与拓展】

购买不锈钢生活用品时，用磁铁测试材质是否具有磁性是辨别不锈钢的普通方法之一。

实际上，只有奥氏体不锈钢一般无磁性（加工后或有弱磁性），而铁素体不锈钢、双相不锈钢、马氏体不锈钢、沉淀硬化不锈钢都带有磁性。无论有无磁性，每种不锈钢都有其特点和适用的范围。

问题3　铸铁是如何编号的？有何主要用途？

1.3　铸铁的分类与编号

铸铁是碳的质量分数在 2% 以上的铁碳合金，工业用铸铁一般碳的质量分数为 2% ~ 4%，并且含有较多量的硅、锰、硫、磷等元素。铸铁与钢同属铁碳合金，但是含碳量远大于钢。铸铁的基体与钢相近，多余的碳以石墨状态存在，石墨的强度、硬度、塑性和韧性极低，所以铸铁的性能与应用与钢有较大的区别。

1.3.1　铸铁的分类

石墨在铸铁中大致有四种存在形态，即片状、球状、团絮状、蠕虫状，如图 1-2 所示。

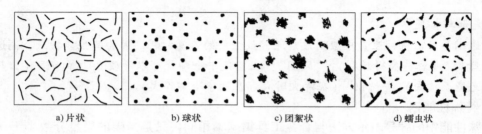

a)片状　　　　b)球状　　　　c)团絮状　　　　d)蠕虫状

图 1-2　铸铁中石墨形态示意图

按照石墨存在形态的不同，工业铸铁用分为灰铸铁（石墨呈片状）、球墨铸铁（石墨呈球状）、可锻铸铁（石墨呈团絮状）和蠕墨铸铁（石墨呈蠕虫状）。因为石墨的力学性能很低，铸铁可理解为组织内分布着不同形状空洞的钢，所以石墨的形态和分布对铸铁的力学性能影响很大。一般来说，蠕墨铸铁的力学性能最好，灰铸铁的力学性能最差。

此外还有白口铸铁和麻口铸铁，因其断口分别呈白亮色和灰白相间的麻点状而命名。因为白口铸铁和麻口铸铁硬而脆，性能不好，又不能进行切削加工，很少在工业上直接用来制作机械零件。

1.3.2　铸铁的编号及应用

1. 灰铸铁

灰铸铁也称灰口铸铁，其价格便宜，是应用最广泛的铸铁材料。在各类铸铁的总产量中，灰铸铁占 80% 以上。灰铸铁的牌号以字母 HT 和其后的一组数字表示。其中 HT 为"灰铁"二字的汉语拼音字首，其后数字表示最小抗拉强度值。灰铸铁根据其基体组织不同，又分为铁素体灰铸铁、铁素体 + 珠光体灰铸铁、珠光体灰铸铁、孕育铸铁。灰铸铁的牌号及应用如表 1-9 所示。

2. 球墨铸铁

球墨铸铁是将铁液经过球化处理而得到的石墨为球粒状的铸铁材料。由于球状石墨对基体组织的割裂作用和应力集中作用小，所以球墨铸铁的力学性能远高于灰铸铁。球墨铸铁的牌号以字母 QT 和其后的两组数字表示。其中 QT 为"球铁"二字的汉语拼音字首，其后数

表 1-9　灰铸铁的牌号及应用

类　别	牌　号	应用举例
铁素体灰铸铁	HT100	小载荷的不重要零件，如防护罩、盖、各种支架、底板、机床底座等
铁素体+珠光体灰铸铁	HT150	承受中等载荷的零件，如机座、支架、箱体、床身、轴承座、工作台、泵体、阀体等
珠光体灰铸铁	HT200	承受较大载荷和要求一定气密性或耐蚀性等较重要零件，如气缸、活塞、机座、床身、齿轮箱、液压缸、阀门等
珠光体灰铸铁	HT250	承受较大载荷和要求一定气密性或耐蚀性等较重要零件，如气缸、活塞、机座、床身、齿轮箱、液压缸、阀门等
孕育铸铁	HT300	承受高载荷、耐磨和高气密性的重要零件，如重型机床、剪床、压力机、自动机床的床身、机座、机架、高压液压件、活塞环、齿轮、凸轮、大型发动机的气缸体、缸套等
孕育铸铁	HT350	承受高载荷、耐磨和高气密性的重要零件，如重型机床、剪床、压力机、自动机床的床身、机座、机架、高压液压件、活塞环、齿轮、凸轮、大型发动机的气缸体、缸套等

字表示最低抗拉强度和最低断面收缩率（塑性指标）。球墨铸铁的牌号及应用如表 1-10 所示。

表 1-10　球墨铸铁的牌号及应用

牌　号	应用举例
QT400-18	承受冲击、振动的零件，如汽车、拖拉机轮毂、差速器壳、拨叉、农机具零件、中低压阀门、上下水及输气管道、电动机壳、齿轮箱、压缩机气缸、飞轮壳等
QT400-15	承受冲击、振动的零件，如汽车、拖拉机轮毂、差速器壳、拨叉、农机具零件、中低压阀门、上下水及输气管道、电动机壳、齿轮箱、压缩机气缸、飞轮壳等
QT450-10	承受冲击、振动的零件，如汽车、拖拉机轮毂、差速器壳、拨叉、农机具零件、中低压阀门、上下水及输气管道、电动机壳、齿轮箱、压缩机气缸、飞轮壳等
QT500-7	机器座架、传动轴飞轮、电动机架、内燃机的润滑油泵齿轮、铁路机车车轴瓦等
QT600-3	载荷大、受力复杂的零件，如汽车、拖拉机的曲轴、连杆、凸轮轴、部分磨床、铣床、车床的主轴、机床蜗杆、蜗轮、轧钢机轧辊、大齿轮、气缸体，起重机滚轮等
QT700-2	载荷大、受力复杂的零件，如汽车、拖拉机的曲轴、连杆、凸轮轴、部分磨床、铣床、车床的主轴、机床蜗杆、蜗轮、轧钢机轧辊、大齿轮、气缸体，起重机滚轮等
QT800-2	载荷大、受力复杂的零件，如汽车、拖拉机的曲轴、连杆、凸轮轴、部分磨床、铣床、车床的主轴、机床蜗杆、蜗轮、轧钢机轧辊、大齿轮、气缸体，起重机滚轮等
QT900-2	制作高强度齿轮和曲轴零件，如大减速器齿轮、汽车后桥弧齿锥齿轮、内燃机曲轴、凸轮轴等

【提示与拓展】

球墨铸铁的力学性能优越，在某些性能方面可以碳钢相媲美，同时还具有碳钢不具备的良好减振性和耐磨性。这是因为石墨能起减振、润滑作用，而表面石墨脱落后形成的微小空洞能储存润滑油。铸铁的成本比钢要低，所以球墨铸铁能起到"以铁代钢、以铸代锻"的作用，在工业工程中被广泛应用。

3. 可锻铸铁

可锻铸铁并不可锻，它是由一定成分的白口铸铁通过高温长时间可锻化退火而获得的具有团絮状石墨的铸铁。根据基体组织的不同，可锻铸铁分为黑心（铁素体）可锻铸铁和珠光体可锻铸铁。

可锻铸铁的牌号分别用字母 KTH、KTZ 和后面的两组数字表示。KT 是"可铁"二字的汉语拼音字首，H 和 Z 分别为"黑"和"珠"的汉语拼音字首，两组数字分别表示最低抗拉强度和最低断后伸长率。

如 KTH300-06 表示最低抗拉强度为 300MPa、最低断后伸长率为 6% 的黑心可锻铸铁；KTZ650-02 表示最低抗拉强度为 650MPa、最低断后伸长率为 2% 的珠光体可锻铸铁。

可锻铸铁的生产过程较为复杂，退火时间长，生产率低、能耗大，成本较高。近年来，不少可锻铸铁已被球墨铸铁代替。但可锻铸铁韧性和耐蚀性好，适宜制造形状复杂、承受冲击的薄壁铸件及在潮湿环境中工作的零件。

4. 蠕墨铸铁

蠕墨铸铁是近十几年发展起来的新型铸铁。它是在一定成分的铁液中加入适量的蠕化剂，获得石墨形态介于片状和球状之间，形似蠕虫状石墨的铸铁。蠕墨铸铁的牌号用字母RuT加抗拉强度数值表示。如RuT340。

蠕墨铸铁的力学性能介于相同基体的灰铸铁和球墨铸铁之间，其铸造性能和热传导性、耐疲劳性及减振性与灰铸铁相近。蠕墨铸铁已在工业中广泛应用，主要用来制造大功率柴油机气缸盖、气缸套、电动机外壳、机座、机床床身、阀体、钢锭模等铸件。

5. 特殊性能铸铁（合金铸铁）

在灰铸铁或球墨铸铁中加入一定量的合金元素，可使铸铁具有某些特殊性能（如耐磨、耐热、耐腐蚀），这类铸铁称为合金铸铁或特殊性能铸铁。合金铸铁与在相似条件下使用的合金钢相比有熔炼简便、成本较低的优点，但力学性能比合金钢低，脆性较大。

特殊性能铸铁包括耐磨铸铁、耐热铸铁和耐蚀铸铁。

问题4　工程常用的非铁金属材料有哪些？牌号是什么？

1.4　非铁金属材料的分类与编号

工程常用的非铁金属材料有铝（Al）和铝合金、铜（Cu）和铜合金、钛（Ti）和钛合金、镁（Mg）和镁合金、滑动轴承合金及硬质合金。

1.4.1　铝及铝合金

1. 纯铝

纯铝的塑性好、强度与硬度低，一般不适合作结构材料使用。但由于其密度低（2.7g/cm³）、无磁性、导电导热性优良，抗大气腐蚀能力强，主要用来制作电线、电缆及电气元件。纯铝的导电导热性随其纯度降低而变差，所以纯度是纯铝材料的重要指标。

纯铝的牌号用1×××系列表示，牌号的最后两位数字表示铝的最低质量分数。当铝的最低质量分数精确到0.01%时，牌号的最后两位数字就是铝的最低质量分数中小数点后面的两位。如牌号1060的铝板其铝的最低质量分数应为99.6%，1050为99.5%，1100则为99.00%。

2. 铝合金

铝合金是在铝中加入硅、铜、镁、锌、锰等元素制成的合金，其强度和硬度比纯铝要高，而且可以通过变形或热处理等方法进一步强化，所以可用来制造各类结构零件及生活用品。依据其成分和工艺性能，铝合金可分为变形铝合金和铸造铝合金两大类。

（1）变形铝合金　变形铝合金含合金元素少，塑性优良，分为可热处理变形铝合金和不可热处理变形铝合金。其常用的强化手段为冷变形，适合压力加工。变形铝合金的牌号为2×××，3×××，4×××，……，9×××。分别按顺序代表其主要合金元素为铜、锰、硅、镁、镁和硅、锌、其他合金及备用合金组。牌号的第二位数字或字母表示改型情况，最后两位数为同一组中不同铝合金的标识代码。

变形铝合金根据其主要性能又分为防锈铝合金（LF）、硬铝合金（LY）、超硬铝合金（LC）和锻铝合金（LD）四类。常用变形铝合金的牌号及应用如表1-11所示。

表 1-11 常用变形铝合金的牌号及应用

类别	原牌号	新牌号	半成品种类	应用举例
防锈铝合金	LF2	5A02	冷轧板材 热轧板材 挤压板材	冷冲压件和容器、铆钉、焊接油箱、油管、骨架零件等
	LF21	3A21	冷轧板材 热轧板材 挤压管材	在液体或气体介质中工作的低载荷零件,如油箱、油管、饮料罐、液体容器等
硬铝合金	LY11	2A11	冷轧板材 挤压棒材 拉制管材	制作要求中等强度的零件和构件,如螺栓、铆钉、空气螺旋桨叶片、冲压连接部件
	LY12	2A12		用量最大,用作各种要求高载荷的零件和构件,如飞机上的蒙皮、骨架零件、隔框、翼肋、翼梁、铆钉等
超硬铝合金	LC4 LC9 LC15 /	7A04 7A09 7A15 7075	挤压棒材 冷轧板材 热轧板材	飞机蒙皮、螺钉以及受力构件如大梁桁条、隔框、翼肋、起落架零件等,通常多以取代2A12
锻铝合金	LD5 LD7	2A50 2A70	挤压棒材	形状复杂和中等强度的锻件和冲压件、内燃机活塞、压气机叶片、叶轮等
	LD10	2A14	热轧板材	高载荷锻件和模锻件

(2) 铸造铝合金 铸造铝合金熔点比变形铝合金低、铸造流动性好,可制造形状复杂的铸件。但铸造铝合金强度较低、塑性和韧性差。如果采用变质处理能使铝合金晶粒细化,则在一定程度上提高铸造铝合金的强度和韧性。

铸造铝合金可分为铝-硅系、铝-铜系、铝-镁系和铝-锌系四大类。其代号用"铸铝"的汉语拼音字首 ZL 与三个数字表示,第一位数字表示铸造铝合金的类别,1 代表铝-硅系,2 代表铝-铜系、3 代表铝-镁系,4 代表铝-锌系;第二位数和第三位数表示合金的顺序号。如:ZL101 表示 1 号 Al-Si 系铸造铝合金。铸造铝合金的牌号由 Z(铸的拼音字首)加 Al 和合金元素符号及表示其平均质量分数的数字组成。例如,ZAlSi12 表示硅的质量分数为 12% 的铸铝合金。

常用铸造铝合金的代号、牌号、力学性能及应用见表 1-12。

表 1-12 常用铸造铝合金的代号、牌号、力学性能及应用

代 号	牌 号	抗拉强度/MPa	应用举例
ZL101	ZAlSi7Mg	205	适用铸造形状复杂,工作温度在200℃以下的高气密性和低载荷零件,如仪表壳、水泵壳、船舶零件等
ZL102	ZAlSi12	155	
ZL105	ZAlSi5Cu1Mg	230	在航空工业中应用广泛,铸造形状复杂、承受较高静载荷、工作温度在225℃以下的零件,如气缸体、盖等
ZL108	ZAlSi12Cu2Mg1	255	常用的活塞铝合金,用于铸造汽车、拖拉机的活塞及其他工作温度在250℃以下的耐热件
ZL201	ZAlCu5Mn	295	工作温度在300℃以下的中等负载零件,如内燃机缸头、活塞等
ZL301	ZAlMg10	280	工作温度在200℃以下,长期在大气或海水中工作的零件,如水上飞机、船舶零件
ZL401	ZAlZn11Si7	245	工作温度在200℃以下,形状复杂的大型零件,如汽车零件、飞机零件、仪器仪表零件、医疗器械及日用品等

【提示与拓展】

铝在1886年以前比黄金还贵重。因为那时的铝是用金属钠还原氧化铝来抽取的，成本极高，直到电解铝法实际用于生产后，铝才得以广泛使用。

汽车轻量化源于燃油消耗、降低排放方面的需求。欧洲铝协材料表明：汽车重量每降低200kg，每公里可节约0.6L燃油。大量采用铝合金材料是汽车轻量化的一个发展方向。大量使用铝合金的汽车，平均每辆汽车可降低重量300kg，寿命期内排放可降低20%。现在世界名车都大量采用了铝合金零部件。

铝合金一直是军事工业中应用最广泛的金属结构材料。在兵器领域，铝合金已成功地用于步兵战车和装甲运输车上，最近研制的榴弹炮炮架也大量采用了新型铝合金材料。铝合金2×××系列和7×××系列属于航空系列，主要用于制造飞机的蒙皮、隔框、长梁和桁条等。在航天工业中，铝合金是运载火箭和宇宙飞行器结构件的重要材料，

1.4.2　铜及铜合金

1. 纯铜

纯铜呈紫红色，故俗称紫铜。纯铜的强度和硬度都不高，但塑性很好，适合深冲压力加工。纯铜的密度（$8.9g/cm^3$）比钢铁大，是铝的三倍多。导电和导热性能优良，在所有金属中仅次于银。其化学稳定性好，在大气和海水中具有良好的耐腐蚀性。

工业纯铜很少用于制造机械零件，一般作为导电、导热、耐蚀材料使用。纯铜根据杂质含量编排代号。纯铜（加工产品）的牌号、成分及应用如表1-13所示。

表1-13　纯铜的牌号、成分及应用

类别	代号	杂质总量(%)	应用举例
纯铜	T1	0.05	制作导电、导热、耐腐蚀器具材料,如电线、电缆、蒸发皿、储藏容器等
	T2	0.10	
	T3	0.30	
无氧铜	TU1	0.03	电真空器件、高导电性导线等
	TU2	0.05	

2. 铜合金

铜合金按外观及合金元素的种类一般分为黄铜（铜-锌合金）、白铜（铜-镍合金）和青铜（其他铜合金）。

（1）黄铜　黄铜是指以锌（Zn）为主要合金元素的铜合金，具有美观的黄色。黄铜按成分分为普通黄铜（锌为唯一合金元素）和特殊黄铜（除锌以外还加入了其他合金元素）；按加工方法分为加工黄铜和铸造黄铜。

普通黄铜的牌号为字母H（黄的拼音字首）加两位数字（表示铜的质量分数的百分数）。例如，H62表示铜占70%，锌占30%的普通黄铜。

特殊黄铜的牌号是在H之后标出除锌以外的主要合金元素符号，并在其后分别标明铜及合金元素质量分数的百分数。例如：HPb59-1表示铜的质量分数为59%，铅的质量分数为1%，其余为锌的铅黄铜。

铸造黄铜具有良好的铸造性能，其熔点较低，金属液流动性好。铸造铜合金的牌号以字母Z（铸的拼音字首）加"Cu"（铜的化学符号）再加主要合金元素的化学符号及其质量分

数的百分数表示。例如，ZCuZn38 表示锌的质量分数为38%的铸造黄铜。

常用黄铜的代号（牌号）及应用如表1-14所示。

表1-14 常用黄铜的代号（牌号）及应用

类 别	代号或牌号	应 用 举 例
普通黄铜	H90	作散热器、冷凝管、双金属片及艺术器、证章等
	H68	强度及塑性好，应用最广泛，制作复杂冷冲件和深冲件，如子弹壳、导管、雷管、散热器外壳
	H62	螺钉、螺母、铆钉、垫圈、弹簧、筛网等
特殊黄铜	HPb59-1	螺钉、垫片、衬套、轴套等冲压件和切削加工件
	HMn58-2	应用较广，主要用于船舶零件、精密电器零件如引线框等
铸造黄铜	ZCuZn38	一般结构件，如螺杆、螺母、法兰、手柄、阀体等
	ZCuZn31Al2	电动机、仪表压铸件及船舶耐蚀件
	ZCuZn40Mn2	在淡水、海水及蒸汽中工作的阀体、管道零件

（2）白铜 白铜是指以镍（Ni）为主要合金元素的铜合金，一般呈银白色，镍含量越高，颜色越白。白铜按成分也分为普通白铜和特殊白铜（除镍以外还加入了其他合金元素）。

普通白铜的牌号为字母B（白的拼音字首）加数字（表示镍的质量分数的百分数）。例如，B30表示镍的质量分数为30%，铜的质量分数为70%的普通黄铜。

特殊白铜的牌号是在B之后标出除镍以外的主要合金元素符号，并在其后分别标明镍及合金元素质量分数的百分数。例如：BZn15-20表示镍的质量分数为15%，锌的质量分数为20%，其余为铜的铅白铜。

纯铜加镍能显著提高强度、耐蚀性、硬度、电阻和热电性，并降低电阻率温度系数。因此白铜较其他铜合金的力学性能、物理性能都异常良好，延展性好、硬度高、色泽美观、耐腐蚀、富有深冲性能，被广泛使用于造船、石油化工、电器、仪表、医疗器械、日用品、工艺品等领域，还是重要的电阻及热电偶合金。白铜的缺点是主要添加元素——镍属于稀缺的战略物资，价格比较昂贵。

常用白铜的代号（牌号）及应用如表1-15所示。

表1-15 常用白铜的代号（牌号）及应用

类别	代号或牌号	化学成分（质量分数）（%）				应 用 举 例
		Ni(+Co)	Mn	Zn	Cu	
普通白铜	B30	29.0~33.0			余量	船舶仪器零件，化工机械零件、日用品及工艺品
	B19	18.0~20.0			余量	
	B5	4.4~5.0			余量	
特殊白铜	BZn15-20	13.5~16.5		18.0~22.0	余量	潮湿条件下和强腐蚀介质中工作的仪表零件、医疗器械
	BMn40-1.5	42.5~44.0	11.0~13.0		余量	电阻丝、热电偶丝

（3）青铜 青铜原指以锡（Sn）为主要合金元素的铜合金，因其外观呈银青黑色而得名。现在则泛指除黄铜和白铜以外的铜合金。按合金元素的不同，青铜主要有：锡青铜、铅

青铜、硅青铜、铍青铜、钛青铜等。按加工方法也分为加工青铜和铸造青铜。

加工青铜的牌号为字母 Q（青的拼音字首）加合金元素符号再加数字（表示合金的质量分数的百分数）。例如，QSn4-3 表示锡的质量分数为4%，含其他合金元素的质量分数为3%，余量为铜的锡黄铜。

常用青铜的牌号、性能特点及应用如表 1-16 所示。

表 1-16　常用青铜的牌号、性能特点及应用

类别	组别	代号或牌号	性能特点	应用举例
加工青铜	锡青铜	QSn4-3	具有较高的强度、硬度和良好的耐蚀性、减摩性及抗磁性	弹簧、管道化工、机械耐磨零件和抗磁零件
		QSn6.5-0.1		精密仪器中的耐磨零件和抗磁元件、弹簧
		QSn4-4-2.5		飞机、拖拉机、汽车用轴承和轴套的衬垫
	铝青铜	QAl9-4	比锡青铜和黄铜有更高的强度、耐磨性和耐蚀性，而且价格便宜、色泽美观	轴承、蜗轮、螺母及在蒸汽、海水中工作的高强度耐蚀零件等
		QAl7		重要的弹簧及弹性元件
	铍青铜	QBe2 QBe1.9	具有高的强度、硬度、弹性、耐磨性、耐蚀性和耐疲劳性。但价格昂贵	重要的弹簧及弹性元件、耐磨零件、高压高速高温轴承、钟表齿轮、罗盘零件、塑料模工作零件
	硅青铜	QSi3-1	具有较高的力学性能及耐蚀性能	弹簧、耐蚀零件、蜗轮蜗杆、齿轮、电线及电话线
铸造青铜	锡青铜	ZCuSn10Pb1 ZCuSn10Zn2	铸造流动性较差，易形成分散缩孔，但凝固后体积收缩小	铸造齿轮、轴承、螺母等耐磨零件，以及阀门、泵体、水管配件
	铝青铜	ZCuAl10Fe3 ZCuAl10FeMn2	有较高的力学性能，铸造性能好，组织致密，气密性高，耐磨性好	较高载荷的轴承、轴套、齿轮、螺母等
	铅青铜	ZCuPb10Sn10	有良好的自润滑性能，易切削，铸造性能较差，易产生比重偏析	中等载荷的轴承、轴套以及双金属耐磨零件、耐酸铸件
		ZCuPb30		高速高压下工作的航空发动机及高速柴油机的轴承

【提示与拓展】

铜是人类最早发现和使用的金属之一，它的问世比铁要早 1500 多年，比铝早 3000 多年。商朝是我国青铜文化的灿烂时期，其代表作是司母戊鼎和四羊方尊。

古代青铜器物是铜锡合金，有较强的硬度。中国青铜器数量大，种类繁多。有人统计过，仅以有铭文的青铜器物而论，从汉代到今天，出土就达一万件以上。若加上无铭文的铜器，其数量之多就可想而知了。正因为数量大，中国青铜器的品种也极其丰富，不仅有酒器、水器、食器、兵器、礼器，还有车马器、农具、工具及各类生活用具等器物。众多的青铜器皿，造型生动、多彩多姿、令人目不暇接。

1.4.3　钛及钛合金

钛及钛合金是一种新型结构材料，具有重量轻、比强度高、耐高温、耐腐蚀以及良好低温韧性等优点，同时资源丰富，所以有着广泛的应用前景。但钛及钛合金的加工条件复杂，成本较昂贵，目前主要用于航空航天工业及医疗事业。

1. 纯钛

纯钛呈银白色，密度为 $4.5g/cm^3$。纯钛的强度低、塑性好，可利用压力加工制成细丝或薄片。钛容易与氧、氮结合而在材料表面形成一层致密的氧化物和氮化物薄膜，其稳定性

很高。所以，钛具有优良的耐蚀性能，在海水和水蒸气中的耐蚀性比铝合金、不锈钢及镍合金还高。

工业纯钛的牌号用字母 TA + 顺序号表示，如 TA2 表示 2 号工业纯钛。顺序号越大，表示杂质越多，其强度越高、塑性越差。工业纯钛的牌号及应用如表 1-17 所示。

表 1-17 工业纯钛的牌号及应用

牌号	抗拉强度/MPa	伸长率(%)	应 用 举 例
TA1	300 ~ 500	30 ~ 40	在 350℃ 以下工作，强度要求不高的各类板类零件和锻件、冲压件、飞机骨架、发动机部件、耐腐蚀阀门及管道等
TA2	450 ~ 600	25 ~ 30	
TA3	550 ~ 700	20 ~ 25	

2. 钛合金

为了提高强度和耐热性能，在纯钛中加入铝、铬、钼、锆、钒、锰、铁等合金元素可获得不同类型的钛合金。钛合金按其使用时的组织状态的不同，可分为 α 型钛合金、β 型钛合金和（α + β）型钛合金。

钛合金的牌号用字母 T + 类别代号 + 顺序号表示。其中类别代号 A、B、C 分别表示 α 型钛合金、β 型钛合金和（α + β）型钛合金。常用钛合金的牌号及应用如表 1-18 所示。

表 1-18 常用钛合金的牌号及应用

类 别	牌号	性 能 特 点	应 用 举 例
α 型钛合金	TA5 TA6 TA7	硬度低、不能热处理强化。但有较高的高温强度、抗氧化性及良好的焊接性能	在 500℃ 以下工作的零件，如飞机骨架及蒙皮、导弹燃料罐、超音速飞机的涡轮机匣
β 型钛合金	TB1 TB2	具有较高的强度、优良的冲压性能、可通过热处理强化	在 350℃ 以下工作的零件，如压气机叶片、轴、轮盘等重载荷旋转件，飞机构件
（α + β）型钛合金	TC1 TC2 TC4 TC10	低温及高温强度高、塑性好、低温韧性好、具有良好的抗海水腐蚀能力	长期在 400℃ 以下工作的冲压件和焊接件，有一定高温强度的发动机零件，及在低温下使用的火箭的液氢燃料箱部件等

1.4.4 镁及镁合金

镁在地球上的储量也十分丰富，仅次于铝、铁而居第三位，年产量约为 40 万 t。镁及镁合金的主要优点是密度小、比强度（强度与密度之比）高，抗震能力强，可承受较大的冲击载荷，并且具有优良的切削加工和抛光性能。

1. 纯镁

纯镁是银白色的金属，密度为 $1.74g/cm^3$（是铝的 2/3，是铁的 1/4），熔点为 651℃。纯镁的强度、硬度、塑性均较低。

镁的化学性质很活泼，在空气中会迅速氧化，抗腐蚀能力差，还极易燃烧，燃烧时能放出大量的热并发出强烈白光。纯镁一般不能作结构材料用，在航空上用来制作燃烧弹、照明弹等。

2. 镁合金

在纯镁中加入铝、锌、锰、锆及稀土等元素，制成镁合金。目前应用的镁合金主要有镁-锰系、镁-铝-锌系、镁-锌-锆系和镁-铼-锆系等合金系。它们分为变形镁合金和铸造镁合金两大类。变形镁合金的代号用"MB+顺序号表示";铸造镁合金的代号用字母 ZMg+合金元素符号表示。

(1)变形镁合金　MB1、MB8 为镁-锰系合金,该类合金具有良好的耐蚀性和焊接性,一般在退火态使用,用于制作蒙皮、壁板等焊接件及外形复杂的耐蚀件。MB2、MB3、MB5、MB6、MB7 为镁-铝-锌系合金,较常用的为 MB2 和 MB3,具有较高的耐蚀性和热塑性。MB15 为镁-锌-锆系合金,具有较高的强度,焊接性能较差,使用温度不超过 150℃。MB22 为镁-钇-锌-锆合金,焊接性能很好,使用温度较高。MB15 和 MB22 都可热处理强化,主要用于飞机及宇航结构件。

镁-锂系合金是一种新型的镁合金,它密度小,强度高,塑性、韧性好,焊接性好,缺口敏感性低,在航空、航天工业中具有良好的应用前景。

(2)铸造镁合金　镁-铝-锌系和 Mg-Zn-Zr 系具有较高的强度、良好的塑性和铸造工艺性能,但耐热性较差,主要用于制造 150℃ 以下温度工作的飞机、导弹、发动机中承受较高载荷的结构件或壳体。镁-铼-锆系具有良好的铸造性能,常温强度和塑性较低,但耐热性较高,主要用于制造 250℃ 以下温度工作的高气密零件。

1.4.5　滑动轴承合金

轴承是一种重要的机械零件。虽然滚动轴承有很多优点,应用很广,但因滑动轴承具有承压面积大,工作平稳无噪声以及检修方便等优点,所以在重载高速的场合还是被广泛应用,其基本结构如图 1-3 所示。

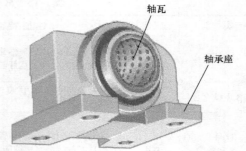

图 1-3　滑动轴承的结构

滑动轴承在工作中不仅承受轴的压力,有时还会有冲击,并且与轴颈之间产生强烈的摩擦,因而容易磨损。由于轴的高速旋转,工作温度很高。轴承合金是制造滑动轴承中的轴瓦及内衬的材料。根据轴承的工作条件,轴承合金应具有下述基本性能:①有足够的强度,能支撑轴的转动;②具有足够的硬度和耐磨性,以免过早磨损而失效;③有一定的塑性和疲劳强度,避免在冲击载荷和交变载荷作用下发生破坏;④有良好的耐蚀性和导热性,较小的膨胀系数。

为满足上述基本性能的要求,轴瓦材料不能选用高硬度的金属,以免轴颈受到磨损;也不能选用软的金属,防止承载能力过低。因此理想的轴承合金应具备如下特征:软基体上分布着均匀硬质点或硬基体上分布有均匀的软质点,如图 1-4 所示。

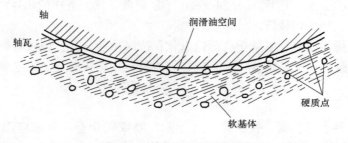

图 1-4　轴承合金组织示意图

常用的轴承合金按主要化学成分可分为锡基、铅基、铝基和铜基，其中锡基和铅基轴承合金称为巴氏合金。

铸造轴承合金的编号方式为：字母 Z（铸的拼音字首）+ 基本元素符号 + 其他元素符号 + 其他元素含量。如 ZSnSb11Cu6 表示锑的质量分数为 11%、铜的质量分数为 6% 的锡基合金。

常用轴承合金的牌号、性能特点及应用如表 1-19 所示。

表 1-19　常用轴承合金的牌号、性能特点及应用

类别	牌　　号	性　能　特　点	应　用　举　例
锡基轴承合金	ZSnSb12Pb10Cu4	软而韧，耐压、硬度较高、热强度低	适于一般中速、中载发动机轴承，但不适用于高温部分
	ZSnSb11Cu6	减摩性和抗磨性较好，优良的导热性和耐蚀性	应用较广，适于重载、高速的汽轮机、涡轮机、柴油机、电动机、透平压缩机的轴承及轴瓦
	ZSnSb4Cu4	韧性为巴氏合金中最高，与 ZSnSb11Cu6 相比强度较低	韧性要求较高、浇注层较薄的重载、高速轴承，如涡轮机、航空发动机轴承
铅基轴承合金	ZPbSb16Sn16Cu2	价格便宜，但冲击韧度低，不能承受冲击载荷	无冲击或小冲击载荷的高速轴承、轴衬，如汽车、轮船轴承、轴衬
	ZPbSb15Sn10	冲击韧度比前者高，磨合性好，有较好的综合使用性能	中载、中速、中冲击载荷机械的轴承，如汽车、拖拉机发动机曲轴、连杆轴承
	ZPbSb15Sn5	与锡基 ZSnSb11Cu6 相比，耐压强度相当，塑性和导热性较差	低速、轻载机械轴承，如水泵、空压机轴承、轴衬

1.4.6　硬质合金

硬质合金是一种粉末冶金材料。它虽不是合金工具钢，但是一种重要的刃具和模具材料。其特点是：硬度极高；热硬性好（切削温度可达 1000℃）；耐磨性好。

用硬质合金制作的刀具，切削速度比高速钢还可提高 4～5 倍。由于硬质合金的硬度很高，切削加工困难。因此形状复杂的刀具，如拉刀、滚刀就不能用硬质合金来制作。一般将硬质合金做成刀片，镶在刀体上使用。硬质合金除了用来制作刀具外，还可以制作冷作模具、量具及耐磨零件等。

目前常用的硬质合金有两大类：金属陶瓷基硬质合金、钢结硬质合金。

1. 金属陶瓷硬质合金

此类合金是将一些高熔点、高硬度的金属的碳化物（碳化钨、碳化钛）微米级粉末和粘结剂（钴、镍、钼等）混合后，在模具中加压成型，再经高温烧结而成的粉末冶金制品。根据碳化物种类通常将其分为钨钴类和钨钴钛类硬质合金：

（1）钨钴类　主要化学成分为碳化钨及钴。牌号为字母 YG + 数字，YG 分别为 "硬" 和 "钴" 的拼音字首，其后的数字表示钴的质量分数。如 YG8 表示钴的质量分数为 8%、碳化钨的质量分数为 92% 的钨钴类硬质合金。常用牌号有 YG3、YG6、YG8、YG15 等。

（2）钨钴钛类　主要化学成分为碳化钨、碳化钛及钴。牌号为字母 YT + 数字，YT 分别为 "硬" 和 "钛" 的拼音字首，其后的数字表示碳化钛的质量分数。如 YT15 表示碳化钛的质量分数为 15%、其余为碳化钨和钴的钨钴钛类硬质合金。常用牌号有 YT5、YT15、YT30 等。

此外还有一类称为通用或万能硬质合金，牌号用 "YW + 编号" 表示。

常用硬质合金的牌号、成分与应用如表 1-20 所示。

表 1-20 常用硬质合金的牌号、成分与应用

类 别	牌号	主要成分（质量分数）（%）			硬度 HRA	应用举例
		碳化钨	碳化钛	钴		
钨钴类硬质合金	YG3	97	—	3	91	用于加工脆性材料（铸铁以及胶木等非金属材料）。其中含钴量高的抗弯强度高，韧性好，而硬度、耐磨性低，适于粗加工
	YG6	94	—	6	89.5	
	YG8	92	—	8	89	
	YT15	85	—	15	87	
	YG20	80	—	20	85.5	
钨钴钛类硬质合金	YT5	85	5	10	89	用于加工韧性材料（适于加工各种钢件），由于碳化钛的耐磨性好，热硬性高，所以这类硬质合金的热硬性好，加工的光洁度也好
	YT15	79	15	6	91	
	YT30	66	30	4	92.5	
	YW1	84	6	6	91.5	称为万能硬质合金，用来切削不锈钢、耐热合金等难加工的材料，刀具寿命更长
	YW2	82	6	8	90.5	

金属陶瓷硬质合金的共性是：具有高的硬度、高的抗压强度和高的耐磨性，但脆性大，不能进行锻造、热处理及切削加工。

2. 钢结硬质合金

钢结硬质合金是以难熔金属硬质化合物为硬质相、以合金钢作粘结剂，用粉末冶金方法生产的一种新型合金。钢结硬质合金由于含有大量的钢基体，因而具有可热处理性和加工性，同时也具有金属陶瓷硬质合金的高强度、高耐磨、高抗压强度。

钢结硬质合金按其硬质相材质可分为：碳化钛基、氮化钛基、碳氮化钛基、碳化钨基和钴基 5 类。目前开发的以碳化钛基和碳化钨基钢结硬质合金为主。目前常用的钢结硬质合金牌号为 DT、TLMW50、GT35。

钢结硬质合金作为一种高硬度高耐磨、可加工和热处理的材料，已经广泛用于冷镦模、冲裁模、锻模、拉深模，以及各种耐磨零件，使用寿命均比常用工模具钢提高十倍甚至几十倍以上，取得了非常显著的经济效果。但钢结硬质合金价格昂贵，不适合制作小批量生产的工模具。

问题5　生产现场如何快速鉴别常用的金属材料？

1.5　金属材料现场鉴别方法

在生产中，材料的采购、入库、下料以及产品质量鉴定等过程中经常要遇到材料鉴别问题。对金属材料鉴别的方法很多，如火花鉴别、色标鉴别、断口鉴别、音响鉴别和化学分析、金相检验等。在本项目中只介绍前面四种定性的近似鉴别方法。

1.5.1　火花鉴别法

钢铁材料火花鉴别是一种适合于生产现场的简便而又实用的材料鉴别方法。即将钢铁材料轻轻压在砂轮上打磨，观察所迸射出的火花形状和颜色，以判断钢铁成分范围。材料不同，其火花也不同。

1. 火花组成及形状

（1）火花束　火花束是指被测材料在砂轮上磨削时产生的全部火花，常由根部、中部、尾部组成，如图1-5所示。

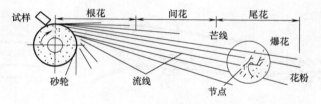

图1-5　火花束示意图

（2）流线　从砂轮上直接射出的好像直线的火流称为流线。由于钢的化学成份不同，流线开头可分为直线流线、断续流线和波浪线，如图1-6所示。

含碳量越多流线越短；碳钢的流线多是亮白色，合金钢和铸钢是橙色和红色，高速钢的流线接近暗红色；碳钢的流线为直线状，高速钢的流线程断续状或波纹状。

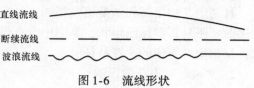

图1-6　流线形状

（3）节点和芒线　流线中途爆裂处较流线粗而亮的点叫节点。节点爆裂射出的发光线条叫芒线（又称分叉）。随含碳量增高，分叉增多，有两根分叉、三根分叉、四根分叉和多根分叉之分，如图1-7。

（4）爆花　流线中途爆裂所产生的光亮火花叫爆花，又称节花。爆花由节点和芒线组成。爆花随流线上芒线的爆裂情况，有一次花、二次花、三次花和多次花之分，如图1-8所示。

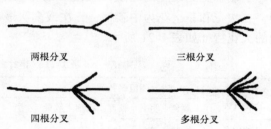

图1-7　芒线分叉示意图

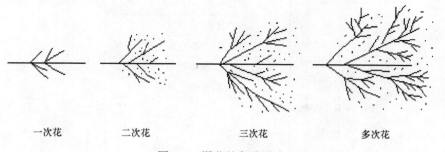

图1-8　爆花的各种形式

一次节花是流线上第一次发射出来的节花，它是碳的质量分数在0.25%以下的碳钢的火花特征。二次节花是在一次节花的芒线上，又一次发生爆裂所呈现的节花，它是碳的质量分数在0.25%~0.6%的中碳钢的火花特征。三次节花是在二次节花的芒线上，再一次发生爆裂的节花，它是高碳钢的火花特征。含碳量愈多，三次节花越多、越明亮。分散在爆花芒线间的点状火花称为花粉，见图1-8。碳钢有节花，随含碳量增加，节花更多；高速钢一般没有节花,但含钼高速钢稍有节花,而含钨高速钢见不到节花,且流线断续状明显。

（5）尾花　流线尾端呈现出不同形状的爆花称为尾花。随钢中合金元素不同,尾花的形状分为直羽尾花、狐尾尾花和枪尖尾花等,如图1-9所示。

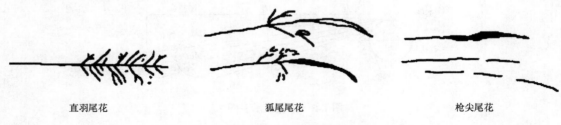

直羽尾花　　　　　　　狐尾尾花　　　　　　　枪尖尾花

图1-9　尾花示意图

直羽尾花的尾端和整根流线相同,呈羽毛状,是钢中含有硅的火花特征。狐尾尾花的尾端逐渐膨胀呈狐狸尾巴形状,是钢中含有钨的火花特征。枪尖尾花的尾端膨胀呈三角枪尖形状,是钢中含有钼的火花特征。

2. 含碳量对火花的影响

非合金钢随着含碳量的不同,其火花也会呈现不同的特征。一般规律是含碳量越高,则流线越多、火花束变短、爆花增加,并且伴随有大量的花粉,火花的亮度愈发明亮,而且磨削时手能感觉到硬度的增加。最重要的特征是看其爆花次数:一次花和少量二次花属低碳钢,二次花和三次花为中碳钢,三次或多次爆花并伴随着大量花粉,肯定为高碳钢。非合金钢的火花特征如表1-21所示。

表1-21　非合金钢的火花特征

含碳量(质量分数)(%)	流线特征					爆裂特征				手感
	颜色	明亮	长度	粗细	数量	形态	大小	数量	花粉	软
<0.05	橙黄	暗	长	粗	少	爆花				
0.10						两根分叉	小	少	无	
0.15						三根分叉			无	
0.20						多根分叉			无	
0.30						二次花,三根分叉			无	
0.40						二次花,多根分叉			无	
0.50						三次花,多根分叉			少	
0.60		明	长	粗			大			
0.70						复杂				
0.80										
>0.80	红色	暗	短	细	多		小	多	多	硬

3. 合金元素对火花的影响

合金钢的火花比非合金钢要复杂,特别是合金元素种类多,含量高时,其火花特征较难辨别,需要经常实践、观察和对比才能逐步掌握。表1-22为钢中常见的几种合金元素的火花特征。

表 1-22　钢中常见的几种合金元素的火花特征

合金元素	火 花 特 征	对火花的影响
钼(Mo)		具有较强烈的抑制爆花爆裂、细化芒线和加深火花色泽的作用。钼钢的火花色泽是不明亮的,当钼含量较高时,火花呈深橙色。钼钢有没有枪尖尾花,与含钼量和含碳量有关,含碳量越低,枪尖越明显
镍(Ni)		对爆花有较弱的抑制作用,使花形不整洁和缩小,流线较碳钢细。随镍含量增高,流线的数量减少及长度变短,色泽变暗
钨(W)		抑制爆花爆裂作用最为强烈。钨的质量分数达到 1.0% 左右时,爆花显著减少,钨的质量分数为 2.5% 时,爆花呈秃尾状。钨使色泽变暗。钨抑制爆花爆裂作用的大小,与钢中含碳量有关,低碳钢中钨的质量分数为 4%~5% 时,钨可完全抑制爆花爆裂。从火花色泽上看,钨钢中含碳量越高,越是呈暗红色火花
锰(Mn)		有助长爆花爆裂作用。锰钢的火花爆裂强度比碳钢强,爆花位置比碳钢离砂轮远。钢中含锰稍高时,钢的火花比较整洁,色泽也比碳钢黄亮,含碳量较低的锰钢呈白亮色,爆花核心有大而白亮的节点,花型较大,芒线稀少且细长。含碳量较高的锰钢,爆花有较多的花粉。低锰钢的流线粗而长,量较多。高锰钢流线短粗且量少,由于锰是助长爆裂的元素,因此有时可能误认为钢的碳含量高
硅(Si)		也有抑制爆花爆裂作用。当硅的质量分数达 2%~3% 时,这种抑制作用就较明显,它能使爆裂芒线缩短。硅锰弹簧钢的火花呈橙红色,流线粗而短,芒线短粗且少,火花试验时手感抗力较小
铬(Cr)		影响比较复杂。对于低铬低碳钢,铬有助长火花爆裂、增加流线长度和数量的作用,火花呈亮白色,爆花为一、二次花,花型较大。对于含碳量较高的低铬钢,铬助长爆裂的作用不明显,并阻止枝状爆花的发生,流线粗短而量较少,火花束仍然明亮。由于碳高,爆花有花粉。随铬含量增加,火花的爆裂强度、流线长度、流线数量等均有所减少,色泽也将变暗

4. 常用钢铁的火花特征

（1）低碳钢　火花束较长,流线稍多,呈草黄色,自根部起逐渐膨胀粗大,至尾部逐渐收缩,尾部下垂呈半弧夹形,花量不多,主要为一次花,图 1-10 为 20 钢的火花特征图。

（2）中碳钢　火花束较短,流线多而稍细,呈明亮黄色,花量较多,主要为二次花,也有三次花,火花盛开,图 1-11 为 45 钢的火花特征图。

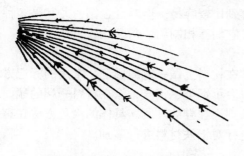

图 1-10　20 钢的火花特征图

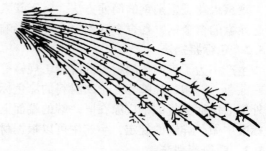

图 1-11　45 钢的火花特征图

（3）高碳钢　火花束短而粗,流线多而很细密,呈橙红色,花量多而密,主要为三次花及花粉,图 1-12 为 T10 钢的火花特征。

（4）铸铁　火花束较粗,流线多而细,尾部渐粗且下垂,呈羽毛状尾花,颜色为暗红色,有少量二次爆花,图 1-13 为灰铸铁的火花特征。

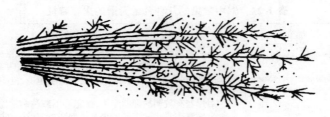

图 1-12　T10 钢的火花特征图

图 1-13　铸铁的火花特征图

（5）高速工具钢　火花束细长，流线少，呈暗红色，中部和根部为断续流线，有时呈波浪状，尾部膨胀而下垂成点状狐尾尾花，仅在尾部有少量爆花，花量极少，图 1-14 为 W18Cr4V 的火花特征图。

图 1-14　W18Cr4V 的火花特征图

含钨高速钢火花色泽赤橙，近暗红色，流线较长又稀少并有断续状流线，火花束尾花呈狐花，几乎无节花爆裂；含钼高速钢火花色泽呈暗橙红色，火花束较短，流线细，有少量节花爆裂。钢中加入合金元素后，火花特征将发生变化。Ni、Si、Mo、W 等合金元素抑制爆花爆裂，Mn、V 等合金元素则助长爆花爆裂。

观察火花是鉴别钢的简便方法。对于碳素钢的鉴别比较容易，但对合金钢，尤其是多种合金元素的合金钢，各合金元素对火花的影响不同，它们互相制约，情况比较复杂。

1.5.2　色标鉴别法

生产中为了表明金属材料的牌号、规格等，通常在材料上做一定的标记，常用的标记方法有涂色、打印、挂牌等。金属材料的涂色标志用以表示钢类、钢号，涂在材料一端的端面或外侧。成捆交货的钢应涂在同一端的端面上，盘条则涂在卷的外侧。具体的涂色方法在有关标准中做了详细的规定，生产中可以根据材料的色标对钢铁材料进行鉴别。

1.5.3　断口鉴别法

材料或零部件因受某些物理、化学或机械因素的影响而导致破断所形成的自然表面称为断口。生产现场常根据断口的自然形态来断定材料的韧脆性，也可据此判定相同热处理状态的材料含碳量的高低。若断口呈纤维状、无金属光泽、颜色发暗、无结晶颗粒且断口边缘有明显的塑性变形特征，则表明钢材具有良好的塑性和韧性，含碳量较低；若材料断口齐平、呈银灰色、具有明显的金属光泽和结晶颗粒，则表明材料为金属脆性断裂。

常用钢铁材料的断口特点大致如下：①低碳钢不易敲断，断口边缘有明显的塑性变形特征，有微量颗粒；②中碳钢的断口边缘的塑性变形特征没有低碳钢明显，断口颗粒较细、较多；③高碳钢的断口边缘无明显塑性变形特征，断口颗粒很细密；④铸铁极易敲断，断口无塑性变形，晶粒粗大，呈暗灰色。

1.5.4　音响鉴别法

生产现场有时也根据钢铁敲击时声音的不同，对其进行初步鉴别。例如，当原材料钢中混入铸铁材料时，由于铸铁的减振性较好，敲击时声音较低沉，而钢材敲击时则可发出较清脆的声音。

若要准确地鉴别材料，在以上几种现场鉴别方法的基础上，还应采用化学分析、金相检验、硬度试验等实验室分析手段，对材料进行进一步的鉴别。

📖 课题实验

钢种火花鉴别实验

1. 实验目的
➢ 熟悉几种常用的金属材料。
➢ 了解火花鉴别钢材的方法。
➢ 掌握几种主要钢材的火花特征。

2. 实验设备
➢ 台式砂轮机或手提式砂轮机。常用砂轮机的转速：2800～4000r/min；砂轮片直径150～200mm；砂粒为普通氧化铝，粒度为40～60号，硬度中软。（手提式砂轮机适用于鉴别大型工件所使用的材料，也适用于材料库大批量钢材的火花鉴别。台式砂轮机适用于小型工件或试块的火花鉴别，一般工厂的热处理车间常用台式砂轮机。）
➢ 20钢、45钢、T10钢、灰铸铁、W18Cr4V钢试棒或试块各一，尺寸以手能方便握为宜。

3. 实验步骤
🖐 选定好火花鉴别的工作场地，最好在暗处以避免阳光直射影响火花的光色和清晰度。
🖐 使用手提式砂轮机时，将试样排列在地面上。
🖐 手拿砂轮机，打开开关使砂轮平稳旋转，用砂轮圆周接触钢材进行磨削，用力要适宜，并使火花束大致向略高于水平方向发射，以便于对火花全面观察。使用台式砂轮机时，打开开关，待砂轮机起动旋转后，手拿工件或试块与砂轮圆周接触进行磨削，操作时使火花束与视线有一适当角度（约60°～80°）。
🖐 可仔细观察火花束长度和特征并作好记录。

操作注意事项：
1）操作时，应带无色平光防护眼镜，以免砂料飞射入眼内。
2）操作时，应站立在砂轮一侧，不得面对砂轮站立。
3）用手拿紧工件并轻压砂轮，用力适度。

4. 实验报告内容
（1）实验目的。

（2）简述火花鉴别的原理。

（3）画出所鉴别材料的火花示意图，指出其火花特征。

📖 思考与练习

1.1　思考题

1. 工程材料按组成特点和性质分为哪几类？主要性能有何区别？

2. 金属的结合方式及金属晶体的基本性能是什么？

3. 工程金属材料如何分类？各有何基本用途？

4. 手工锯条和锤子的所使用的钢是什么钢种？有何主要区别？

5. 同样是铁碳合金，铸铁与钢的性能有何区别？为什么？

6. 如何从节能和环保的角度出发，实现交通工具的轻量化？

7. 火花鉴别一般用于哪些钢种较为有效？

8. 说明下列牌号（代号）的意义：Q235、40、T10A、HT200、QT600-3、W18Cr4V、GCr15、9SiCr、60Si2Mn、1Cr18Ni9Ti、LY12、ZL301、H62、B30、ZSnSb4Cu4、TB1、YG8、YW2。

1.2　练习题

1. 填空题

（1）工程材料按成分特点可分为＿＿＿＿＿、＿＿＿＿＿、＿＿＿＿＿及复合材料。金属材料又分为＿＿＿＿＿和＿＿＿＿＿两大类。

（2）决定钢性能的最主要元素为＿＿＿＿＿。钢的品质由＿＿＿＿＿和＿＿＿＿＿两种有害元素的含量决定。

（3）按含碳量分类，20钢属于＿＿＿＿＿钢，其碳的质量分数为＿＿＿＿＿；45钢属于＿＿＿＿＿钢，其碳的质量分数为＿＿＿＿＿；T12属于＿＿＿＿＿钢，其碳的质量分数为＿＿＿＿＿。

（4）Q235钢牌号中的字母"Q"含义为＿＿＿＿＿，235的含义为＿＿＿＿＿。

（5）合金结构钢根据其用途和热处理特点可分为：＿＿＿＿＿钢、＿＿＿＿＿钢及＿＿＿＿＿钢。60Si2Mn属于其中的＿＿＿＿＿钢。

（6）工程上常用的特殊性能钢有＿＿＿＿＿钢、＿＿＿＿＿钢、＿＿＿＿＿钢等。

（7）常用的高速钢有＿＿＿＿＿和＿＿＿＿＿。其显著特点为具有很好的＿＿＿＿＿。

（8）工业铸铁一般分为＿＿＿＿＿铸铁、＿＿＿＿＿铸铁、＿＿＿＿＿铸铁和＿＿＿＿＿铸铁。它们的性能区别主要是由于＿＿＿＿＿不同。KTH300-06表示最低抗拉强度为＿＿＿＿＿、最低断后伸长率为＿＿＿＿＿的＿＿＿＿＿铸铁。

（9）普通灰铸铁按基体不同可分为＿＿＿＿＿、＿＿＿＿＿、＿＿＿＿＿。其中以＿＿＿＿＿的强度和耐磨性最好。

（10）依据其成分和工艺性能，铝合金可分为＿＿＿＿＿和＿＿＿＿＿两大类，ZA1101和7075分别属于＿＿＿＿＿和＿＿＿＿＿。

（11）不锈钢耐腐蚀性能强的主要原因是因为含_____元素较多。

（12）以锌为主加元素的铜合金称为_____，而以镍为主加元素的铜合金称为_____。

（13）钢的化学成分不同，火花流线形状不同，可分为_____流线、_____流线和_____流线。

2. 选择题

（1）下列牌号的钢中，硬度最低的是（　　），硬度最高的是（　　）。

A. T12　　　　　B. T7　　　　　C. 08F　　　　　D. 20

（2）下列牌号的钢中，强度最高的是（　　），塑性最好的是（　　）。

A. T8　　　　　B. 10　　　　　C. 45钢　　　　　D. 9SiCr

（3）下列牌号的金属材料中，属于合金工具钢的是（　　）。

A. Q235　　　　B. QT450-10　　C. ZCuZn38　　D. Cr12MoV

（4）下列牌号的铸铁中，性能最好，甚至可"以铁代钢"的是（　　）。

A. RuT340　　　B. QT900-2　　　C. HT200　　　D. KTZ650-02

（5）下列合金钢中，属于合金渗碳钢的是（　　），属于合金调质钢的是（　　）。

A. 20CrMnTi　　B. GCr15　　　C. 38CrMoAl　　D. CrWMn

（6）下列牌号的钢中，含碳量最高的是（　　），含碳量最低的是（　　）。

A. 40Cr　　　　B. 20CrMnTi　　C. T10　　　　　D. 9SiCr

（7）下列牌号的铝合金中，用量最大的是（　　）。

A. LD7　　　　　B. LF21　　　　C. LY12　　　　D. 7075

（8）下列牌号的铜合金中，最贵的铜合金是（　　），属青铜的是（　　）。

A. ZCuZn38　　　B. QSn4-3　　　C. H68　　　　　D. B30

（9）下列牌号的金属材料中，硬度和抗压强度最高的是（　　）。

A. T12　　　　　B. YG15　　　　C. QT900-2　　　D. Cr12MoV

（10）下列牌号的钢中，常用于作木工工具的是（　　）。

A. T7　　　　　B. Q235　　　　C. T12　　　　　D. 45

3. 判断题

（1）金属材料比高分子材料和陶瓷材料的强度、硬度都高。（　　）

（2）金属材料具有良好的导热导电性是因为结合键中有自由电子。（　　）

（3）黄铜是人类最早使用的金属材料。（　　）

（4）45钢的价格较便宜，综合力学性能好，应用广泛。（　　）

（5）硬质合金硬度很高，而且能进行热处理和切削加工。（　　）

（6）铝合金的比强度比钢要高，是汽车轻量化的主要应用材料。（　　）

（7）铝合金都能通过加工强化和热处理强化提高其强度和硬度。（　　）

（8）滑动轴承的轴瓦为了提高耐磨性，都使用高硬度的合金钢。（　　）

（9）钢结硬质合金硬度和强度比高速钢高，而且价格较便宜，有取代高速钢来制造各类机床刀具的趋势。（　　）

（10）铸铁的减振性和耐磨性比碳钢好，一般用来制造各类机床底座。（　　）

（11）可锻铸铁是因为其可锻性好而命名。（　　）

（12）40 钢的火花特征是火花束较粗，流线多而细，尾部渐粗且下垂。　　　（　　）

（13）火花鉴别法因为简便有效，广泛应用于各类合金钢的鉴定。　　　（　　）

（14）铸铁的减振性较好，敲击时声音较低沉，而钢材敲击时则可发出较清脆的声音。
　　　　　　　　　　　　　　　　　　　　　　　　　　　　　　　　　　　（　　）

1.3　应用拓展题

根据本项目所学知识，观察教室和宿舍里的各类器具和用品，哪些是由金属材料制作？可能是什么金属材料？如不能确定，可咨询老师或上网搜索。

课题 2　金属材料的结构与性能测试

⏱ 课题引入

首先请大家思考以下几个问题：

➤ 歌词有"比钢还强，比铁还硬"，怎样衡量钢的强，铁的硬？

➤ 作为机械工程材料，选择金属时主要考虑哪些因素？

➤ 同是金属，为什么金银铜比铁锌铬的延展性更好？

➤ 把圆钢丝用铁锤打扁后，性能会有何变化？为什么？

➤ 为什么冷拉钢丝被加热后会变软？

➤ 为什么说"千锤百炼出好钢"？

⏱ 课题说明

金属材料的性能决定着材料的适用范围及应用的合理性。金属材料的性能主要分为四个方面，即力学性能、化学性能、物理性能、工艺性能。在机械行业选用结构材料时，一般以力学性能作为主要依据。力学性能是机械零件材料选择的重要依据。

本项目主要学习金属材料的力学性能及金属材料力学性能的决定因素——金属晶体结构、金属塑性变形等相关理论知识。

⏱ 课题目标

知识目标：

◇ 掌握金属材料的力学性能的各项指标的概念及工程意义。

◇ 掌握金属的常见晶体结构和实际金属晶体结构的缺陷的类型。

◇ 掌握金属晶体结构与力学性能的关系。

◇ 掌握金属冷塑性变形对金属性能及组织结构的影响。

◇ 掌握变形金属后的回复与再结晶原理及工业应用。

◇ 了解热加工与冷加工的主要区别。

◇ 了解洛氏硬度计和布氏硬度计的基本结构及工作原理。

◇ 独立完成课后练习题。

技能目标：

◇ 在老师指导下能正确操作硬度计完成硬度测试实验。

◇ 能正确测定试样的洛氏及布氏硬度。

◇ 按要求完成实验报告。

📖 理论知识

问题1　金属材料的应用要考虑哪些方面的性能?

2.1　金属材料的性能分类

为了合理使用金属材料,充分发挥其作用,必须掌握各种金属材料制成的零、部件在正常工作下应具备的性能(使用性能)及其在冷热加工过程中材料应具备的性能(工艺性能)。使用性能是指材料在使用条件下所表现出来的性能,它包括物理性能(如密度、磁性、导电性、导热性等)、化学性能(如耐蚀性、热稳定性等)、力学性能(如强度、塑性、硬度等)。力学性能也称为机械性能。工艺性能是指材料在制造工艺中适应加工的性能,随制造工艺不同可分为铸造性能、切削性能、锻造性能及焊接性能等。

2.1.1　金属的物理性能

金属材料的物理性能是指金属固有的属性,包括密度、熔点、导电性、导热性、热膨胀性和磁性等。

1. 密度

密度是物体的质量与体积的比值。根据密度大小,可将金属分为轻金属和重金属。一般将密度小于 $4.5g/cm^3$ 的金属称为轻金属,而把密度大于 $4.5g/cm^3$ 的金属称为重金属。

材料的密度,直接关系到由它所制成的设备的自重与效能。汽车制造业与航空工业为了减轻汽车和飞行器的自重,应尽量采用密度小的材料来制造,如铝合金在汽车零部件中的应用比例越来越大;钛及钛合金在航空工业中得到广泛应用。

2. 熔点

熔点指材料从固态变为液态的转变温度。工业上一般把熔点低于 700℃ 的金属或合金称为易熔金属或易熔合金,把熔点高于 700℃ 的金属或合金称为难熔金属或难熔合金。

高温下工作的零件,应选用熔点高的金属来制作;而焊锡、熔体等则应选用熔点低的金属制作。此外,熔点对于金属和合金的冶炼、铸造、焊接等来说是重要的工艺参数。

3. 导电性

导电性是指工程材料传导电流的能力,其衡量指标是电阻率 ρ, ρ 越小,说明材料的导电性越好。纯金属中,银的导电性最好,其次为铜和铝。合金的导电性比纯金属差。

导电性好的金属如纯铜、纯铝适宜作电线和电缆等导电材料。导电性差的某些合金如镍-铬合金、铁-铬-铝合金可用作电热元件如电阻丝等。

4. 导热性

导热性是指材料传导热量的能力,其衡量指标是热导率 λ, λ 越大,说明材料的导热性越好。金属材料的导热性与导电性之间有密切的关系,凡是导电性好的金属其导热性也好。所以,金属中银的导热性最好,其次为铜和铝。

导热性好的金属,在加热或冷却时,温度升高和降低比较均匀和迅速。有些需要迅速散热的零件,如散热片、气缸头等一般选用导热性好的铜合金和铝合金来制作。

5. 热膨胀性

热膨胀性是指材料热胀冷缩的特性,其大小可用线胀系数 α_l 来衡量。

金属材料在工业生产应用中应当考虑热膨胀性的影响。工业上常用热膨胀性来紧密配合组合件，如热压铜套就是利用加温时孔径扩大而压入衬套，待冷却后孔径收缩而使衬套在孔中固紧不动。铺设钢轨时，在两根钢轨衔接处应留有一定的间隙，以便钢轨在长度方向有膨胀的余地。热膨胀性对精密零件的加工和测量都不利。因为切削热、摩擦热等，都会改变零件的形状和尺寸，有的造成测量误差，所以精密仪器或精密机床的工作常需要在标准温度或规定温度下加工或测量。

6. 磁性

磁性是指材料能否被铁吸引和被磁磁化的性质。铁磁性材料（如钴、铁等）容易被外磁场磁化和吸引；顺磁性材料（如锰、铬等）在外磁场中只能微弱地被磁化；抗磁性材料（如铜、锌等）不但不会被外磁场吸引，还会削弱磁场。

铁磁性材料可用来制造电动机、变压器；顺弹性材料和抗磁性材料可用来制造防磁结构件，如仪表外壳等。

【提示与拓展】

金属之最：地壳中含量最高的金属元素——铝；人体中含量最高的金属元素——钙；目前世界年产量最高的金属——铁；导电性、导热性最好的金属——银；硬度最高的金属——铬；熔点最高的金属——钨；熔点最低的金属——汞；密度最大的金属——锇；密度最小的金属——锂；延展性最好的金属——金；制造新型高速飞机的重要金属——钛；光照下最易产生电流的金属——铯。

2.1.2　金属的化学性能

化学性能是指材料抵抗周围化学介质侵蚀的能力，一般包括耐蚀性与高温抗氧化性。

1. 耐蚀性

耐蚀性是指工程材料在常温下，抵抗氧、水蒸气、海水及其他化学介质腐蚀破坏作用的能力。腐蚀作用对材料危害很大，因此，提高工程材料的耐蚀性能，对于节约工程材料、延长材料的使用寿命，具有现实的意义。

船舶上所用的金属构件必须具有抗海水腐蚀的能力；储藏及运输酸类化学品的容器、管道应有较高的耐酸性能。

2. 高温抗氧化性

高温抗氧化性是指工程材料在高温下抵抗氧化和腐蚀的能力。高温腐蚀可以产生各种各样有害的影响，它不仅使许多金属腐蚀生锈，造成大量金属的耗损，还破坏了金属表面许多优良的使用性能，降低了金属横截面承受负荷的能力，并且使高温机械疲劳和热疲劳性能下降。

在高温条件下工作的设备，如锅炉、加热设备、喷气发动机上的部件需要选择高温抗氧化性好的耐热合金或高温合金制造。

2.1.3　金属的力学性能

材料在外力作用下抵抗变形或破坏的能力，称为材料的力学性能。力学性能主要包括强度、塑性、硬度、韧性及疲劳强度等。

在机械制造中，金属材料的使用性能以力学性能最为重要。力学性能不仅可以为零件的选材、零件（构件）的截面尺寸设计提供主要依据，也可通过性能检测对产品的加工工艺进行质量控制，而且还能为挖掘材料性能潜力，发展新材料提供评价依据。

金属的各项力学性能指标的含义和测定将在第二节中详细介绍。

2.1.4　金属的工艺性能

1. 铸造性能（可铸性）

铸造性能指金属材料能用铸造的方法获得合格铸件的性能。铸造性主要包括流动性，收缩性和偏析。流动性是指液态金属充满铸模的能力；收缩性是指铸件凝固时，体积收缩的程度；偏析是指金属在冷却凝固过程中，因结晶先后差异而造成金属内部化学成分和组织的不均匀性。

2. 锻造性能（可锻性）

锻造性能指金属材料在压力加工时，能改变形状而不产生裂纹的性能。它包括在热态或冷态下能够进行锤锻、轧制、拉伸、挤压等加工。可锻性的好坏主要与金属材料的化学成分有关，如碳钢在加热状态下有较好的锻造性能，而铸铁则不能进行锻造。

3. 切削加工性能（可加工性）

切削加工性能指金属材料被刀具切削加工后而成为合格工件的难易程度。切削加工性好坏常用加工后工件的表面粗糙度、允许的切削速度以及刀具的磨损程度来衡量。它与金属材料的化学成分、力学性能、导热性及加工硬化程度等诸多因素有关。通常是用硬度和韧性作切削加工性好坏的大致判断。一般讲，金属材料的硬度愈高愈难切削，硬度虽不高，但韧性大，切削也较困难。

4. 焊接性能（可焊性）

指金属材料对焊接加工的适应性能。主要是指在一定的焊接工艺条件下，获得优质焊接接头的难易程度。它包括两个方面的内容：一是结合性能，即在一定的焊接工艺条件下，一定的金属形成焊接缺陷的敏感性；二是使用性能，即在一定的焊接工艺条件下，一定的金属焊接接头对使用要求的适用性。

问题2　金属材料有哪些力学性能指标？如何测定？

2.2　金属的力学性能指标

在机械设备及工具的设计、制作中选用工程材料时，大多以力学性能为主要依据，制造各类构件的金属材料都必须满足规定的性能指标。因此，熟悉和掌握金属材料的力学性能是非常重要的。

材料的力学性能是指在力的作用下，所显示的与弹性和非弹性反应相关或涉及应力—应变关系的性能，常用的有强度、塑性、硬度、冲击韧度、疲劳极限和断裂韧度等。

2.2.1　强度

金属材料在外力的作用下抵抗变形和断裂的能力称为强度。按外力作用的方式不同，可分为抗拉强度、抗压强度、抗弯强度和抗扭强度等。一般所说的强度是指抗拉强度，它是用静载拉伸实验方法测定的。

1. 拉伸实验与力-伸长曲线

静载拉伸实验是指用缓慢增加的拉力对标准拉伸试样进行轴向拉伸，直至拉断的一种试验方法。试验前，将材料制成一定形状和尺寸的标准拉伸试样。图 2-1 为圆柱拉伸试样。将试样从开始加载直到断裂前所受的拉力 F，与其所对应的试样原始标距长度 L_0 的伸长量 ΔL 绘成的关系曲线，为力-伸长曲线，一般由拉伸试验机自动绘制。

图 2-2 所示为退火低碳钢的力-伸长曲线，纵坐标为拉伸力 F，横坐标表示试样伸长量 ΔL。用拉力 F 除以试样原始截面积 S_0 得到应力 σ，伸长量 ΔL 除以试样原始标距 L_0 得到应变 ε，即 $\sigma = F/S_0$，$\varepsilon = \Delta L/L_0$。将力 F 变为应变 σ，伸长量变为 ε，则力-伸长曲线就成了工程上的应力-应变曲线。

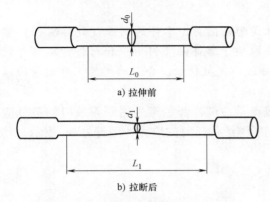

图 2-1　圆柱拉伸试样

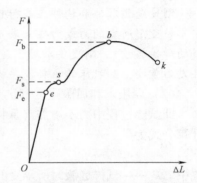

图 2-2　退火低碳钢的力-伸长曲线

由图 2-2 可看出，低碳钢在拉伸过程中明显地表现出不同的变形阶段，通常将低碳钢的力-伸长曲线当作典型情况来说明材料的力学性能。整个拉伸过程可分为弹性变形、屈服、均匀塑性变形、局部塑性变形及断裂几个阶段。

（1）弹性变形阶段　曲线的 Oe 段近乎一条斜线，即拉伸力与伸长量之间呈正比。表示受力不大时试样处于弹性变形阶段，若卸除试验力，试样能完全恢复到原来的形状和尺寸。F_e 为试样保持完全弹性变形的最大拉伸力。

（2）屈服阶段　当拉伸力继续增加时，超过 F_e，进入屈服阶段（es），并且在 s 点附近曲线上出现平台或锯齿状线段，这时拉伸力不增加或只有微小增加，试样却继续伸长。这个阶段的变形有弹性变形，也有一部分塑性变形。

（3）塑性变形阶段　屈服之后材料进入均匀塑性变形阶段（sb），均匀变形的原因是冷变形强化（加工硬化）所致，变形与硬化交替进行，变形量越大，为使材料变形所需的应力越大。

（4）缩颈断裂阶段　当试样变形达到最高点 b 时，形变强化跟不上变形的变化，不能再使变形转移，致使某处截面开始减小。在局部塑性变形阶段（bk），应力增加，变形加剧，形成缩颈，此时施加于试样的力减小，而变形继续增加，直至断裂（k 点）。

2. 强度指标

强度的大小通常用应力表示。应力是指实验过程中的力除以试样原始横截面积的商，即试样单位横截面积上所受到的力，用符号 σ 表示，单位为 MPa（兆帕），$1\text{MPa} = 1\text{N}/\text{mm}^2$。工程上常用的静载抗拉强度判据主要有弹性极限、屈服强度（屈服点）和抗拉强度（强度极限）等。

（1）弹性极限（σ_e）　在弹性阶段内，卸力后而不产生塑性变形的最大应力为材料的弹性伸长应力，通常称为弹性极限，用 σ_e 表示。

$$\sigma_e = F_e/S_0$$

式中　F_e——试样非比例伸长为规定量时的拉力（N）；

S_0——试样原始横截面积（mm^2）。

材料在弹性范围内应力与应变成正比，其比值 $E = \sigma/\varepsilon$，称为弹性模量，标志材料抵抗弹性变形的能力，用以表示材料的刚度。弹性极限是理论上的概念，和比例极限（符合胡克定律的最大应力 σ_p）一样，难以用实验直接测定，实际工程中以屈服点或规定残余伸长应力代替。

【提示与拓展】

刚度是指零件和构件在载荷作用下抵抗弹性变形的能力。零件的刚度（或称刚性）常用单位变形所需的力或力矩来表示，刚度的大小取决于零件的几何形状和材料种类（即材料的弹性模量）。刚度要求对于某些弹性变形量超过一定数值后，会影响机器工作质量的零件尤为重要，如机床的主轴、导轨、丝杠等。

（2）屈服点和屈服强度（σ_s 和 $\sigma_{0.2}$） 屈服点是指试样开始产生屈服现象时的最低应力，即试验过程中力不增加（保持恒定）试样仍能继续伸长时的应力，用符号 σ_s 表示。其计算公式为

$$\sigma_s = F_s/S_0$$

式中　F_s——试样屈服时所承受的拉伸力（N）；

S_0——试样原始横截面积（mm^2）。

屈服点是具有屈服现象的材料特有的强度指标，除退火或热轧的低碳钢和中碳钢等少数合金有屈服点外，大多数合金都没有明显的屈服现象，难以测出屈服点。为了获得这一重要性能指标，国家标准规定：当试样卸除拉伸力后，使得试样产生0.2%的残余伸长变形时所对应的应力称为条件屈服强度，简称屈服强度，以 $\sigma_{0.2}$ 表示，如图2-3所示。

当零件在工作中所承受的工作应力大于其条件屈服点时，就有可能产生过量塑性变形而失效。因此屈服点或屈服强度是大多数机械零件设计时的重要参数，是材料最关键的力学性能指标之一。

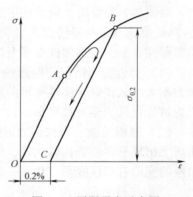

图 2-3　屈服强度示意图

（3）抗拉强度　拉伸过程中材料所能承受的最大力 F_b 所对应的应力称为抗拉强度。

$$\sigma_b = F_b/S_0$$

抗拉强度的物理意义在于它反映了材料最大均匀变形的抗力，表明了材料在拉伸条件下，单位截面积上所能承受的最大应力。显然，机器零件工作时，所承受的拉应力不允许超过 σ_b，否则就会产生断裂。所以，它也是机械设计和选材的主要依据。特别是对于脆性材料来说，拉伸过程中几乎不发生塑性变形即突然断裂，σ_s 和 $\sigma_{0.2}$ 常常难以测出，所以，脆性材料没有屈服强度指标，只有抗拉强度指标用于零件的设计计算。

在工程上，把 σ_s/σ_b 的值称为屈强比。屈强比越小，材料在断裂前出现塑性变形的量就越大。一旦超载不至于马上断裂，提示人们警惕零件断裂。因此，屈强比低的材料，如果要求其在强度范围内承受较大的载荷时，必须加大零件的横截面积，以致增加金属（壁厚）用量，不符合经济、轻便的要求，材料的利用率降低。屈强比越高，材料的屈服点（σ_s）就越接近抗拉强度（σ_b），材料强度的利用率就越高。但屈强比越高，材料在断裂前出现塑性变形的量就越小，即塑性储备小，可靠性差，一旦超载易于突然断裂。

2.2.2 塑性

断裂前材料发生不可逆永久变形的能力叫塑性。常用的塑性指标是断后伸长率 A 和断面收缩率 Z。一般也是通过拉伸试验测定。

（1）断后伸长率 试样拉断后，标距的伸长量与原始标距的百分比称为断后伸长率，以 A 表示。

$$A = (L_u - L_0)/L_0 \times 100\%$$

式中 L_0——试样原始标距长度（mm）；

$\quad\quad L_u$——试样拉断后对接的标距长度（mm）。

（2）断面收缩率 断面收缩率是指试样拉断后缩颈处横截面积的最大缩减量与原始横截面积的百分比，用符号 Z 表示。其数值按下式计算

$$Z = (S_0 - S_u)/S_0 \times 100\%$$

式中 S_0——试样原始横截面积（mm^2）；

$\quad\quad S_u$——试样拉断后缩颈处最小横截面积（mm^2）。

A 和 Z 数值越大，则材料的塑性越好。塑性好的材料，不仅能顺利地进行轧制、锻压等成形工艺，而且在使用中万一超载，由于塑性好，能避免突然断裂。所以大多数机械零件除要求有较高的强度外，还必须有一定的塑性。一般情况下，断后伸长率达 5% 或断面收缩率达 10% 的材料，即可满足大多数零件的使用要求。

2.2.3 硬度

硬度是指材料抵抗局部变形，特别是塑性变形、压痕或划痕的能力，它是衡量材料软硬的指标。金属材料的耐磨性一般与硬度成正比。硬度能够反映出金属材料在化学成分、金相组织和热处理状态上的差异，是检验产品质量、研制新材料和确定合理的加工工艺所不可缺少的检测性能之一。同时硬度试验是金属力学性能实验中最简便、最迅速的一种方法。

硬度实验方法很多，一般可分为三类：有压入法，如布氏硬度、洛氏硬度、维氏硬度、显微硬度；有划痕法，如莫氏硬度；有回跳法，如肖氏硬度等。目前机械制造生产中应用最广泛的硬度是布氏硬度、洛氏硬度和维氏硬度。

1. 布氏硬度

布氏硬度的测定原理是用一定大小的试验力 $F(N)$，把直径为 $D(mm)$ 的淬火钢球或硬质合金球压入被测金属的表面，如图 2-4 所示。在保持规定时间后卸除试验力，用读数显微镜测出压痕平均直径 d（mm），然后按公式求出布氏硬度值，或者根据 d 从已备好的布氏硬度表中查出布氏硬度值。布氏硬度值是试验力除以压痕球形表面积所得的商。布氏硬度用符号 HBW 表示，计算公式如下

$$HBW = 0.102F/\pi Dh$$

式中 F——试验力（N）；

$\quad\quad D$——球体直径（mm）；

$\quad\quad h$——压痕深度（mm）。

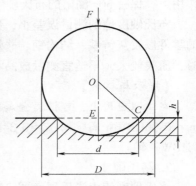

图 2-4 布氏硬度试验原理

由于金属材料有硬有软，被测工件有厚有薄，有大有小，如果只采用一种标准的试验力 F 和压头直径 D，就会出现对某些材料和工件不适应的现象。因此，在生产中进行布氏硬度

试验时，要求能使用不同大小的试验力和压头直径。对同一种材料采用不同的 F 和 D 进行试验时，能否得到同一的布氏硬度值，关键在于压痕几何形状的相似，即建立 F 和 D 的某种选配关系，以保证布氏硬度的不变性。根据被测材料种类和试样厚度，可按照表 2-1 所示的布氏硬度试验规范正确地选择试验力-压头球直径的平方比率。

表 2-1　布氏硬度试验规范（GB/T 231.1—2002）

材料	布氏硬度 HBW	试验力-压头球直径平方的比率 $0.102F/D^2$	备　注
钢、镍合金、钛合金		30	
铸铁	<140	10	
	≥140	30	
铜及铜合金	<35	5	（1）压痕中心距试样边缘距离不小于压痕平均直径的 2.5 倍
	35～200	10	（2）两相邻压痕中心不应小于压痕平均直径的 3 倍
	>200	30	（3）试样厚度至少应为压痕深度的 8 倍。试验后，试样支撑面应无可见变形痕迹
轻金属及合金	<35	2.5	
	35～80	5	
		10	
		15	
	>80	10	
		15	
铅、锡		1	

布氏硬度习惯上只写出硬度值而不必注明单位，其标注方法是，符号 HBW 之前为硬度值，符号后面按以下顺序用数值表示试验条件：球体直径、试验力、试验力保持时间（10～15s 不标注）。例如：

500HBW5/750，表示用直径 5mm 的硬质合金球压头在 7355N（750kgf）试验力作用下，保持 10～15s 测得的布氏硬度值为 500。

120HBW10/1000/30，表示用直径 10mm 的硬质合金球压头在 9807N（1000kgf）试验力作用下，保持 30s 测得的布氏硬度值为 120。

布氏硬度值的测量误差小，数据稳定，重复性强，常用于测量退火、正火、调质处理后的零件以及灰铸铁、结构钢、非铁金属及非金属材料等毛坯或半成品零件的硬度。但测量费时，压痕较大，不适宜测量成品零件或薄件。

【提示与拓展】

在工程应用上，可根据金属零件的布氏硬度近似换算出它的抗拉强度。例如：低碳钢 $\sigma_b \approx 0.36$HBW；高碳钢 $\sigma_b \approx 0.34$HBW；经调质后的合金钢 $\sigma_b \approx 0.325$HBW；灰铸铁 $\sigma_b \approx 5/3$（HBW－40）。

2. 洛氏硬度

洛氏硬度值由洛氏硬度试验测定。洛氏硬度试验是目前应用最广的性能试验方法，它是采用直接测量压痕深度来确定硬度值的。

洛氏硬度试验原理如图 2-5 所示。它是用顶角为 120° 的金刚石圆锥体或直径为 1.588mm（1/16in）的淬火钢球或硬质合金球作压头，先施加初始试验力 F_1，再加上主试验力 F_2，其总实验力为 $F = F_1 + F_2$。图中 0-0 为压头没有与试样接触时的位置；1-1 为压头

受到初始试验力 F_1 后压入试样的位置；2-2 为压头受到总试验力 F 后压入试样的位置。经规定的保持时间后，卸除主试验力 F_2，仍保留初始力 F_1，试样弹性变形的恢复使压头上升到 3-3 的位置。此时压头受主试验力作用压入的深度为 h，即 1-1 至 3-3 的位置。金属越硬，则 h 值越小。洛氏硬度可根据压入深度 h 计算

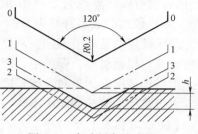

图 2-5　洛氏硬度试验原理

$$HR = N - \frac{h}{S}$$

式中　h——压入深度（mm）；

　　　N——给定标尺的硬度数；

　　　S——给定标尺的单位（mm）。

对于洛氏硬度标尺 A，B，C，$N = 100$，$S = 0.002$。

实际测定时，试件的洛氏硬度值由硬度计的表盘上直接读出，材料越硬，表盘上示值越大。洛氏硬度值是一无量纲的材料性能指标。

为了便于用洛氏硬度计测定从软到硬较大范围的材料硬度，根据被测试对象的不同，国家标准 GB/T 230.1—2004 规定可采用不同类型压头、试验力及硬度公式，组合成为不同的洛氏硬度标尺。现将常用的三种洛氏硬度标尺的硬度符号、试验规范及应用举例列于表2-2，以供参考。

表 2-2　常用的三种洛氏硬度标尺的硬度符号、试验规范及应用举例

硬度符号	硬度值有效范围	初始试验力 F_0/N	主试验力 F/N	总试验力 F/N	压头类型	应用举例
HRA	20～88HRA	98.07	490.3	588.4	金刚石圆锥体	硬质合金表面淬硬层渗碳层
HRB	20～100HRB	98.07	882.6	980.7	1.588mm淬火钢球	非铁金属退火钢正火钢
HRC	20～70HRC	98.07	1373	1471	金刚石圆锥体	调质钢淬火钢

以上三种常用洛氏硬度中，以 HRC 应用最多，一般经过淬火处理的零件和工具都用其测试硬度。必须注意的是，硬度值应在有效测量范围内（例如 HRC 为 20～67）方为有效值。HRC 与 HBW 的数值关系（当 HBW > 220 时）约为 1:10。

洛氏硬度可以用于测量较软到很硬的材料，操作简单迅速，而且压痕小，几乎不损伤工件表面，故应用很广，能测成品和较薄零件的硬度。但由于压痕小，测定结果波动较大，稳定性较差，故需测试试样不同部位的三点，取其算术平均值。一般不适宜测试组织不均匀的材料。

3. 维氏硬度

维氏硬度值是由维氏硬度试验测定的。维氏硬度是将相对面夹角为 136° 的正四棱锥体金刚石压头以选定的实验力（49.03～980.7N）压入被测材料或零件表面，经规定保持时间后卸除试验力，用压痕对角线长度来计算硬度的一种试验。

压痕对角线长度是用附在试验计上的测微器来测量的，测量时应测出压痕对角线的长度

d，然后就可以计算或查表得出维氏硬度值（维氏硬度值是试验力除以压痕表面积所得的商）。维氏硬度的表示符号为 HV，测量范围是 5～1000HV，标注方法与布氏硬度相同。

维氏硬度的适应范围广，从极软到极硬的材料都可以测量。压痕轮廓清晰，采用对角线长度计算，精确可靠，误差小，能够测量极薄零件的硬度，尤其是经化学热处理的渗层硬度等。但维氏硬度需测量对角线长度，然后计算或查表才可得到硬度值，所以测量效率低，不适宜大批零件的测量和组织不均匀材料的测量。

【提示与拓展】

手锯锯条、锉刀、丝锥等钳工常用工具通常由碳素工具钢 T11 钢和 T12 钢所制，使用时即淬火状态约为 62HRC。使用锉刀锉削零件时，零件硬度越低越容易锉削，当零件的硬度与锉刀相近，即大于 55HRC 时，就会出现锉刀打滑的现象，所以用锉刀试锉材料可作为估计材料硬度的简便方法。

2.2.4　冲击韧度

机械零部件在工作过程中不仅受到静载荷或变动载荷的作用，而且还会受到不同程度的冲击载荷的作用，如锻锤、冲床、铆钉枪等。金属在受冲击时，应力分布与变形很不均匀，故在设计和制造受冲击载荷作用的零件和工具时，仅考虑静载荷强度指标是不够的，还必须考虑所用材料的冲击吸收功或冲击韧度。

目前最常用的冲击试验方法是摆锤式一次冲击试验，其实验原理如图 2-6 所示。将待测的材料先加工成标准试样，然后放在实验机的支座上，把试样缺口背向摆锤冲击方向。将具有一定重力 G 的摆锤举至一定高度 H_1，使其具有势能（WH_1），然后将摆锤放下，冲击试样，试样断裂后摆锤上摆到 H_2 高度。在忽略摩擦和阻尼等条件下，摆锤冲断试样所做的功，称为冲击吸收功，以 A_K表示，且 $A_K = G (H_1 - H_2)$。

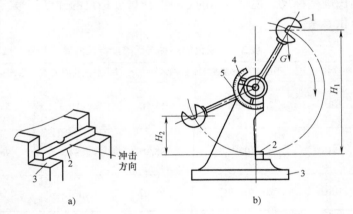

图 2-6　冲击试验原理图
1—摆锤　2—试样　3—机架　4—刻度盘　5—指针

用冲击吸收功 A_K 除以试样的断口处截面积 S_0 即得到冲击韧度，用 α_K 表示，单位为 J/cm^2。

$$\alpha_K = A_K / S_0$$

对一般常用钢材来说，所测冲击韧度 α_K 值越大，表明材料的韧性越好。韧性好的金属，在冲击载荷作用下不易损坏。飞机上承受冲击和震动的机件，如起落架等，就需选择韧性好的材料制造。但由于测出的冲击吸收功的组成比较复杂，所以有时候测得的 A_K 值及计算出来的 α_K 值不能真正反映材料的韧脆性质。

长期的生产实践证明，A_K 或 α_K 值对材料的组织缺陷十分敏感，能够灵敏地反映出材料品质、宏观缺陷和显微组织方面的微小变化，因而冲击实验是生产上用来检验冶炼和热加工质量的有效办法之一。由于温度对一些材料的韧脆程度影响较大，为了确定出材料由塑性状态向脆性状态转化的趋势，可分别在一系列不同温度下进行冲击试验，测定出 A_K 值随试验温度的变化情况。实验表明，A_K 值随温度的降低而减小。在某一温度范围时，材料的 A_K 值急剧下降，表明此时材料由韧性状态向脆性状态转变，此时的温度称为韧脆转变温度。根据不同的钢材及使用条件，其韧脆转变温度的确定有冲击吸收功、脆性断面率等不同的评定方法。

2.2.5　疲劳极限

　　许多机械零件（如齿轮、弹簧、连杆、主轴等）都是在交变应力（即应力的大小、方向随时间作周期性变化）下工作。虽然应力通常低于材料的屈服强度，但零件在交变应力作用下长时间工作，也会发生断裂，这种现象称为疲劳断裂。疲劳断裂事先没有明显的塑性变形，断裂是突然发生的，很难事先觉察到，因此具有很大的危险性，常常造成严重的事故。

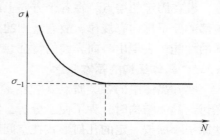

图 2-7　钢铁材料的疲劳曲线

　　通过疲劳试验可测得材料所承受的交变应力 σ 与断裂前的应力循环次数 N 之间的关系曲线，称为疲劳曲线，如图 2-7 所示。由图可知，应力值愈低，断裂前应力循环次数愈多，当应力低于某一数值时，曲线与横坐标平行，表明材料可经受无数次应力循环而不断裂。表示材料经受无数次应力循环而不破坏的最大应力称为疲劳强度。对称循环应力的疲劳强度用 σ_{-1} 表示。工程上规定，钢铁材料应力循环次数达到 10^7 次，非铁金属应力循环次数达到 10^8 次时，不发生断裂的最大应力作为材料的疲劳强度。经测定，钢的 σ_{-1} 只有 R_m 的 50% 左右。

　　疲劳断裂的过程，往往是在零件的表面，有时也可能在零件的内部某一薄弱部位产生裂纹，在交变应力作用下，裂纹不断扩展，使材料的有效承载截面不断减小，最后产生突然断裂。提高疲劳强度的方法很多，如设计时，尽量避免尖角、缺口和截面突变，可避免应力集中引起的疲劳裂纹；还可以通过降低表面粗糙度和采用表面强化的方法（如表面淬火、喷丸处理、表面滚压等）来提高疲劳强度。

【提示与拓展】

　　在历史上，曾多次发生过因金属疲劳断裂造成的重大事故。1995 年，日本一台运转中的核反应堆，由于冷却系统热电偶装置的不锈钢板在高温下发生金属疲劳，导致冷却剂泄漏，并引发火灾。1998 年，德国的高速列车"伦琴"号脱轨颠覆，100 多人遇难身亡，现场惨不忍睹。事后经调查，导致这起惨重交通事故的原因是一个车轮轮箍发生"疲劳断裂"。2002 年，我国台湾"华航"一架波音 747 客机在台湾海峡空域突然解体，据美国联邦航空局调查团初步确定，事故是由"金属疲劳"引起的。

　　问题3　为什么不同的金属具有不同的力学性能？金属的微观结构对其宏观力学性能有何影响？

2.3　金属的晶体结构

　　不同的金属材料具有不同的力学性能；同一种金属材料，在不同的条件下其力学性能也是不同的。金属性能的这些差异，主要是由金属内部的组织结构决定的。因此，研究金属内部的组织结构及形成规律，是了解金属性能，正确选用金属材料，合理确定加工方法的基础。

2.3.1 晶体与非晶体

固态物质根据其原子排列特征，可分为晶体和非晶体两大类。自然界中，除了少数物质，如普通玻璃、沥青、石蜡松香等外，绝大多数固态物质都是晶体。

晶体与非晶体的区别表现在许多方面。非晶体内部原子排列无规则，所以没有规则的外形，没在固定的熔点，在各个方向上的原子聚集密度大致相同，故表现出各向同性；而晶体内部的原子排列有规律，故有规则的外形，固定的熔点。此外，晶体在不同的方向上具有不同的性能，表现出各向异性的特征。

2.3.2 晶体结构的基本概念

实际晶体中的各类质点（包括离子、电子等）虽然都是在不停地运动着，但是，通常在讨论晶体结构时，为了便于分析，常把构成晶体的原子看成是一个个固定的刚性小球，这些原子小球按一定的几何形式在空间紧密堆积。这样，金属晶体就可以看成是由许多刚性小球按一定几何规则紧密堆积而成。如图2-8a所示。

为了更清楚地描述晶体内部原子排列的几何形状和规律，实际研究中常引用晶格和晶胞的概念。

1. 晶格

将每个原子视为一个几何质点，并用一些假想的几何线条将各质点连接起来，便形成一个空间几何格架。这种抽象的用于描述原子在晶体中排列方式的空间几何格子称为晶格。如图2-8b所示，它使我们进一步看清了金属晶体中原子排列的规律。所以，晶格是研究金属晶体结构的重要手段之一。

2. 晶胞

由于晶体中原子作周期性规则排列，因此可以在晶格内取一个能代表晶格特征的，且由最少数原子排列成最小结构单元来表示晶格，称为晶胞。不难看出整个晶格就是由许多大小、形状和位向相同的晶胞在空间重复堆积而成。通过对晶胞的研究可找出该种晶体中原子在空间的排列规律。

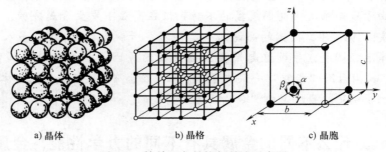

a) 晶体   b) 晶格   c) 晶胞

图2-8 简单立方晶格与晶胞示意图

3. 晶面、晶向和晶格常数

在晶格中由一系列原子组成的平面称为晶面，晶体由重重晶面堆砌而成。晶格中由两个以上原子中心连接而成的任一直线，都代表晶体空间的一个方向，称为晶向。晶胞中各棱边

长度 a、b、c 和棱边夹角 α、β、γ 称为晶格参数，如图 2-8c 所示。晶胞中各棱边长度又称为晶格常数。以 $\overset{\circ}{A}$ 为计量单位（$1\overset{\circ}{A} = 1 \times 10^{-10}\text{m}$）。当三个晶格常数 $a = b = c$，三个轴间夹角 $\alpha = \beta = \gamma = 90°$ 时，这种晶胞组成的晶格称为简单立方晶格。

2.3.3　常见金属的晶体结构

根据晶体晶胞中原子小球堆砌规律的不同，可以将晶格基本类型划分为 14 种。在金属材料中，常见晶格类型有体心立方晶格、面心立方晶格、密排六方晶格 3 种。

1. 体心立方晶格

体心立方晶格的晶胞是一个立方体，在立方体的 8 个角上和中心各有 1 个原子，如图 2-9所示。8 个顶角上的每个原子为相邻的 8 个晶胞所共有，中心的原子为该晶胞所独有，所以体心立方晶胞中的原子数为 $1 + 8 \times 1/8 = 2$ 个。

纯铁（α-Fe）在 912℃ 以下具有体心立方晶格，属于这类晶格类型的金属还有铬、钼、钨、钒等，它们大多具有较高的强度和韧性。

原子在晶格中排列的紧密程度对晶体性质有较大的影响，晶胞中原子排列的紧密程度可用致密度来表示。致密度是晶胞中原子所占体积与该晶胞体积之比。体心立方晶格的致密度为 0.68，表示体心立方晶格有 68% 的体积被原子所占据，其余 32% 为空隙。

图 2-9　体心立方晶格示意图

2. 面心立方晶格

面心立方晶格的晶胞也是一个立方体，在立方体的 8 个角上和 6 个面的中心各有一个原子，如图 2-10 所示。8 个顶角上的每个原子为相邻的 8 个晶胞所共有，面中心的原子为相邻两晶胞所共有，所以面心立方晶胞中的原子数为 $6 \times 1/2 + 8 \times 1/8 = 4$ 个，致密度为 0.74。

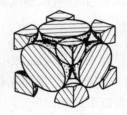

图 2-10　面心立方晶格示意图

纯铁（γ-Fe）在 912℃ 以上具有面心立方晶格，属于这类晶格类型的金属还有铝、铜、镍、金、银等，它们大多具有较高的塑性。

3. 密排六方晶格

密排六方晶格的晶胞是一个正六棱柱，如图 2-11 所示。原子位于两个底面的中心处和 12 个顶点上，体内还包含着 3 个原子。12 个顶点上的每个原子为相邻 6 个晶胞所共有，上下底面中心的原子为相邻的两个晶胞所共有，而体内所包含的 3 个原子为该晶胞所独有，所以密排六方晶胞中的原子数为 $2 \times 1/2 + 12 \times 1/6 + 3 = 6$ 个，致密度为 0.74。

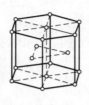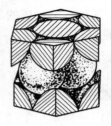

图 2-11　密排六方晶格示意图

属于这类晶格类型的金属有锰、锌、铍及高温下的钛等，它们大多具有较大的脆性，塑性较差。

可见，晶格类型不同，原子排列方式、致密度、晶格常数等就不同，金属力学性能也将随之变化。

同时由于晶体中不同晶面和晶向上原子密度不同，原子间结合力也就不同，因此晶体在不同晶面和晶向上表现出不同的性能，这就是晶体具有各向异性的原因。但在实际金属材料中，一般却见不到它们具有这种各向异性的特征。例如在不同晶向测得的 α-Fe 单晶的弹性模量是不同的，而实际应用的 α-Fe（工业纯铁）取样测试，从任何位向所测得的结果大致相同。这是因为金属实际晶体结构与理想晶体结构有很大的差异所致。

2.3.4　金属的实际晶体结构

在实际应用的金属材料中，由于金属材料加进了其他种类的外来原子及在冶炼后的凝固过程中受到各种因素的影响，使本来该有规律的原子堆积方式受到干扰，总不可避免地存在着一些原子偏离规则排列的不完整区域。

1. 单晶体和多晶体

晶体内的晶格位向完全一致的晶体称为单晶体。很少有天然的单晶体，一般要靠特殊的方法才能制得。而实际的金属晶体是由许多不同方位的晶粒所组成。晶粒与晶粒之间的界面称为晶界。这种由多晶粒组成的实际晶体结构称为多晶体。如图 2-12 所示。

2. 晶体缺陷

实际金属中，除了具有多晶体组织外，由于结晶或其他加工条件的影响，还存在大量的晶体缺陷。根据几何特征，晶体缺陷一般分为以下三类。

（1）点缺陷　点缺陷特征是在三个方向上尺寸都很小，不超过几个原子间距。最常见的点缺陷是晶格空位和间隙原子，如图 2-13 所示。空位是结晶时晶格上应被原子占据的结点未被占据；间隙原子则是个别具有较高能量的原子摆脱晶格对其的束缚，脱离平衡位置，跳到晶界处或晶格间隙处而形成间隙原子，或跳到结点上形成置换原子。点缺陷的存在使晶格发生畸变，从而引起金属强度、硬度升高，电阻增大。

图 2-12　多晶体的晶粒与晶界示意图

（2）线缺陷　线缺陷是指在一个方向上的尺寸很大，另两个方向上尺寸很小的一种缺陷，主要是各种类型的位错。所谓位错是晶体中某处有一列或若干列原子发生了有规律的错排现象。位错的形式很多，其中简单而常见的刃型位错如图 2-14 所示。由图可见，晶体的上半部多出一个原子面（称为半原子面），它像刀刃一样切入晶体中，使上、下两部分晶体间产生了错排现象，因而称为刃型位错。*EF* 线称为位错线，在位错线附近晶格发生了畸变。造成金属强度升高。

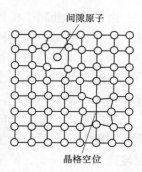

图 2-13　点缺陷示意图

刃形位错是最简单、最基本的一种位错，在外力作用下会产生运动、堆积和缠结，冷塑性变形就是通过晶体中位错缺陷大量增加来大幅度提高金属的强度，这种方法称为形变强化。

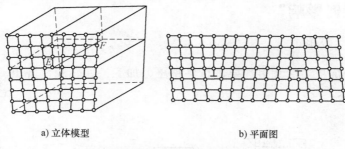

a) 立体模型　　　　　　　　　b) 平面图

图 2-14　刃型位错示意图

（3）面缺陷　面缺陷特征是在一个方向上尺寸很小，而另外两个方向上尺寸很大，主要指晶界和亚晶界。

由于各个晶粒之间的位向互不相同，甚至相差达 30°~40°，当一个位向的晶粒过渡到另一位向的晶粒时，必然会形成一个原子排列无规则的过渡层，称为晶界。大多数相邻晶粒的位向差都在 15°以上，又称之为大角晶界。如图 2-15 所示。

在晶体中每个晶粒内部的原子排列只是大体上整齐一致，实际还存在着许多相互间位向差很小的小尺寸晶块，它们相互嵌镶成一颗晶粒，这些小晶块称为亚晶粒。亚晶粒之间的交界面称为亚晶界，如图 2-16 所示。亚晶界是一些位错排列而成的小角度晶界，图 2-17 是由刃型位错构成的小角晶界示意图。

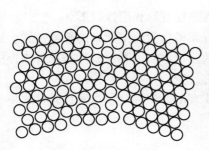

图 2-15　大角晶界

图 2-16　亚晶界

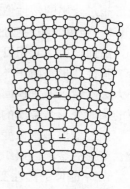

图 2-17　小角晶界

由于晶界处原子排列不规则，偏离平衡位置，因而使晶界上原子的平均能量高于晶粒内部，这部分高出的能量称为界面能（晶界能）。界面能的存在和原子排列不规则使晶界具有一系列不同于晶内的特性。例如，晶界比晶内易受腐蚀，晶界处熔点低，晶界对塑性变形（位错运动）的阻碍作用等。在常温下，晶界处不易产生塑性变形，故晶界处硬度和强度均较晶内高。晶粒越细小，晶界亦越多，则金属的强度和硬度亦越高。

总而言之，在实际的多晶体金属中，由于种种原因的干扰和破坏，将会出现各种不同的晶体缺陷，它们可以产生、发展、运动和交互作用，而且也能合并和消失。这些都将不同程度地造成晶格畸变，使常温下金属的强度、硬度提高，同时还将会对金属的塑性变形、固态相变以及扩散等产生重要影响。

问题4　金属的塑性变形在微观上是如何进行的？塑性变形后对金属的性能有何影响？

2.4　金属的塑性变形

金属材料经冶炼浇注后大多数要进行各种压力加工，如轧制、挤压、拉丝、锻造和冲压，如图2-18所示。

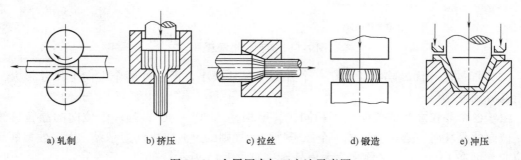

　　a) 轧制　　　　　b) 挤压　　　　　c) 拉丝　　　　　d) 锻造　　　　　e) 冲压

图 2-18　金属压力加工方法示意图

压力加工不仅改变了金属的外形和尺寸，而且其内部组织和性能也发生了变化。例如经冷轧拉丝等冷塑性加工后，金属的强度显著提高而塑性下降；经热轧、锻造等热塑性变形后，强度的提高虽不明显，但塑性和韧性较铸态时有明显改善。若压力加工工艺不当，使其变形超过金属的塑性值后，则将产生裂纹或断裂。

2.4.1　金属的塑性变形

由前面所学知识可知，金属在外力作用下的变形分为弹性变形和塑性变形。

弹性变形是由于外力克服了原子间的作用力，使部分原子稍微偏离原来的平衡位置，当外力去除后，原子返回原来的平衡位置，金属恢复原来的形状，所以弹性变形是在外力作用下的临时变形。金属的弹性变形对金属的组织和性能没有改变。

塑性变形是永久变形，成形加工是利用塑性变形来实现的。塑性变形过程比弹性变形复杂，变形后金属的组织及性能发生了改变。

1. 单晶体的塑性变形

单晶体一般只能通过特殊的铸造工艺获得，工程所用金属材料大多是多晶体，而多晶体的塑性变形与各个晶粒的变形行为相关联，所以掌握单晶体的塑性变形是了解多晶体变形规律的基础。

单晶体在正应力作用下，只能产生弹性变形，并直接过渡到脆性断裂，只有在切应力作用下才会产生塑性变形。单晶体的塑性变形主要是以滑移的方式进行，即晶体的一部分沿着一定的晶面和晶向相对于另一部分发生滑动。如图 2-19 所示，当原子滑移到新的平衡位置时，晶体就产生了微量的塑性变形，晶体大量滑移的总和就形成了宏观上金属的塑性变形。

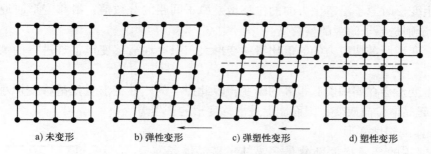

a) 未变形　　　　b) 弹性变形　　　　c) 弹塑性变形　　　　d) 塑性变形

图 2-19　单晶体在切应力作用下的滑移

一般说来，滑移是沿原子排列最密集的晶面和原子排列最密集的晶向方向进行的，分别称为滑移面和滑移方向，由一个滑移面和一个滑移方向组成一个滑移系。金属晶体结构不同，其滑移系的个数不同。

【提示与拓展】

一般来说，属于面心立方晶格的金属具有更好的塑性（延展性），比如金、银、铜、铝等塑性好的金属都属于面心立方晶格。这是由于面心立方晶格的金属其原子排列较致密，滑移面之间的距离较大，在塑性变形时能参与滑移的滑移系较多。

若晶体中没有任何缺陷，原子排列得十分规则，晶体的一部分相对于另一部分的整体滑移需要克服的滑移阻力是十分巨大的。实际上，晶体内部存在大量的线缺陷——位错。理论和实验研究都证明，晶体的滑移是晶体中的位错在切应力的作用下沿着滑移面逐步移动的结果，如图 2-20 所示。在切应力作用下，当一条位错线从滑移面的一侧移动到另一侧时，便产生了一个原子间距的滑移，在这过程中，只需要位错线附近的少数原子作微量移动，且移动的距离小于一个原子间距。大量的位错移出晶体表面，就产生了宏观的塑性变形。因此，通过位错的移动实现滑移所需克服的阻力很小，滑移容易进行，与实际测量的结果是一致的。

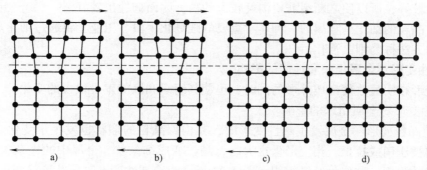

a)　　　　b)　　　　c)　　　　d)

图 2-20　位错运动产生滑移示意图

　　单晶体的另一种塑性变形方式是孪生。孪生是指在切应力作用下，晶体的一部分相对于另一部分沿一定的晶面（孪晶面）及晶向（孪生方向）产生剪切变形，如图 2-21 所示。孪生变形与滑移变形的区别主要在于：

　　1）孪生变形使一部分晶体发生均匀的切应变；滑移变形则集中在一些滑移面上。

　　2）孪生变形使晶体变形部分的位向发生了改变；而滑移变形后晶体变形部分的位向不发生改变。

　　3）孪生变形时原子沿孪生方向的位移量是原子间距的分数值；滑移变形时原子沿滑移方向的位移量则是原子间距的整数倍。

　　4）孪生变形所需切应力的数值比滑移变形大，只有在滑移变形很难进行的情况下才发生孪生变形。

　　5）孪生变形会在周围引起很大的畸变，因此产生的塑性变形量比滑移变形小得多，但孪生变形引起晶体位向改变，因而能促进滑移变形的产生。

　　2. 多晶体的塑性变形

　　工业上使用的金属绝大部分是多晶体。多晶体晶粒的基本变形方式与单晶体相同，由于晶界的存在，晶粒之间位向不同，多个晶粒的塑性变形会互相影响，因此，多晶体的塑性变形比单晶体复杂。

　　在多晶体中，晶界处原子排列混乱，也是缺陷和杂质集中的地方，晶格畸变程度大，从而使位错移动的阻力增大，在宏观上表现为晶界处的变形抗力增大。

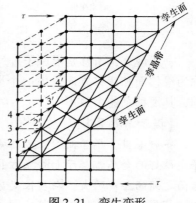

图 2-21　孪生变形

　　在多晶体中，晶粒越小，单位体积上晶粒的数量就越多，晶界的总面积增大，因而晶界变形抗力也越大，所以整个金属的强度较高。试验表明，晶粒平均直径 d 与屈服点 σ_s 之间存在如下关系：

$$\sigma_s = \sigma_0 + Kd^{-1/2}$$

式中　σ_0 和 K 均为常数，其中 σ_0 表示晶内变形抗力，K 表示晶界对变形的影响程度。

　　细晶粒金属不仅强度高，而且塑性和韧性也较好。这是因为单位体积内的晶粒数越多，金属的总变形量可以分布在更多的晶粒内，晶粒的变形也会比较均匀，所以减小了应力集中，推迟了裂纹的形成和发展。同时晶界面积越大，晶界越曲折，越不利于裂纹的扩展，使金属在断裂前可发生较大的塑性变形。韧性与强度和塑性密切相关，由于细晶粒金属的强度较高，塑性较好，所以使之断裂需要消耗较大的功，因而韧性也较好。

　　因此，晶粒的细化是金属的一种非常重要的强韧化手段，工业上将通过细化晶粒以提高材料强度的方法称为细晶强化。

2.4.2　塑性变形对金属组织和性能的影响

　　塑性变形在明显改变金属外形的同时，也使其组织和性能发生很大的变化。

　　1. 塑性变形对金属组织的影响

　　（1）使晶粒变形　金属发生塑性变形时，其内部晶粒的形状也发生了变化。通常晶粒沿变形方向被压扁或拉长，当变形量很大时，晶粒变成细条状，金属中的夹杂物也被拉长，形成纤维状的组织，称作为纤维组织。图 2-22 所示为冷塑性变形时晶粒形状变化示意图。

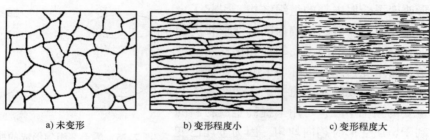

a) 未变形　　　　　　　b) 变形程度小　　　　　　　c) 变形程度大

图 2-22　冷塑性变形时晶粒形状变化示意图

纤维组织的形成使金属性能产生各向异性，其纵向（沿纤维方向）的力学性能优于横向（垂直于纤维方向）的性能。

【提示与拓展】

弯曲是金属板料常用的一种冷冲压工序，板料经过压轧后产生了纤维组织。所以在冲压排样时，应使折弯线与纤维方向垂直，当弯曲具两个折弯线且相互垂直时，应使两折弯线与纤维方向保持 45°角度。不能使折弯线与纤维组织方向平行，因为沿纤维组织横向的塑性远低于纵向，在弯曲时易弯裂，如图 2-23 所示。

（2）产生形变织构　金属塑性变形到很大程度（70% 以上）时，由于晶粒发生转动，使晶粒位向趋近一致，形成特殊的择优取向，多晶体金属变形后具有的这种择优取向的晶体结构，称为形变织构。形变织构一般分为两种：一种是大多数晶粒的某个晶向平行于拉拔方向，称为丝织构；另一种是大多数晶粒的某个晶面和晶向平行于轧制方向，称为板织构，如图 2-24 所示。

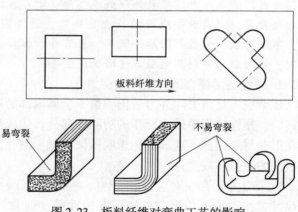

图 2-23　板料纤维对弯曲工艺的影响

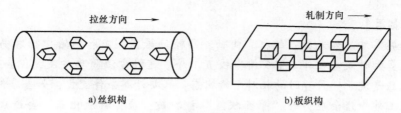

a) 丝织构　　　　　　　　　　b) 板织构

图 2-24　形变织构示意图

【提示与拓展】

形变织构的形成，使金属呈现明显的各向异性，在多数情况下是不利的。用有织构的板材冲制筒形零件时，由于在不同方向上的力学性能差别很大，零件的边缘出现"制耳"，同时因变形不均，零件的壁厚和硬度也不均匀。如图 2-25 所示。织构形成后很难消除。工业生产中为了避免织构，零件较大的变形量往往分几次变形来完成，并进行中间退火。

2. 塑性变形对金属性能的影响

塑性变形改变了金属内部的组织结构，引起了金属力学性能的变化。其显著的影响为随着变形程度的增加，金属的强度、硬度提高，而塑性和韧性明显下降，这种现象称为形变强化，也称加工硬化。

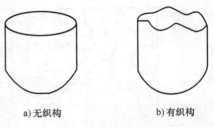

a) 无织构　　　　　　b) 有织构

图 2-25　因形变织构形成的冲压制耳

形变强化具有极重要的实际意义，主要为：①它是一种非常重要的强化手段，可用来提高金属材料的强度；②有利于金属变形时趋向均匀，因为金属已变形部分得到强化，继续变形将主要在未变形部分中进行；③可保证零件和构件的工作安全性，因为金属具有较好的变形强化能力，能防止短时超载引起的突然断裂等。

加工硬化也有不利的一面。如冲压拉深时，因为变形使塑性下降，很难一次拉深较深的筒形零件，需要分多次进行，甚至需要中间退火处理，以消除加工硬化。

塑性变形不仅改变金属的力学性能，也明显改变金属的物理化学性能，使金属电阻增大，导磁性和耐腐蚀性降低等。

【提示与拓展】

日常用的电线电缆多数为铜线或铝线，都是经过拉丝机冷拔加工而成，在使用前必须进行退火处理，以消除导线内的应力及缺陷，使之恢复到冷加工前的物理及力学性能。退火后，不仅塑性、韧性、断后伸长率、抗弯曲和扭转性能有较大的提高，还能显著改善电化学性能，退火后的导线其电阻率可降低约 2.1%。

3. 塑性变形使金属产生残余应力

残余应力是指去除外力后仍残留于金属内部的应力。它主要是由于金属内部变形不均匀引起的。塑性变形中外力所作的功除大部分转化成热之外，还有一小部分以畸变能的形式储存在形变材料内部，这部分能量叫做储存能。储存能的具体表现方式为宏观残余应力、微观残余应力及点阵畸变。

残余应力的存在对金属将产生一些影响，例如降低工件的承载能力、使工件的形状和尺寸发生改变、降低工件的耐腐蚀性等。通常可以用去应力退火去除金属加工后的残余应力。

【提示与拓展】

细长的轴类零件，如光杠、丝杠、曲轴、凸轮轴等在加工和运输中很容易产生弯曲变形，因此，大多数时候需在加工中安排冷校直工序。这种方法简单方便，但会带来内应力。零件的冷校直只是处于一种暂时的相对平衡状态，只要外界条件变化，如当零件进行后续加工之后，原来工件中残余应力的"平衡状态"被打破，应力释放出来，会造成零件很快变形而失去应有的加工精度。

问题5　金属经冷变形后形成的加工硬化及内应力如何消除？

2.5　金属的回复与再结晶

金属经冷塑性变形后，组织处于不稳定状态，有自发恢复到变形前组织状态的倾向。但在常温下，原子扩散能力小，恢复过程很难进行，不稳定状态可以维持相当长时间。如果对其加热，则金属原子活动能力增强，会产生一系列组织与性能的变化。图 2-26 为经 70% 塑性变形的工业纯铁加热时的组织变化。

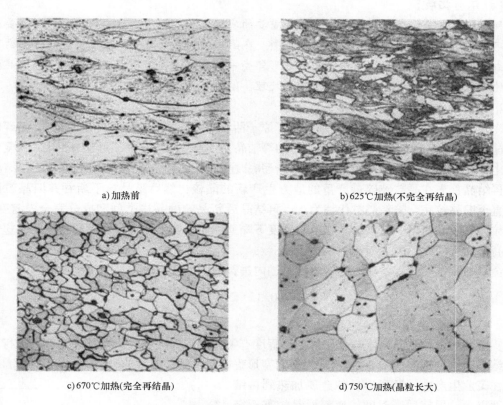

a) 加热前　　　　　　　　　　　　　b) 625℃加热(不完全再结晶)

c) 670℃加热(完全再结晶)　　　　　　d) 750 ℃加热(晶粒长大)

图 2-26　经 70% 塑性变形的工业纯铁加热时的组织变化

　　将冷塑性变形的金属材料加热至 $0.5T_熔$ 温度附近，并进行保温，则金属将依次发生回复、再结晶和晶粒长大三个基本阶段。冷塑性变形金属的组织与性能随温度的变化如图 2-27 所示。

1. 回复

　　变形后的金属在较低温度进行加热时，原子活动能力有所增加，原子已能作短距离的运动，其晶格畸变程度显著减轻，内应力有所降低，这个阶段称为回复。产生回复的温度 $T_回$ 为

$$T_回 = (0.25 \sim 0.3)T_熔$$

式中　$T_熔$——该金属的熔点（K）。

　　在回复阶段，原子活动能力还不是很强，所以金属组织变化不明显，晶粒仍保持变形后的形态。金属的力学性能也无明显改变，其强度、硬度略有下降，塑性略有提高，但内应力、电阻率等显著下

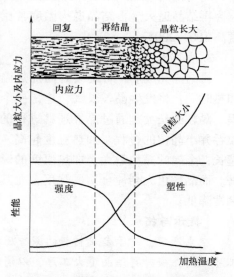

图 2-27　冷塑性变形金属的组织与性能随温度变化示意图

降。在工业上，常利用回复现象将冷变形金属低温加热，既稳定组织又保留了加工硬化，这种热处理方法称为去应力退火。

【提示与拓展】

利用回复去除冷变形后的内应力具有重要的实际意义。如用冷拉钢丝卷制的弹簧要通过250~300℃的低温处理以消除应力使其定型。在第一次世界大战中，很多黄铜的弹壳由于变形应力而开裂，后来发现这是由于深冲成形弹壳中的内应力在战场环境下发生了应力腐蚀而引起的，人们后来对深冲弹壳采用了回复处理，解决了这个问题。

2. 再结晶

冷变形金属加热至一定温度之后，由于原子活动能力增强，被拉长（或压扁）、破碎的晶粒通过重新生核、长大变成新的均匀细小的等轴晶，其力学性能发生了明显的变化，恢复到完全软化状态。这种冷变形组织在加热时重新彻底改变而恢复至变形前状态的过程称为再结晶。

再结晶首先在晶粒破碎最严重的地方生产新的晶核，然后该晶核不断吞并旧晶粒而长大，直至旧晶粒完全被新晶粒代替为止。再结晶后新晶粒的晶格类型和成分完全没有变化，但晶粒内部的晶格畸变基本消失，位错密度下降，因而金属的强度、硬度显著下降，塑性显著提高，加工硬化消失，如图2-27所示。

金属的再结晶过程是在一定的温度范围内进行的，能进行再结晶的温度 $T_{再}$ 为

$$T_{再} = (0.35 \sim 0.4) T_{熔}$$

式中　$T_{熔}$——该金属的熔点（K）。

实验证明，再结晶温度与金属的变形程度有关，变形程度越大，再结晶越容易进行，所以再结晶温度越低。如图2-28所示为金属变形程度对再结晶温度的影响。

在工业生产中，经变形后的金属加热到再结晶温度以上，保持适当时间，使变形晶粒重新结晶为均匀的等轴晶粒，以消除加工硬化的退火，称为再结晶退火。再结晶退火温度常比再结晶温度高100~200℃。

3. 晶粒长大

再结晶完成后，若继续升高加热温度或延长加热时间，将发生晶粒长大，这是一个自发的过程。晶粒的长大是通过晶界迁移进行的，是大晶粒吞并小晶粒的过程。加热温度越高，保温时间越长，金属的晶粒越大，加热温度的影响尤为显著。而晶粒粗大会使金属的强度，尤其是塑性和韧性降低。

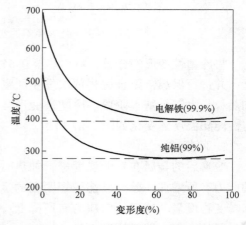

图2-28　金属变形程度对再结晶温度的影响

【提示与拓展】

在生产中，对于金属材料的深冲压、多次拉丝、冷轧等成形加工工艺，必须在多次变形工序之间，安排再结晶退火工序，以消除零件加工硬化，恢复其塑性以便继续加工。例如生产铁铬铝电阻丝时，在冷拔到一定的变形程度后，要进行氧气保护再结晶退火，以继续冷拔获得更细的丝材。

问题6　什么叫金属材料的热加工，与冷加工有何区别？

2.6　金属的热加工

2.6.1　冷加工与热加工的区别

金属塑性变形的加工方法有热加工和冷加工两种。在金属学中，冷热加工的界限是以再结晶温度来划分的。低于再结晶温度的加工为冷加工，而高于再结晶温度的加工为热加工。例如，钨的再结晶温度为1200℃，其在1200℃以下的加工变形仍属冷加工。而锡的再结晶温度为-7℃，则其在室温下的加工变形也为热加工。

2.6.2　热加工对金属组织和性能的影响

因为热加工的温度高于再结晶温度，热加工时产生的加工硬化很快被再结晶消除，使材料保持良好的塑性状态，因而热加工时的塑性变形比冷加工容易得多，可变形程度也较大。

热加工过程，在金属内部同时进行着加工硬化和再结晶软化两个相反的过程，虽然不会引起加工硬化，但也会使金属的组织和性能发生很大的变化。

1. 消除金属的组织缺陷

热加工可使铸态金属与合金中的气孔、疏松、微裂纹焊合，从而使组织致密、成分均匀。因而金属的力学性能得到提高。

2. 细化晶粒

热加工能打碎或挤碎粗大的树枝晶或柱状晶，并通过再结晶获得细化均匀的等轴晶粒，达到细晶强化的目的，从而可以提高金属的综合力学性能。

3. 形成锻造流线

热加工使铸态金属中的非金属夹杂物沿变形方向伸长，形成彼此平行的宏观条纹，称作流线，由这种流线体现的组织也称纤维组织。纤维组织使钢产生各向异性，与流线平行的方向强度高，而与其垂直的方向强度低。在制定加工工艺时，应使流线分布合理，尽量与拉应力方向一致。如图2-29a中所示的曲轴锻坯流线分布合理，而图2-29b中曲轴是由锻钢切削加工而成，其流线分布不合理，易在轴肩处发生断裂。

4. 形成带状组织

在热加工亚共析钢时，常发现钢中的铁素体与珠光体呈带状分布，如图2-30所示，这

a) 锻造曲轴

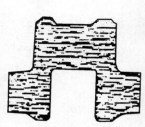
b) 切削加工曲轴

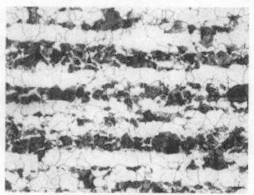

图2-29　曲轴中的流线分布　　　　　　图2-30　热加工后钢中的带状组织

种组织称为带状组织。带状组织与枝晶偏析被沿加工方向拉长有关，其存在将降低钢的强度、塑性和冲击韧度，可通过多次正火或扩散退火来消除。

热加工能量消耗小，但钢材表面易氧化，因而热加工一般用于截面尺寸大、变形量大、在室温下加工困难的工件。而冷加工一般用于截面尺寸小、塑性好、尺寸精度及表面粗糙度要求高的工件。

📖 课题实验

实验1　硬度测试

1. 实验目的
- ➤ 初步了解布氏硬度计和洛氏硬度计的构造及使用方法。
- ➤ 掌握一般金属硬度的测量方法。

2. 实验设备及材料
- ➤ HB – 3000 型布氏硬度计（如图 2-31 所示）。
- ➤ HR – 150 型洛氏硬度计（如图 2-32 所示）。
- ➤ 读数显微镜。
- ➤ 试样：ϕ30mm × 10mm 的 20 钢、45 钢和 T12 钢，退火态，要求试样表面平整光洁，不得有氧化皮、油污及明显的加工痕迹。

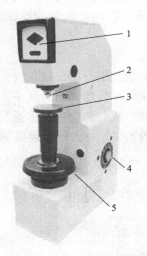

图 2-31　HB-3000 型布氏硬度计
1—指示灯　2—压头　3—工作台
4—紧压螺钉　5—手轮

图 2-32　HR-150 型洛氏硬度计
1—手轮　2—工作台　3—压头　4—表盘　5—砝码调
节螺母　6—卸载手柄　7—加载手柄

3. 实验步骤

（1）布氏硬度实验

🖑 根据实验材料和布氏硬度范围选择压头球体直径、试验力及保持时间。

🖑 打开硬度计电源。

🖑 将试样放在工作台上，使试样的被测表面与压头轴线垂直。

🖐 选好试样测试位置，顺时针转动手轮，使工作台上升，试样与压头缓慢接触，并继续转动手轮直至升降螺母产生滑动为止。

🖐 松开紧压螺钉，选定试验力保持时间。

🖐 按动加载按钮，开始施加试验力。当绿色指示灯闪亮时，迅速拧紧螺钉，达到所要求的持续时间后，硬度计自动开始停止转动。

🖐 递时针转动手轮，降下工作台，取下试样。

🖐 用读数显微镜测量压痕直径 d，再通过计算或查表得到相应的布氏硬度值。

（2）洛氏硬度实验

🖐 根据实验材料及热处理状态选择压头和试验力。

🖐 将试样放在工作台上，调整好试样测试位置。

🖐 顺时针转动手轮，使工作台上升，试样与压头缓慢接触，直至表盘上的小指针指向"3"为止，此时已施加了 98.1N 的初试验力，然后调整表盘使大指针指向硬度值刻度的起点。

🖐 拉动加载手柄，施加主试验力，并保持适当的时间。

🖐 推动卸载手柄，卸除主试验力。

🖐 读取表盘上大指针所指数字，即为相应的洛氏硬度值（红色数字为 HRB 值，黑色数字为 HRC 或 HRA 值）。

🖐 递时针转动手轮，降下工作台，取下试样。

4. 实验报告内容

（1）实验目的。

（2）简述布氏硬度、洛氏硬度的测试原理、应用范围及优缺点。

（3）填写硬度实验结果表格（表 2-3、表 2-4）。

（4）根据实验结果，对三种钢的硬度值进行对比分析，绘制钢的含碳量与硬度关系曲线图。

表 2-3　布氏硬度测试结果

试样材料	实验条件			实验结果				
	压头球体直径/mm	试验力/N	试验力保持时间/s	第一次		第二次		平均值
				压痕直径/mm	布氏硬度值	压痕直径/mm	布氏硬度值	
20								
45								
T12								

表 2-4　洛氏硬度测试结果

试样材料	实 验 条 件			实 验 结 果			
	压头	试验力/N	硬度标尺	第一次	第二次	第三次	平均硬度值
20							
45							
T12							

实训 2　冲击实验

1. 实验目的
➢ 了解冲击试验机的构造及使用方法。
➢ 初步掌握各种金属冲击韧度的测量方法。

2. 实验设备及材料
➢ JB–300 型手动摆锤式冲击试验机（如图 2-33 所示）。
➢ 游标卡尺。
➢ 试样：切有缺口的 5mm×5mm×150mm 的 20 钢、45 钢和 T12 钢矩形试样。要求试样表面平直光洁。

3. 实验步骤
🖐利用游标卡尺测量缺口处的试件尺寸。

🖐在老师指导下了解摆锤冲击试验机的构造原理和操作方法，掌握冲击试验机的操作规程，一定要注意安全。

🖐调整冲击试验机指针到"零点"，根据试件材料估计所需破坏能量，先空打一次，测定机件间的摩擦消耗功。

🖐将试件装入在冲击试验机上，简梁式冲击实验应使没有缺口的面朝向摆锤冲击的一边，缺口的位置应在两支座中间，要使缺口和摆锤冲刃对准。

🖐将摆锤举起同空打时的位置，打开锁杆。使摆锤落下，冲断试件，然后刹车，读出试件冲断时消耗的功，计算出材料的冲击韧度值。

图 2-33　JB-300 型手动摆锤
式冲击试验机
1—刻度盘　2—摆锤　3—支座　4—试样

4. 实验报告内容
（1）实验目的。
（2）简述冲击试验原理及冲击韧度的工程意义。
（3）填写硬度实验结果表格（表 2-5）。
（4）根据实验结果，对三种钢的韧性值及断口特征进行对比分析，绘制钢的含碳量与冲击韧度关系曲线图。

表 2-5　冲击实验结果

试样材料	实验条件			冲击吸收功/J	冲击韧度值/(J/cm²)	断口特征
	高/cm	宽/cm	横截面面积/cm²			
20 钢						
45 钢						
T12 钢						

📖 思考与练习

2.1　思考题

1. 金属的力学性能包括哪些？各自有何实际工程意义？

2. 画出低碳钢的力 – 伸长曲线，并简述拉伸变形的几个阶段。

3. 零件的变形和断裂分别与材料的哪个力学性能指标相关？

4. 布氏硬度和洛氏硬度各应用于什么金属材料？它们之间的数值关系如何？

5. 常见的金属晶体结构有哪几种？其原子排列密度有何差异？

6. 实际的金属晶体中存在哪些缺陷，对金属的力学性能有何影响？

7. 为什么单晶体具有各向异性，而多晶体一般不显示各向异性？

8. 什么是细晶强化？什么是形变强化？它们强化的效果有何不同？

9. 细晶粒组织为什么具有较好的综合力学性能？细化晶粒的基本途径有哪些？

10. 简述金属的冷加工和热加工的区别及对材料组织和性能的影响。

2.2　练习题

1. 填空题

（1）金属材料的物理性能包括：密度、_____、_____、_____、_____和磁性。由于密度小，_____在航空工业中应用广泛。

（2）金属材料的工艺性能包括：_____、_____、_____和_____。

（3）低碳钢拉伸实验过程中的变形阶段包括：_____阶段、_____阶段、_____阶段和_____阶段。

（4）拉伸过程中材料能保持弹性变形的最大应力称为_____。

（5）金属材料的塑性指标是_____和_____。

（6）硬度根据测定方法的不同，分为_____硬度、_____硬度和_____硬度。

（7）材料在_____作用下抵抗破坏的能力称为冲击韧度，它的单位为_____。

（8）金属常见的晶格类型为：_____、_____、_____。其中金属铬属于_____；铜属于_____；镁属于_____。

（9）根据几何特征，晶体缺陷一般分为以下三类_____、_____、_____。

（10）工业上将通过细化晶粒以提高材料强度的方法称为_____；通过冷塑性变形提高金属强度和硬度的方法称为_____。

（11）在金属学中，冷热加工的界限是以_____温度来划分的。

2. 选择题

（1）晶体中的位错属于_____；晶界属于_____。

A. 体缺陷　　　　B. 点缺陷　　　　C. 面缺陷　　　　D. 线缺陷

（2）室温下的纯铁为 α-Fe，它的晶格类型是_____。

A. 面心立方　　　B. 体心立方　　　C. 密排六方　　　D. 简单立方

（3）退火、正火后的零件用一般用_____硬度表示，淬火后的零件一般用_____硬度表示。

A. HBW　　　　　B. HRC　　　　　C. HRA　　　　　D. HV

（4）晶体的滑移是晶体中的_____在切应力的作用下沿着滑移面逐步移动的结果。

A. 空位　　　　　B. 晶界　　　　　C. 间隙原子　　　D. 位错

（5）当应力超过材料的_____，零件会发生塑性变形。

A. 弹性极限　　　　B. 屈服点　　　　C. 抗拉极限　　　　D. 疲劳极限

（6）在交变载荷工作条件下的零件材料要考虑的主要的力学性能指标为_____。

A. 塑性　　　　　　B. 硬度　　　　　C. 疲劳极限　　　　D. 强度

（7）材料的耐磨性与_____的关系密切。

A. 塑性　　　　　　B. 硬度　　　　　C. 疲劳极限　　　　D. 强度

（8）一般来说，金属材料的_____高，其塑性就好。

A. 硬度　　　　　　B. 屈服强度　　　C. 抗拉强度　　　　D. 屈强比

（9）用扎制板材冲制筒形零件时，在零件的边缘出现"制耳"主要是因为存在_____。

A. 加工硬化　　　　B. 形变织构　　　C. 残留应力　　　　D. 纤维组织

（10）下列不属于金属的再结晶过程中发生的变化是_____。

A. 金属晶体形状发生了变化

B. 金属的加工硬化消除，强度和硬度降低、塑性提高

C. 金属晶体的结构发生了显著变化

D. 纤维组织和形变织构得以消除

3. 判断题

（1）碳钢的含碳量越低，硬度就越低，其切削加工性能越好。　　　　　（　　）

（2）铸铁比碳钢铸造性能好，其主要原因是熔点较低、流动性好。　　　（　　）

（3）凡是导电性好的金属其导热性也好。　　　　　　　　　　　　　　（　　）

（4）晶体缺陷越多，则金属的强度和硬度就越低。　　　　　　　　　　（　　）

（5）工程实际应用的金属材料大多是多晶体材料。　　　　　　　　　　（　　）

（6）纯铁晶体属于体心立方晶格。　　　　　　　　　　　　　　　　　（　　）

（7）在常温下，晶界比晶内易受腐蚀，晶界处熔点低，但晶界处不易产生塑性变形，故晶界处硬度和强度均较晶内高。　　　　　　　　　　　　　　　　　　　（　　）

（8）细晶强化与形变强化都能使材料强度和硬度提高，但塑性和韧性降低。（　　）

（9）有纤维组织的金属板材，平行于纤维方向的强度高于垂直于纤维方向。（　　）

（10）低碳钢拉伸实验中，应力超过屈服点后不会立刻在局部形成缩颈是因为已变形的部分得到了形变强化而比未变形的部分强度高。　　　　　　　　　　（　　）

（11）金属的变形程度越大，其再结晶越容易进行，所以再结晶温度越低。（　　）

（12）金属的热加工是指在室温以上进行的塑性变形加工。　　　　　　（　　）

4. 计算题

（1）一低碳钢试样，原始标距长度为 100mm，直径为 ϕ10mm。试验力达到 18840N 时试样产生屈服现象，试验力达到 36110N 时出现缩颈现象，然后被拉断。将已断裂的试样对接起来测量，标距长度为 133mm，断裂处最小直径为 ϕ6mm。试计算该材料的 σ_s、σ_b、A、Z。

（2）某金属材料的拉伸试样 $L_0 = 100$mm，$d_0 = 10$mm，拉伸到产生 0.2% 塑性变形时作用力（载荷）$F_{0.2} = 6.5 \times 10^3$N；$F_b = 8.5 \times 10^3$N；拉断后标距长为 $L_1 = 120$mm，断口处最小直径为 $d_1 = 6.4$mm。试求该材料的 $\sigma_{0.2}$、σ_b 及 A、Z。

（3）有一根环形链条，用直径为 ϕ20mm 的钢条制造，已知该钢条的 $\sigma_s = 314$MPa，试

求此链条能承受的最大载荷是多少?

2.3   应用拓展题

根据相关材料手册和书籍,查出 10 钢、20 钢、30 钢、40 钢、50 钢、60 钢的 σ_b、σ_s(或 $\sigma_{0.2}$)、A、Z、α_K 的数值,并画出以横坐标为钢号,以纵坐标为各种力学性能的关系曲线。

课题 3　铁碳合金组织观察与分析

⏱ 课题引入

　　首先请大家思考以下几个问题：
➢ 铸造时，金属是如何由液态变为固态的？如何获得性能较好的固态金属？
➢ 铁是不是在任何温度下都有磁性呢？
➢ 纯铁、钢、铸铁为什么有不同的力学性能？其主要区别在于什么？
➢ 为什么"打铁要趁热"？
➢ 为什么钢制零件一般用锻造成形而铸铁零件用铸造成形？
➢ 如何对钢的显微组织进行检测与分析？

⏱ 课题说明

　　工业用钢和铸铁都属于铁碳合金，但工业用钢和铸铁的性能差别较大，而各类不同钢种由于其合金成分不同，特别是含碳量的多少直接决定了铁碳合金的组织、性能和用途。从其种意义上讲，铁碳合金相图是研究铁碳合金的，是研究碳钢和铸铁成分、温度、组织和性能之间关系的理论基础，也是制定各种热加工的依据。

　　本项目主要学习金属和合金的结晶过程及组织变化、二元合金相图、铁碳合金相图及铁碳合金成分、组织和性能的关系。

⏱ 课题目标

　　知识目标：
◇ 了解金属的结晶过程及晶粒度对材料性能的影响。
◇ 掌握二元合金相图的基本类型和意义。
◇ 熟悉 $Fe-Fe_3C$ 相图，理解相图各点、线、区域的意义。
◇ 掌握 $Fe-Fe_3C$ 相图中关键点的成分与温度值。
◇ 掌握典型铁碳合金平衡态结晶过程中相和组织的变化。
◇ 能熟练分析典型铁碳合金平衡态结晶后的室温组织与性能的关系。
◇ 熟悉金相试样流程和相关设备。
◇ 了解金相显微镜的构造并掌握金相观察的操作方法。
　　技能目标：
◇ 在老师指导下能正确地制备简单金相试样。
◇ 在老师指导下能正确地进行金相组织观察。
◇ 能应用对比法评定检测试样的晶粒度。
◇ 能根据金相观察结果对试样进行组织分析。

📖 理论知识

问题1　纯金属的结晶条件是什么？　结晶过程是怎样的？　如何控制金属的结晶过程以获得优良的组织和性能？

3.1　纯金属的结晶

金属材料冶炼后，浇注到锭模或铸模中，通过冷却，液态金属转变为固态金属，获得一定形状的铸锭或铸件。金属材料在正常条件下通常是以结晶的形式凝固的，即金属由液态变为固态是一个从不完整、无规则排列的原子群向原子规则排列的晶体的转变过程。

3.1.1　纯金属结晶的条件

纯金属的实际结晶过程可用冷却曲线来描述。冷却曲线是温度随时间而变化的曲线，是用热分析法测得的。即将液态金属放在坩埚中并以极其缓慢的速度进行冷却，在冷却过程中观察记录温度 T 随时间 t 的变化数据，并绘制成曲线图，如图 3-1 所示。由图 3-1 可见，开始时，液态金属的温度随时间而降低，冷却至 T_0 时不再随时间而降低，冷却曲线上出现了一个平台。这个平台所对应的温度就是纯金属的实际结晶温度。因为结晶时放出结晶潜热，补偿了此时向环境散发的热量，使温度保持恒定。温度 T_0 称为平衡结晶温度。结晶完成后，温度继续下降。实际情况中，金属的冷却结晶不可能无限缓慢进行，所以纯金属的实际结晶温度 T_1 总是低于平衡结晶温度 T_0，这种现象叫过冷现象。实际结晶温度 T_1 与平衡结晶温度 T_0 的差值 ΔT 称为过冷度。其大小与冷却速度、金属性质和纯度有关。冷却速度越大，则过冷度越大，实际结晶温度就越低。实践证明，液体金属的结晶总是在过冷的情况下才能进行（没有过冷，结晶不出稳定的固体）。所以，过冷度是金属结晶的必要条件。

为什么液体必须具有一定的过冷度，结晶才能自发进行？根据热力学第二定律可以证明，在等温等容条件下，一切自发变化过程都是朝着亥姆霍兹自由能降低的方向进行。亥姆霍兹自由能是受温度、压力、容积等多因素影响的物质状态函数，从物理意义来说，是指在一定条件下物质中能够自动向外界释放做功的那一部分能量。由于液体和晶体的结构不同，同一物质的液体和晶体在不同温度下的亥姆霍兹自由能变化是不同的。如图 3-2 所示。在温度 T_0 时，液体和晶体亥姆霍兹自由能相等，二者处于平衡状态。T_0 就是平衡结晶温度，即理论结晶温

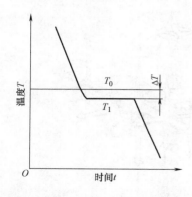

图 3-1　纯金属结晶时的冷却曲线

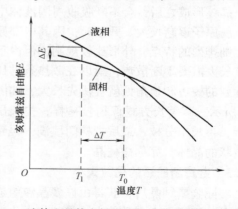

图 3-2　液体和晶体亥姆霍兹自由能随温度变化曲线

度。温度低于 T_0 时，即有一定过冷度，晶体的亥姆霍兹自由能低于液体，这时结晶可以自发进行。过冷度 ΔT 越大，液体和晶体的亥姆霍兹自由能差 ΔE 越大，结晶倾向越大。

3.1.2　纯金属结晶的规律

科学实践证明，结晶是晶体在液体中从无到有（晶核形成），由小变大（晶核长大）的过程，如图 3-3 所示。

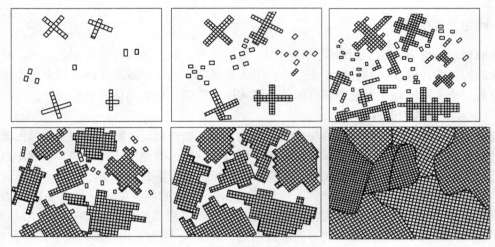

图 3-3　纯金属结晶过程示意图

当液态金属的温度下降到接近 T_0 时，某些局部区域会有一些原子规则地排列起来，形成原子小集团，这些小集团很不稳定，遇到热流和振动就会立即消失，时聚时散，此起彼伏。当低于理论结晶温度时，部分小集团有了较好的稳定性，将进一步长大成为结晶核心，称为晶核。

根据结晶条件的不同，可将形核方式分为自发形核和非自发形核。

（1）自发形核　将很纯净的液体金属快速冷却，在足够大的过冷条件下，液体会不断产生许多类似晶体中原子排列的小集团，形成结晶核心，这种只依靠液体本身在一定过冷条件下形成晶核的过程叫做自发形核。

（2）非自发形核　实际金属液体中常常会存在一些杂质或异类质点，结晶时它们优先成为结晶核心，这种依附于杂质表面而形成晶核的过程称为非自发形核。非自发形核在生产中所起的作用更为重要。

晶核形成之后，会不断吸收周围液体中的金属原子逐渐长大。开始时，因其内部原子规则排列的特点，外形比较规则，但由于晶核长大需要不断散热，所以在散热条件比较优越的棱边和顶角处就会优先长大，如图3-4 所示。其生长方式像树枝一样，先长出枝干，再长出分枝，最后把枝间填满，得到树枝状的晶体，简称树枝晶。

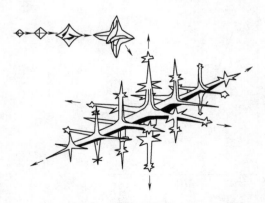

3.1.3　金属结晶后的晶粒大小

实际金属结晶后，获得由许多晶粒组成的多晶体组织。在多晶体中，晶粒的大小对

图 3-4　树枝状晶体示意图

其力学性能影响很大。表 3-1 列出了晶粒大小对纯铁力学性能的影响。

表 3-1 晶粒大小对纯铁力学性能的影响

晶粒平均直径 $d/\mu m$	σ_b/MPa	σ_s/MPa	$\delta(\%)$
70	184	34	30.6
25	216	45	39.5
2.0	268	58	48.8
1.6	270	66	50.7

由表可见，晶粒越细小，不仅强度提高，而且塑性、韧性也不断提高，这是因为晶粒越细小，晶界越多，晶格畸变越多，强度、硬度越高。另外，晶粒越细小，晶界就会越曲折，晶粒与晶粒之间相互咬合的机会就越多，越不利于裂纹的传播，变形能够更加均匀地分布到各个晶粒，不会因应力集中而断裂，所以塑性、韧性更好。

实际生产中，为了细化晶粒，提高金属材料的力学性能，常可采用下述方法

1. 增加过冷度

金属结晶后晶粒大小取决于形核率 N 和长大率 G。N 越大，G 越小，则晶粒越细。实践证明，金属结晶时，形核率 N 和长大率 G 的值在一般过冷度下，都是随过冷度的增加而增大的，如图 3-5 所示。由图可见，当 ΔT 较小时，N 比 G 增长的慢，而当 ΔT 较大时，N 比 G 增长要快得多，使单位体积中晶核数目大大增多，故晶粒变细。

虽然增大过冷度能细化晶粒，但对于铸锭或大铸件，由于散热慢，要获得较大的过冷度很困难，而且过大的冷却速度往往导致铸件开裂而造成废品。因此，生产中还采用其他方法细化晶粒。

2. 变质处理

为了获得细晶粒组织，浇注前向液态金属中加入少量难熔质点（变质剂），结晶时这些质点将在液体中形成大量非自发晶核，使晶粒数目大大增

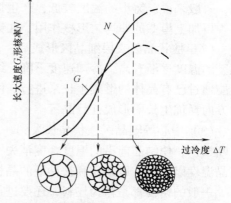

图 3-5 形核率和长大率与 ΔT 之间的关系

加，从而达到晶粒细化的目的，这种处理称为变质处理。变质处理在冶金和铸造生产中应用十分广泛，如钢中加入铝、钛、钒、硼等，铸铁中加入硅钙等，铸造铝硅合金中加入钠盐等。

3. 附加振动

另外，在金属结晶时，对液态金属附加机械振动、超声波振动、电磁波振动等措施，造成枝晶破碎，破碎的细小晶体成为新的晶核，增加了晶核数目，从而使晶粒细化。

3.1.4 铸锭的组织及其控制

材料的凝固总是在一定的容器中进行，容器的形状、散热条件等将影响金属材料铸造后的组织形态。对于铸锭来说，它的组织包括晶粒大小、形状、取向、元素和杂质分布以及铸锭中的缺陷等。铸锭的组织对后续加工和使用性能都有很大影响。

1. 铸锭的组织

由于凝固时表面和中心的结晶条件不同，铸锭的宏观组织是不均匀的，通常由表层细晶区，柱状晶区和中心等轴晶区三个晶区组成，如图3-6所示。

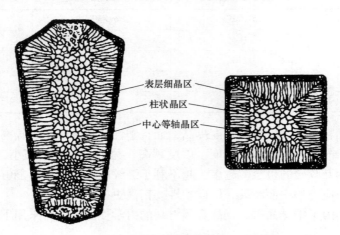

图 3-6　铸锭组织示意图

（1）表层细晶区当高温的液体金属被浇注到铸型中时，液体金属首先与铸型的模壁接触，一般来说，铸型的温度较低，产生很大的过冷度，形成大量晶核。

再加上模壁的非均匀形核作用，在铸锭表层形成一层厚度较薄、晶粒很细的等轴晶区。

（2）柱状晶区表层细晶区形成后，由于液态金属的加热及凝固时结晶潜热的放出，使模壁的温度逐渐升高，冷却速度下降，结晶前沿过冷度减小，难于形成新的结晶核心，结晶只能通过已有晶体的继续生长来进行。由于散热方向垂直于模壁，因而晶体沿着与散热相反的方向择优生长而形成柱状晶区。

（3）中心等轴晶区柱状晶长大到一定程度后，由于冷却速度进一步下降及结晶潜热的不断放出，使结晶前沿的温度梯度消失，导致柱状晶的长大停止。当心部液体全部冷至实际结晶温度以下时，以杂质和被冲下的晶枝碎块为结晶核心均匀长大，形成粗大的等轴晶区。

一般的铸锭都是作为坯料，还要进行轧制等各种加工，柱状晶由于方向性过于明显，而且晶粒之间往往结合较弱，轧制是容易在柱状晶处开裂，因此要尽量减少或避免形成明显的柱状晶区。根据柱状晶区的形成与温度梯度的方向性有直接的关系的特点，要减少柱状晶区，需从破坏稳定的温度梯度及柱状晶的稳定生长入手，如降低浇注温度、降低模具的散热条件、增加液体流动或振动以及变质处理等手段。

2. 铸锭的缺陷

铸锭的缺陷包括缩孔、疏松、气孔和偏析等。

（1）缩孔和疏松大多数金属凝固时体积要收缩，如果没有足够的液体补充，便会形成孔隙。如果孔隙集中在凝固的最后部位，则称为缩孔。缩孔可以通过合理设计浇注工艺，预留出补缩的液体（如加冒口）等方法控制，一旦铸锭中出现缩孔则应切除掉。如果孔隙分散地分布于枝晶间，则称为疏松，可以通过压力铸造的等方法予以消除。

（2）气孔金属在液态下比在固态下溶解气体多。液态金属凝固时，如果所析出的气体来不及逸出，就会保留在铸锭内部，形成气孔。内表面未被氧化的气孔在热锻或热轧时可以焊合，如发生氧化，则必须去除。

（3）偏析合金中各部分化学成分不均匀的现象称为偏析。铸锭在结晶时，由于各部位结晶先后顺序不同，合金中的低熔点元素偏聚于最终结晶区，或由于结晶出的固相与液相的比重相差较大，使固相上浮或下沉，从而造成铸锭宏观上的成分不均匀，称为宏观偏析。适当控制浇注温度和结晶速度可减轻宏观偏析。

问题2 金属合金中的原子排列结构如何？与纯金属相比，其性能有何区别？

3.2 合金的相结构

纯金属一般具有较好的导电性、导热性、塑性和金属光泽，在人类生活及生产中有着比较广泛的应用。但纯金属种类有限，提炼困难，成本较高，且力学性能较差，无法满足人们对材料多品种和高性能的要求。在长期的实践和研究过程中，人们发现把不同的金属元素或金属元素与非金属元素配制在一起，能够组成许多不同成分的新物质，即合金。合金的出现不仅满足了对金属材料多品种的要求，而且可获得所需的力学性能和特殊的电、磁、化学等方面性能。

3.2.1 合金的基本概念

1. 合金

合金是指由两种或两种以上的金属元素或金属元素与非金属元素组成的具有金属特征的物质。例如，普通黄铜是由铜与锌组成的合金；钢和铸铁是由碳与铁组成的合金。组成合金的各元素比例可以在一定范围内调节，从而使合金的性能随之发生一系列变化，满足了工业生产中各类机械零件的不同性能要求。

2. 组元

组成合金的基本的物质叫组元。组元大多数是元素，如铁碳合金的主要组元是铁和碳，有时也可将稳定的化合物作为组元，如渗碳体 Fe_3C 等。由两个组元组成的合金称为二元合金，由三个组元组成的合金称为三元合金等。当组元不变，而组元比例发生变化，可以得到一系列不同成分的合金，这一系列相同组元的合金称为合金系。

化学成分是决定合金材料性能的基本因素之一，如黄铜和碳钢的性能迥然不同。即使是相同化学成分的合金材料，其性能也可以有显著区别。例如，同一化学成分的某种刃具钢，其淬火态的刃具可以切削其退火态的制件。其性能差别如此之大，起决定作用的是"组织"和"相"两个因素。所以，在研究合金的组织、性能之前必须先了解合金组织中的相及其结构。

3. 相

相是指在合金中具有相同成分、相同结构、相同性质的均匀部分，并与其他相有明显界面之分。若合金是由成分、结构都相同的同一种晶粒构成的，则各晶粒虽有界面分开，却属于同一种相；若合金是由成分、结构互不相同的几种晶粒构成，它们将属于不同的几种相。例如，液体合金一般都是单相，固态合金则由一个以上的相组成，由一个相组成的合金称为单相合金，由两个以上相组成的合金称为两相或多相合金。金属与合金的一种相在一定条件下可以变为另一种相，叫做相变，例如金属结晶，是液相变为固相的一种相变。金属在固态下由一种晶格转变为另一种晶格的"同素异构转变"是一种固态相变。

4. 组织

组织是指用肉眼或借助于放大镜、显微镜观察到的材料内部的形态结构。一般将用肉眼和放大镜观察到的组织称为宏观组织，在显微镜下观察到的组织称为微观组织。只由一种相组成的组织称为单相组织；由几种不同的相组成的组织称为多相组织。

3.2.2 固态合金的相结构

如果把合金加热到熔化状态，则组成合金的各组元即相互溶解成均匀的溶液。但合金溶液经冷却结晶后，由于各组元之间相互作用不同，固态合金中将形成不同的相结构，合金的相结构可分为固溶体和金属化合物两大类。

1. 固溶体

溶质原子溶于溶剂晶格中而仍保持溶剂晶格类型的合金称为固溶体。根据溶质原子在溶剂晶格中所占位置不同，固溶体可分为置换固溶体和间隙固溶体两类。按溶质原子的溶解度不同可分为有限固溶体（溶质原子在固溶体中的溶解有一定限度）和无限固溶体（溶质原子可以任意比例溶入溶剂晶格结构中）。

（1）间隙固溶体　溶质原子占据溶剂晶格间隙所形成的固溶体称为间隙固溶体，如图 3-7 所示。由于晶格中空隙位置是有限的，因此间隙固溶体是有限固溶体，并且要求溶质原子直径与溶剂原子直径比值不大于 0.59。从元素性质看，过渡族金属元素与氢、硼、碳等非金属元素结合时可形成间隙固溶体。例如，钢中的碳溶于 α-Fe 或 γ-Fe 中形成间隙固溶体。

溶质原子溶入溶剂晶格间隙后，将使溶剂晶格发生畸变，晶格常数增大（如图 3-8 所示），也使合金的强度、硬度增加。溶入的溶质原子越多，引起的晶格畸变越大。

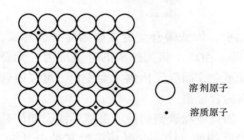

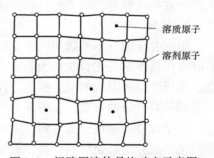

溶质原子

溶剂原子

溶剂原子

溶质原子

图 3-7　间隙固溶体结构示意图　　　　　　　图 3-8　间隙固溶体晶格畸变示意图

（2）置换固溶体　溶质原子占据晶格结点位置而形成的固溶体叫置换固溶体，如图 3-9 所示。铁、锰、镍、铬、硅、钼等元素都可以相互形成置换固溶体。

在置换固溶体中，溶质在溶剂中的溶解度主要取决于两者原子半径的差别以及它们在周期表中的相互位置和晶格类型。当两组元在元素周期表中位置越靠近，且晶格类型相同，原子半径相近时，往往可以任何比例无限互相溶解，形成无限置换固溶体，例如铜和镍便能形成无限置换固溶体。反之，则只能形成有限置换固溶体，例如铜（面心立方晶格）和锌（密排六方晶格）只能形成有限置换固溶体。

由于溶质原子的溶入，会引起固溶体晶格发生畸变（如图 3-10 所示），使位错移动时所受到的阻力增大，从而使合金的强度、硬度提高，塑性、韧性有所下降。这种通过溶入溶

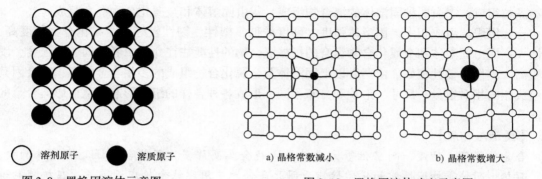

◯ 溶剂原子 ● 溶质原子	a) 晶格常数减小	b) 晶格常数增大
图 3-9 置换固溶体示意图	图 3-10 置换固溶体畸变示意图	

质原子，使合金强度和硬度提高的方法叫做固溶强化。固溶强化是提高材料力学性能的重要途径之一。

【提示与拓展】

固溶强化是提高金属材料力学性能的一种重要途径。例如，南京长江大桥的建筑中，大量采用的锰的质量分数为 1.30% ~ 1.60% 的低合金结构钢，就是由于锰的固溶强化作用提高了该材料的强度，从而大大节约了钢材，减轻了大桥结构的自重。

2. 金属化合物

金属组元在固态下相互溶解的能力常常有限。当溶质含量超过溶剂的溶解度时，溶质与溶剂相互作用会形成金属化合物。金属化合物是合金的另一种相结构，具有不同于任一组元的复杂晶格结构，一般可用分子式表示，但常常不符合化合价规律。例如，铁碳合金中形成的金属化合物渗碳体 Fe_3C 和碳化钒 VC 等均具有复杂的晶格结构（如图 3-11），并具有很高的熔点和硬度，但塑性、韧性差，很少单独使用。金属化合物是各种合金钢、硬质合金及许多非铁金属的重要组成相。生产中常利用将金属化合物相分布在固溶体相的基体上来提高合金的强度、硬度，从而达到强化金属材料的目的，称为第二相强化，也是强化金属材料的重要途径之一。

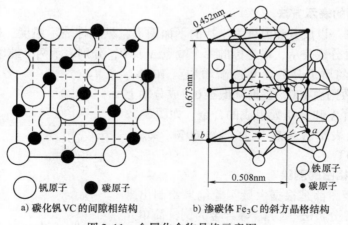

◯ 钒原子 ● 碳原子	◯ 铁原子 · 碳原子
a) 碳化钒 VC 的间隙相结构	b) 渗碳体 Fe_3C 的斜方晶格结构

图 3-11 金属化合物晶格示意图

3. 合金的组织

合金的组织组成可能出现以下几种状况：①由单相固溶体晶粒组成；②由单相的金属化

合物晶粒组成；③由两种固溶体的混合物组成；④由固溶体和金属化合物混合组成。

合金组织的组成相中，固溶体强度、硬度较低，塑性、韧性较好；金属化合物硬度高、脆性大；而由固溶体和金属化合物组合的机械混合物的性能往往介于二者之间，即强度、硬度较高，塑性、韧性较好。由两种以上固溶体及金属化合物组成的多相合金组织，又会因其各组成相的相对数量、尺寸、形状和分布不同，形成各种各样的组织形态，从而影响合金的性能。

【提示与拓展】

合金的强度、硬度、耐磨性等力学性能比纯金属高许多，某些合金还具有特殊的电、磁、耐热、耐蚀等物理性能和化学性能，因此合金的应用比纯金属广泛得多。在机械制造中，所用金属材料大多数是合金。

问题3　合金的结晶过程是怎样的？如何分析？

3.3　二元合金相图

纯金属结晶后只能得到单相的固体；合金结晶后，既可获得单相的固溶体，也可获得单相的金属化合物，更常见的是获得既有固溶体又有金属化合物的多相组织。那么，一定成分的合金在某个温度下是固态还是液态？会形成什么样的组织？

相图就是表示合金系中合金的状态与温度、成分之间关系及变化规律的图解，是表示合金系在平衡条件下（可理解为以极其缓慢地速度冷却或加热，使其在各温度位置有足够时间充分转变以达到平衡），在不同温度、成分下各相关系的图解。

在合金相图中，可得到不同成分的合金在各温度（包括室温）下的平衡组织，也可了解不同成分合金从高温液态以极其缓慢速度冷却到室温（或反之）所经历的各种变化过程，从而预测合金性能的变化规律。所以，合金相图已成为研究合金中各种组织的形成和变化规律的有效工具。在生产实践中，合金相图是正确制订冶炼、铸造、锻造、焊接及热处理等热加工工艺的重要依据。

3.3.1　二元相图的表示方法

二元合金相图是以成分和温度为坐标的平面图形，纵坐标表示温度，横坐标表示成分。合金的成分以质量分数表示，横坐标的两个端点 A 及 B，分别表示两个纯组元。从 A 端至 B 端表示合金含 B 的质量分数由 0 逐渐增加至 100%，而含 A 的质量分数则由 100% 逐渐降低至 0。成分轴上任意一点都表示由 A 和 B 组元组成的合金。如图 3-12 所示。图中 M 点表示合金成分为 $w_B = 60\%$，$w_A = 40\%$，温度为 700℃。

3.3.2　二元合金相图的测绘

目前，合金相图都是根据大量实验结果绘制出来的，最常用的为热分析法。以铜-镍合金为例，简单介绍用热分析法测绘相图的过程。

（1）配制系列成分的铜-镍合金　如：合金Ⅰ：纯铜；合金Ⅱ：80% 铜 + 20% 镍；合金Ⅲ：60% 铜 +

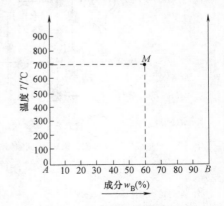

图 3-12　二元合金相图表示法

40%镍；合金Ⅳ：40%铜+60%镍；合金Ⅴ：20%铜+80%镍；合金Ⅵ：纯镍。

（2）测出每种合金的冷却曲线，找到各冷却曲线上的临界转折点的温度，即开始结晶温度与结晶终了温度。

（3）将各个合金的相变温度点分别标注在温度—成分坐标图中相应的位置。

（4）将各意义相同的相变点连接成线，所得的线为相界线，标明各区域内所存在的相，即得到铜-镍二元合金相图。如图3-13所示。

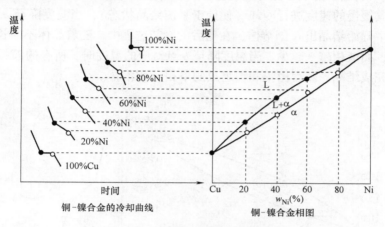

图3-13 铜-镍二元合金相的测定

3.3.3 匀晶相图

如果二元合金系中两组元在液态和固态下都能以任何比例相互溶解，即在固态下能形成无限固溶体，则其相图为匀晶相图。例如铜-镍、铁-铬、金-银等二元合金相图。现以铜-镍合金相图为例，对匀晶相图及其合金的结晶过程进行分析。

1. 铜-镍匀晶相图分析

铜-镍合金相图如图3-14所示，图中A点为纯铜的熔点（1083℃）；B点为纯镍的熔点（1455℃）。AB上曲线为液相线，在此线以上为液相区（用L表示），即合金在液相线上为熔化的液相。AB下曲线为固相线，在此线以下为固相区（用α表示），即合金在固相线以下为固溶体α相。在液相线和固相线之间为液相与固溶体两相共存区，即结晶区（用L+α表示）。合金结晶时，从液相L中结晶出单相的α固溶体，这种结晶过程称为匀晶转变，用L→α表示。

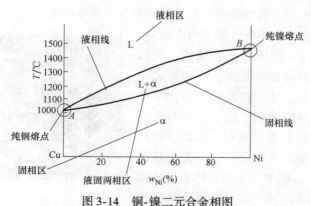

图3-14 铜-镍二元合金相图

2. 铜-镍匀晶转变过程

铜和镍两个组元在固态下可以任何比例形成 α 固溶体，因此，各不同成分的铜-镍合金的结晶过程和室温平衡组织都是相似的。现以 60% 铜＋40% 镍合金为例对铜-镍匀晶转变过程进行分析。

如图 3-15 所示，由横坐标轴上的成分点（40% 镍）引垂直线分别与液相线和固相线相交于 a、b 两点。当温度高于 a 点对应的温度时，合金处于液相区，即该合金完全处于熔化的液态。以极其缓慢的速度进行冷却（使处于平衡结晶状态），当温度降至 a 点对应的温度以下时，液相中开始结晶出 α 固溶体，在随后的冷却过程中，随着晶体不断长大，α 固溶体的量逐渐增多，而液相越来越少，当温度降至 b 点对应的温度时，所有的液相全部转变为 α 固溶体，合金完成结晶，获得由铜和镍组成的单相 α 固溶体。

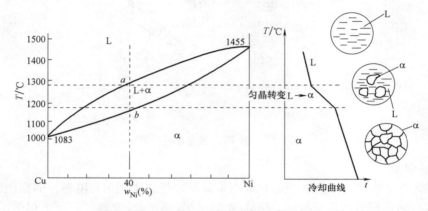

图 3-15　铜-镍二元合金结晶过程示意图

在整个结晶过程中，因为镍的熔点比铜高，所以在较高温度先结晶出来的 α 固溶体含较多的镍，其含镍的质量分数大于合金成分 40%，而在较低温度后结晶出来的 α 固溶体含较多的铜，其含镍的质量分数小于合金成分 40%。

在极其缓慢的冷却速度下，铜原子和镍原子有足够的时间进行充分扩散，先结晶的 α 固溶体不断与后结晶的 α 固溶体进行原子扩散，可以最终获得与原合金成分相同，均匀的 α 固溶体。而在实际情况下，冷却速度一般较快，而且固态下原子的扩散很困难很缓慢，从而导致固溶体内部原子不能充分扩散以达到平衡，结果在固溶体中先结晶部分与后结晶部分的化学成分不同。这种偏离平衡结晶条件的结晶，称为不平衡结晶。

不平衡结晶对合金的组织和性能有很大影响。对于铜-镍二元合金的 α 固溶体晶粒来说，表现为先形成的核心部分含镍成分较高，而后形成的外层部分含镍成分较低。这种在晶粒内部化学成分不均匀的现象称为晶内偏析。由于金属合金固溶体晶体的生长按树枝状方式进行，因此，晶内偏析一般在显微镜下呈树枝状分布，又称为枝晶偏析，如图 3-16 所示。图中，先结晶的主干枝部分含镍成分较高，不易侵蚀，在显微镜下呈白亮

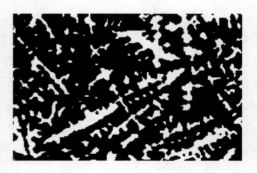

图 3-16　铜-镍二元合金的枝晶偏析

色；而后结晶的分枝部分含铜成分较高，易侵蚀，在显微镜下呈黑色。

一般说来，冷却速度越大，则晶内偏析程度越严重。晶体偏析对合金的性能有很大影响，严重的晶内偏析会使合金的力学性能下降，特别是塑性和韧性显著降低，甚至使合金不易压力加工，也使合金的抗蚀性能下降。为了消除晶内偏析，工业生产上广泛应用扩散退火或均匀化退火的方法，即将铸件加热至低于固相线 100～200℃ 的温度，进行较长时间保温，使偏析元素充分进行扩散，以达到成分均匀化的目的。

3.3.4 共晶相图

在二元合金系中，如果两组元在液态可无限互溶，而在固态中只能形成两种有限互溶的固溶体（或金属化合物），并在冷却时发生共晶转变，即同时结晶出两种不同的固相，则其相图为共晶相图。典型的共晶相图有铅-锡、铝-硅、银-铜等二元合金相图。现以铅-锡二元合金相图为例，对共晶相图及其合金的结晶过程进行分析。

1. 铅-锡共晶相图分析

在如图 3-17 的铅-锡合金相图中，*AEB* 为液相线，*AMENB* 为固相线。合金系有三种相：液溶体 L 相、锡溶于铅中的有限固溶体 α 相（以铅为主要成分的固溶体）、铅溶于锡中的有限固溶体 β 相（以锡为主要成分的固溶体）。相图中有三个单相区（L、α、β）；三个双相区（L+α、L+β、α+β）；一条三相共存线 *MEN*（L+α+β）。*MF* 为 α 固溶体的固溶度曲线，其意义为锡在铅中的固溶度随温度下降而减小。*NG* 为 β 固溶体的固溶度曲线，其意义为铅在锡中的固溶度也随温度下降而减小，在室温下接近于零。

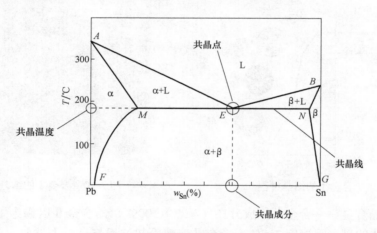

图 3-17　铅-锡二元合金相图

A 点为纯铅的熔点（327℃）；*B* 点为纯锡的熔点（232℃）；*M* 点为 327℃ 时锡在铅中的固溶度点（即其成分为 α 相的最大固溶度）；*N* 点为 327℃ 时铅在锡中的固溶度点（即其成分为 β 相的最大固溶度）；*E* 点为共晶点，表示此点成分（共晶成分 61.9%）的合金冷却到此点所对应的温度（共晶温度 183℃）时，α 固溶体和 β 固溶体共同结晶出来形成两相机械混合物组织，称为共晶体或共晶组织，用（α+β）表示。

共晶转变可用式：$L_E \xrightarrow{183℃} (\alpha_M + \beta_N)$ 表示。其意义为 *E* 点成分的 L 相在 183℃ 时同时结晶出 *M* 点成分的 α 固溶体和 *N* 点成分的 β 固溶体。

2. 结晶过程分析

根据铅-锡二元合金的成分特性与结晶过程的不同，可将其分为五种不同类型的合金，如图 3-18 所示，下面对这五种典型合金的结晶过程进行分析。

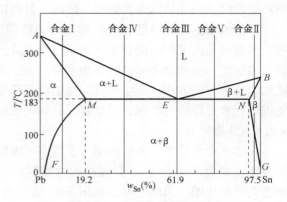

图 3-18　五种典型合金成分

（1）非共晶合金——合金 I　成分在（0 ~ M 点）的合金 I 以铅为主，锡的质量分数小于 α 固溶体的最大固溶度 19.2%。如图 3-19 所示，当合金 I 溶液冷却时，首先与 AE 线相交，这时从液相 L 中结晶出 α 固溶体；当温度降至与 AM 线相交，表示液相全部结晶为 α 固溶体；到达共晶温度时，因为合金中含锡量在 α 的最大固溶度范围内，没有与共晶线 MEN 相交，所以不会有共晶转变发生；因 α 的固溶度随着温度的下降而减小，所以当温度降至与 MF 曲线相交时，α 固溶体的固溶度达到饱和，温度再降低时，多余的锡以 β 固溶体的形式从 α 固溶体内析出，称之为次生 β 相，以 β_{II} 表示。图 3-20 为合金 I 的结晶显微组织，在黑色的 α 固溶体基体上分布着白色的 β_{II} 固溶体颗粒。

所以，合金 I 的结晶过程为 $L \rightarrow L + \alpha \rightarrow \alpha \rightarrow \alpha + \beta_{II}$。

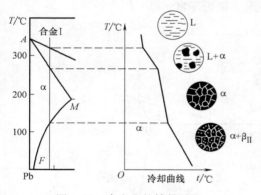

图 3-19　合金 I 的结晶过程

图 3-20　合金 I 的结晶显微组织

（2）非共晶合金——合金 II　成分在（N 点 ~ 100%）的合金 II 以锡为主，铅的质量分数小于 β 固溶体的最大固溶度 2.5%。合金 II 溶液冷却过程与合金 I 类似，首先与 BE 线相交，这时从液相 L 中结晶出 β 固溶体；当温度降至与 BN 线相交，表示液相全部结晶为 β 固溶体；到达共晶温度时，因为合金中含铅量在 β 的最大固溶度范围内，没有与共晶线 MEN 相交，所以不会有共晶转变发生；因 β 的固溶度亦随着温度的下降而减小，所以当温度降至室温时，也有少量的 α_{II} 从 β 中析出。

合金 II 的结晶过程为 $L \rightarrow L + \beta \rightarrow \beta \rightarrow \beta + \alpha_{II}$。

（3）共晶合金——合金 III　如图 3-18 中成分为共晶点成分（$w_{Sn} = 61.9\%$）的合金为共晶合金。如图 3-21 所示，共晶合金 III 在冷却过程中，液态合金温度降至 E 点（183℃）时，发生共晶转变，即在恒温下同时结晶出 M 点成分的 α 固溶体和 N 点成分的 β 固溶体。因为 α 固溶体以铅为主，锡的成分远低于合金成分，而 β 固溶体以锡为主，锡的成分远高于合金成分，所以两者结晶时是交替进行的，最后形成以 α 和 β 交替分布的共晶组织，以（α + β）表示。当温度继续下降时，从 α 和 β 固溶体中分别析出少量 β$_{II}$ 和 α$_{II}$，由于析出的 β$_{II}$ 和 α$_{II}$ 都相应地同 α 和 β 相连在一起，共晶体的形态和成分不发生变化，合金的室温组织全部为共晶体。共晶合金的显微组织如图 3-22 所示，全部为黑色的 α 固溶体和白色的 β 固溶体交替分布形成的黑白相间的共晶组织。

共晶合金 III 的结晶过程为 L→L +（α + β）→（α + β）。室温组织为单一的共晶组织。

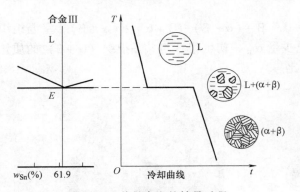 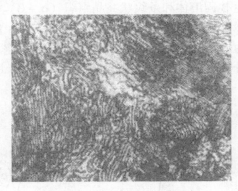

图 3-21　共晶合金的结晶过程　　　　　　　图 3-22　共晶合金的显微组织

（4）亚共晶合金——合金 IV　成分在（*M* 点 ~ *E* 点）的合金 IV 称为亚共晶合金。如图 3-23 所示，合金 IV 溶液冷却时，首先也与 *AE* 线相交，这时从液相 L 中结晶出饱和状态的 α 固溶体，称为初生 α 相。因为初生 α 固溶体含锡量小于合金的含锡量，故随着初生 α 的结晶，剩余的液相 L 中含锡成分逐渐增加（随 *AE* 线变化），当温度降至共晶温度 183℃时，剩余液相 L 的成分刚好达到共晶成分（$w_{Sn} = 61.9\%$），这时这部分剩余液相发生共晶转变，形成以 α 和 β 交替分布的共晶组织（α + β）。当温度再下降，先结晶的 α 固溶体析出少量次生相 β$_{II}$，亚共晶合金的显微组织如图 3-24 所示，黑色的初生 α 固溶体和条纹状共晶组织（α + β）。

亚共晶合金 IV 的结晶过程为 L→L + α→L + α +（α + β）→α + β$_{II}$ +（α + β）。室温组织为 α + β$_{II}$ +（α + β），如忽略次生相 β$_{II}$，根据杠杆定律，初生相 α 与共晶组织（α + β）的质量分数比为图 3-23 中线段 *b* 与线段 *a* 的长度比。

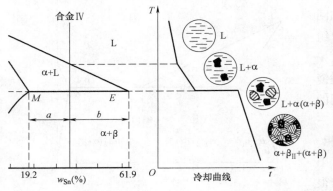 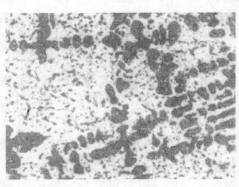

图 3-23　亚共晶合金的结晶过程　　　　　　图 3-24　亚共晶合金的显微组织

（5）过共晶合金——合金 V　成分在（E 点 ~ N 点）的合金 V 称为过共晶合金，合金 V 的冷却过程如图 3-25 所示。合金溶液冷却时，首先与 BE 线相交，这时从液相 L 中结晶出饱和状态的 β 固溶体，因为结晶出的 β 固溶体含锡量大于合金的含锡量，故随着 α 的结晶，剩余的液相 L 含锡量逐渐减小（随 BE 线变化），当温度降至共晶温度 183℃时，剩余液相 L 的成分也达到共晶成分而发生共晶转变，形成共晶组织（α+β）。当温度再下降，先结晶的 β 固溶体析出少量次生相 α_{II}，过共晶合金的显微组织如图 3-26 所示，黑色的初生 β 固溶体和条纹状共晶组织（α+β）。

过共晶合金 V 的结晶过程为 L→L+β→L+β+（α+β）→β+α_{II}+（α+β）。室温组织为 β+α_{II}+（α+β），根据杠杆定律，忽略少量 α_{II}，初生相 β 与共晶组织（α+β）的质量分数比为图 3-25 中线段 c 与线段 d 的长度比。

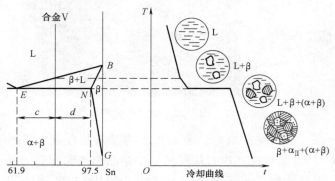

图 3-25　过共晶合金的结晶过程

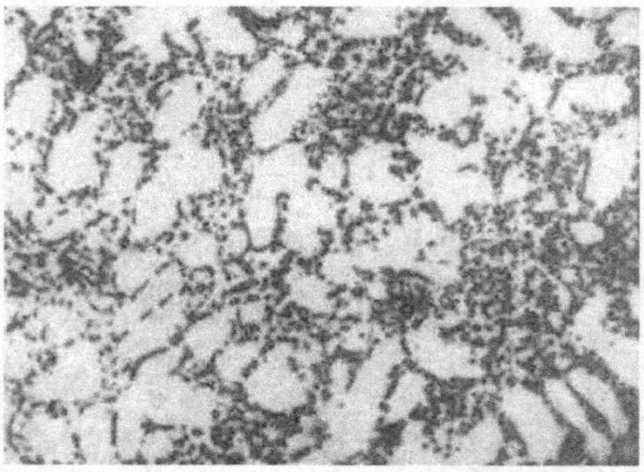

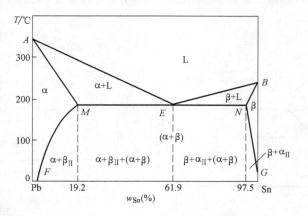

图 3-26　过共晶合金的显微组织

由以上分析可知，发生共晶转变时液相 L 的成分必须是在反应成分点（$w_{Sn}=61.9\%$），但并不代表只有该成分的合金冷却时才发生共晶转变。成分在 M 点（19.2%）至 N 点（97.5%）之间的合金（亚共晶合金、共晶合金、过共晶合金）冷却时都会发生共晶转变。亚共晶合金与过共晶合金在发生共晶转变之前，分别先结晶出 α 相和 β 相，使剩余液相的成分最终都变为共晶成分，然后发生共晶转变。从相图上理解为：只要其成分线与共晶线相交就会发生共晶转变。

根据上述五种典型合金结晶过程分析，可知铅-锡二元合金的室温组织都由 α 和 β 两相组成。但由于结晶过程不同，α 和 β 两相的数量、大小、形态分布各不相同，如图 3-27 所示。各相的不同形态分布称为组织，如亚共晶合金的室温组织为 α+β_{II}+（α+β），各组织的形态特征在金相显微镜下可以明显分辨。同样的相可形成不同的组织，如铅-锡二元合金中的 α 相就有三种不同的组织状态：即单独结晶出 α 相、共晶出的 α 相、β 相中次生出的 α 相。β 相也是如此。组织对材料性能的影响很大，所以在金相实验与观察中更注重分析

图 3-27　铅-锡二元合金的室温组织

金属材料的组织状态。

问题4 钢铁的相图是怎样的? 其结晶过程与室温组织如何? 为什么钢的力学性能与含碳量密切相关?

3.4 铁碳合金相图

钢铁是现代工业中应用最广泛的金属材料,其基本组元是铁和碳,故统称为铁碳合金。

铁碳相图是研究在平衡状态下铁碳合金成分、组织和性能之间的关系及其变化规律的重要工具,掌握铁碳相图对于钢铁材料的选择以及加工工艺的制定具有重要的指导意义。

由于铁和碳之间相互作用的复杂性,铁和碳可以形成 Fe_3C、Fe_2C、FeC 等一系列稳定的化合物,而稳定的化合物可以作为一个独立的组元,因此整个铁碳相图就可以分解为 Fe-Fe_3C、Fe_2C-Fe_3C、FeC-Fe_2C 等一系列二元相图。由于碳的质量分数大于 6.69% 时,铁碳合金的脆性很大,已无实用价值。所以,实际生产中应用的铁碳合金其碳的质量分数均在 6.69% 以下。所以我们研究的铁碳相图,实际上是由 Fe 和 Fe_3C 二个基本组元组成的 Fe-Fe_3C 相图。

3.4.1 纯铁的同素异构转变

自然界中有许多元素具有同素异构现象,即同一种元素在不同条件下具有不同的晶体结构。当温度等外界条件变化时,晶格类型会发生转变,称为同素异构转变。同素异构转变是一种固态转变。纯铁即具有同素异构转变,可以形成体心立方和面心立方两种晶格的同素异构体。图 3-28 所示是纯铁在常压下的冷却曲线。由图可见,纯铁的熔点为 1538℃,在 1394℃ 和 912℃ 出现水平台。经分析,纯铁在 1538℃ 结晶后具有体心立方晶格,称为 δ-Fe;当温度下降到 1394℃ 时,体心立方的 δ-Fe 转变为面心立方晶格,称为 γ-Fe;在 912℃ 时,γ-Fe 又转变为体心立方晶格,称为 α-Fe。再继续冷却时,晶格类型不再发生变化。由于纯铁具有这种同素异构转变,因而才有可能对钢和铸铁进行各种热处理,以改变其组织和性能。

纯铁的同素异构转变过程同液态金属的结晶过程相似,遵循结晶的一般规律:有一定的平衡转变温度(相变点);转变时需要过冷;

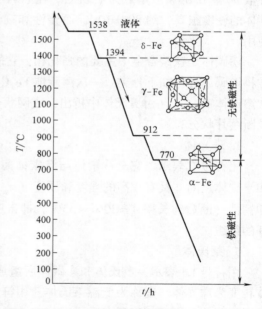

图 3-28 纯铁在常压下的冷却曲线

转变过程也是由晶核的形成和晶核的长大来完成的。但是,由于这种转变是在固态下发生的,原子扩散困难,因此比液态金属结晶需有更大的过冷度。另外,由于转变时晶格致密度的改变,将引起晶体体积的变化,因此同素异构转变往往会产生较大的内应力。

纯铁的磁性转变温度为 770℃。磁性转变不是相变,晶格不发生转变。

3.4.2 铁碳全合金的基本组织及其性能

在液态下，铁和碳可以互溶成均匀的液体。在固态下，碳可有限地溶于铁的同素异构体中形成间隙固溶体。当含碳量超过在相应温度固相的溶解度时，则会析出具有复杂晶体结构的金属化合物——渗碳体 Fe_3C。铁碳合金在固态下的基本组织有以下几种。

1. 铁素体

碳在 α-Fe 中形成的间隙固溶体称为铁素体，用符号 F 表示。碳在 α-Fe 中的溶解度很低，约为 0.0008% ~ 0.0218%，且随温度而变化，在 727℃时溶解度最大，为 0.0218%，在室温时几乎为零（0.0008%）。因此，铁素体的力学性能与纯铁相近，其强度、硬度较低，但具有良好的塑性、韧性。

2. 奥氏体

碳在 γ-Fe 中形成的间隙固溶体称为奥氏体，用符号 A 表示。碳在 γ-Fe 中的溶解度也很有限，但比在 α-Fe 中的溶解度大得多。在 1148℃时，碳在奥氏体中的溶解度最大，可达 2.11%。随着温度的降低，溶解度也逐渐降低，在 727℃时，奥氏体中碳的质量分数为 0.77%。奥氏体无磁性，硬度不高，塑性好，一般只在高温存在，但在某些合金钢的室温组织中也存在奥氏体，如奥氏体不锈钢。

3. 渗碳体

渗碳体是一种具有复杂晶体结构的间隙化合物，它的分子式为 Fe_3C。渗碳体碳的质量分数 $w_C = 6.69\%$，熔点为 1227℃。在 Fe-Fe_3C 相图中，渗碳体既是组元，又是基本相。渗碳体的硬度很高，约 800HBW，而塑性和韧性几乎等于零，是一种硬而脆的相，不能单独使用。

渗碳体是铁碳合金中主要的强化相，它的形状、大小与分布对钢的性能有很大影响。通常将渗碳体进行如下分类：一次渗碳体 Fe_3C_I（由液体中直接结晶生成，呈块状分布）；二次渗碳体 Fe_3C_{II}（由奥氏体中析出，成网状分布）；三次渗碳体 Fe_3C_{III}（由铁素体中析出，成断续片状分布）。

4. 珠光体

用符号 P 表示，它是铁素体与渗碳体薄层片相间的机械混合物，力学性能介于铁素体和渗碳体之间，具有较高的强度和硬度（$\sigma_b = 770MPa$，硬度为 180HBW），具有一定的塑性和韧性（断后伸长率 $A = 20\% \sim 35\%$，冲击吸收功 $A_K = 24 \sim 32J$），是一种综合力学性能较好的组织。

5. 莱氏体

用符号 Ld 表示，奥氏体和渗碳体所组成的共晶体称为莱氏体。在温度 727℃时，奥氏体转变为珠光体。则称为低温莱氏体，用符号 Ld′ 表示。它的碳的质量分数为 4.3%，性能接近渗碳体，硬度相当于布氏硬度 700HBW，是一种硬而脆的组织。

【提示与拓展】

在上述铁碳合金的基本组织中，铁素体、奥氏体为固溶体，渗碳体为化合物，这三者为基本相，也可称为组织；而珠光体与莱氏体则不是相，是由基本相混合组成的不同状态的组织。在后面的热处理项目中将陆续学习到的马氏体、索氏体、托氏体等等也都属于组织，而不是相。

3.4.3　Fe-Fe₃C 相图分析

铁碳合金相图是人类经过长期生产实践以及大量科学实验后总结出来的，是研究钢和铸铁的基础，也是选择材料和制定热加工、热处理工艺的主要依据。铁和碳可以形成一系列化合物，考虑到工业上的实用价值，目前常用 $w_C < 6.69\%$ 的铁碳合金。在相图的左上角靠近 δ-Fe 部分还有一部分高温转变，由于实用意义不大，所以在一般的研究中，常将此部分省略简化。简化后的 Fe-Fe₃C 相图如图 3-29 所示。

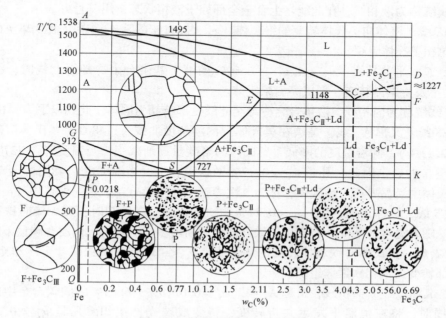

图 3-29　简化后的 Fe-Fe₃C 相图

简化的 Fe-Fe₃C 相图可视为由两个简单的典型二元相图组合而成。图中的右上部分为共晶转变类型的相图，左下部分为共析转变类型的相图。

1. 主要特性点

相图中具有特殊意义的点称为特性点，简化 Fe-Fe₃C 相图中的特性点见表 3-2。

表 3-2　简化 Fe-Fe₃C 相图中的特性点

特性点	温度/℃	$w_C(\%)$	含　　义
A	1538	0	熔点：纯铁的熔点
C	1148	4.3	共晶点：发生共晶转变 $L_{4.3} \longrightarrow Ld(A_{2.11\%} + Fe_3C_{共晶})$
D	1227	6.69	熔点：渗碳体的熔点
E	1148	2.11	碳在 γ-Fe 中的最大溶解度点
G	912	0	同素异构转变点
S	727	0.77	共析点：发生共析转变 $A_{0.77\%} \longrightarrow P(F_{0.0218\%} + Fe_3C_{共析})$
P	727	0.0218	碳在 α-Fe 中的最大溶解度点
Q	室温	0.0008	室温下碳在 α-Fe 中的溶解度

2. 主要特性线

各不同成分的合金中具有相同意义的临界点的连接线称为特性线。简化的 Fe-Fe₃C 相图中各特性线的符号、位置和意义如下。

（1）AC 线　液体向奥氏体转变的开始线。$w_C < 4.3\%$ 的铁碳合金在此线之上为均匀液相，冷却至该线时，液体中开始结晶出固相奥氏体，即：$L \rightarrow A$。

（2）CD 线　液体向渗碳体转变的开始线。$w_C = 4.3\% \sim 6.69\%$ 的铁碳合金在此线之上为均匀液相，冷却至该线时，液体中开始结晶出渗碳体，称为一次渗碳体，用符号 Fe_3C_I 表示。即：$L \rightarrow Fe_3C_I$。

ACD 线统称为液相线，在此线之上合金全部处于液相状态，用符号 L 表示。

（3）AE 线　液体向奥氏体转变的终了线。$w_C < 2.11\%$ 的液态铁碳合金冷却至此线，全部转变为单相奥氏体组织。

（4）ECF 水平共晶线　$w_C = 4.3\% \sim 6.69\%$ 的液态铁碳合金冷却至此线时，将在恒温（1148℃）下发生共晶转变，形成高温莱氏体。

AECF 线统称为固相线，液体合金冷却至此线全部结晶为固体，此线以下为固相区。

（5）ES 线　又称 A_{cm} 线，是碳在奥氏体中的溶解度曲线。1148℃时奥氏体溶碳量为最大（$w_C = 2.11\%$），随着温度的降低，奥氏体的溶碳量逐渐减小，当温度降至727℃时，溶碳量减小至 0.77%。因此，凡是 $w_C > 0.77\%$ 的铁碳合金，当温度由1148℃降至727℃时，均会从奥氏体中沿晶界析出渗碳体，称为二次渗碳体，用 Fe_3C_{II} 表示。即：$L \rightarrow Fe_3C_{II}$。

（6）GS 线　又称 A_3 线，是 $w_C < 0.77\%$ 的铁碳合金固态冷却时，奥氏体向铁素体转变的开始线。随着温度的下降，转变出的铁素体量不断增多，剩余奥氏体的含碳量不断升高。

（7）GP 线　奥氏体向铁素体转变的终了线。$w_C < 0.0218\%$ 的铁碳合金冷却至此线时，奥氏体全部转变为单相铁素体组织。

（8）PSK 水平线　共析线，又称 A_1 线。$w_C = 0.0218\% \sim 6.69\%$ 的铁碳合金中的奥氏体冷却至此线时，将在恒温下发生共析转变，转变成珠光体组织。凡是 $w_C = 0.0218\% \sim 6.69\%$ 的铁碳合金都要发生共析转变。

（9）PQ 线　碳在铁素体中的溶解度曲线。727℃时铁素体溶碳量最大为 0.0218%，随着温度的降低，溶碳量不减小，当温度降至室温时，溶碳量降至 0.0008%。因此，$w_C > 0.0218\%$ 的铁碳合金，从727℃降至室温时，均会由铁素体析出渗碳体，称为三次渗碳体，用 Fe_3C_{III} 表示。由于 Fe_3C_{III} 数量极少，故一般在讨论中均不考虑。

由于生成条件不同，渗碳体可以分为 Fe_3C_I、Fe_3C_{II}、Fe_3C_{III}、共晶渗碳体和共析渗碳体五种。尽管它们是同一相，但由于形态与分布不同，对铁碳合金的性能有着不同的影响。

3. 相区

（1）单相区　简化的 Fe-Fe₃C 相图中有 F、A、L 和 Fe₃C 四个单相区。

（2）两相区　简化的 Fe-Fe₃C 相图中有五个两相区，即 L + A 两相区、L + Fe₃C 两相区、A + Fe₃C 两相区、A + F 两相区和 F + Fe₃C 两相区。每个两相区都与相应的两个单相区相邻。

两条三相共存线，即共晶线 ECF，L、A 和 Fe₃C 三相共存；共析线 PSK，A、F 和 Fe₃C 三相共存。

3.4.4　典型合金的结晶过程及组织

铁碳合金由于成分的不同，室温下将得到不同的组织。根据铁碳合金的含碳量及组织的不同，可将铁碳合金分为工业纯铁、钢及白口铸铁三类。

（1）工业纯铁 $w_C < 0.0218\%$。

（2）钢 $0.0218\% < w_C < 2.11\%$，根据室温组织不同，钢又可分为以下三种：

亚共析钢 $0.0218\% < w_C < 0.77\%$

共析钢 $w_C = 0.77\%$

过共析钢 $0.77\% < w_C < 2.11\%$

（3）白口铸铁 $2.11\% < w_C < 6.69\%$，根据室温组织不同，白口铸铁又可分为以下三种：

亚共晶白口铸铁 $2.11\% < w_C < 4.3\%$

共晶白口铸铁 $w_C = 4.3\%$

过共晶白口铸铁 $4.3\% < w_C < 6.69\%$

为了深入了解铁碳合金组织形成的规律，下面以三种钢和三种白口铸铁这六种典型铁碳合金为例，分析它们的结晶过程和室温下的平衡组织。六种铁碳合金在相图中的位置如图3-30所示。

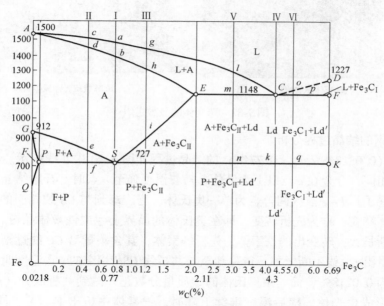

图3-30 六种铁碳合金在相图中的位置

1. 共析钢的结晶过程分析

共析钢的结晶过程如图3-30中Ⅰ线所示。当合金由液态缓慢冷却到液相线 a 点时，从液相中开始结晶出奥氏体。随着温度的下降，奥氏体的量不断增多，液体成分沿液相线 AC 变化，奥氏体成分沿固相线 AE 变化。冷却至 b 点温度时，液体全部结晶为奥氏体。从 b 至 S 点温度范围内为单相奥氏体的冷却。缓冷至 S 点温度（727℃）时，奥氏体发生共析转变，生成珠光体。温度继续下降，铁素体的含碳量沿溶解度曲线 PQ 变化，析出极少量的 Fe_3C_{III}（三次渗碳体），Fe_3C_{III} 常与共析渗碳体连在一起，不易分辨，一般忽略不计。其组织变化过程如图3-31所示。故共析钢在室温下的平衡组织为珠光体，珠光体是由呈层片状交替排列的铁素体和渗碳体组成，其显微组织如图3-32a所示。层状的珠光体经球化退火后，其中的渗碳体变为球状，称为球状珠光体，如图3-32b所示。

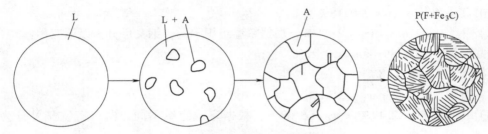

图 3-31 共析钢结晶过程示意图

a) 片状珠光体显微组织

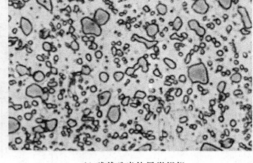

b) 球状珠光体显微组织

图 3-32 珠光体的显微组织

2. 亚共析钢的结晶过程分析

亚共析钢（$0.0218\% < w_C < 0.77\%$）的结晶过程如图 3-30 中 Ⅱ 线所示。液态合金结晶过程与共析钢相同，合金在 c 点以上为液体，随着温度降至 c 点时，开始结晶出奥氏体，冷至 d 点时结晶终了。$d \sim e$ 点区间合金为单一奥氏体，当冷却到与 GS 线相交的 e 点时，奥氏体开始向铁素体转变，称为先析转变，即在奥氏体的晶界上生成铁素体晶粒。随温度降低，铁素体晶粒不断长大，转变出的铁素体为先析铁素体，其含碳量沿 GP 线逐渐增加。未转变奥氏体的含碳量沿 GS 线不断增加，待冷却至与共析线 PSK 相交的 f 点温度时，先析铁素体的碳质量分数为 0.0218%，而剩余奥氏体的碳质量分数正好达到共析成分（$w_C = 0.77\%$），发生共析转变形成珠光体。随后温度继续下降时，铁素体中析出 $Fe_3C_{Ⅲ}$，同样忽略不计。故亚共析钢室温下的平衡组织为铁素体和珠光体。图 3-33 为亚共析钢结晶过程示意图。图 3-34 为亚共析钢的显微组织。

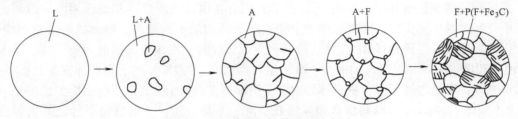

图 3-33 亚共析钢结晶过程示意图

所有亚共析钢的结晶过程均相似，其室温下的平衡组织都是由先析铁素体和珠光体组成的。它们的差别是组织中的先析铁素体量随钢的含碳量的增加而逐渐减少。先析铁素体随其

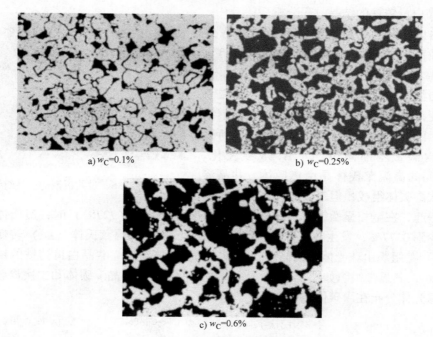

a) $w_C = 0.1\%$　　　　　　　b) $w_C = 0.25\%$

c) $w_C = 0.6\%$

图 3-34　亚共析钢的显微组织

在组织中相对珠光体量的多少可呈等轴晶或网状等形态。

3. 过共析钢的结晶过程分析

过共析钢的结晶过程如图 3-30 中Ⅲ线所示。在 h 点温度以上的结晶过程与共析钢相同。当冷却到与 *ES* 线相交的 i 点温度时，奥氏体中含碳量达到饱和，开始沿晶界析出网状渗碳体，称为二次渗碳体。随着温度的下降，析出的二次渗碳体的量不断增多，致使奥氏体的含碳量逐渐减少，奥氏体的含碳量沿 *ES* 线变化。当冷却到 j 点温度时，奥氏体中碳的质量分数刚好达到 0.77%（共析成分），于是发生共析转变形成珠光体。温度再继续下降时，合金组织基本不变。所以过共析钢在室温下的平衡组织为珠光体和网状二次渗碳体。过共析钢结晶过程如图 3-35 所示。过共析钢的显微组织如图 3-36 所示。

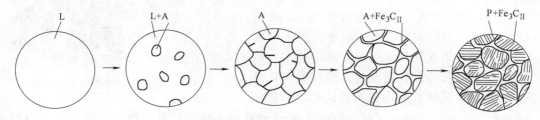

L　　　　　L+A　　　　　A　　　　A+Fe$_3$C$_{II}$　　　　P+Fe$_3$C$_{II}$

图 3-35　过共析钢结晶过程示意图

凡是 w_C =0.77% ~2.11% 之间的过共析钢，缓冷后的室温组织均由珠光体和二次渗碳体组成，只是随着合金中含碳量的增加，二次渗碳体越来越多，珠光体越来越少。当 w_C =2.11% 时，二次渗碳体量达到最大值，约为 2.26%。网状二次渗碳体对钢的力学性能产生不良影响。

4. 共晶白口铸铁的结晶过程分析

共晶白口铸铁的结晶过程如图 3-30 中Ⅳ线所示。当液态合金缓冷至 C 点温度（1148℃）时，会发生共晶转变，结晶出奥氏体（w_C = 2.11%）与渗碳体组成的机械混合物，即高温莱氏体。转变在恒温下完成。在共晶温度之下继续冷却，从奥氏体中将不断析出二次渗碳体，所以奥氏体中含碳量不断减少，并沿 ES 线变化。$C \sim k$ 点之间的高温莱氏体是由奥氏体、共晶渗碳体和二次渗碳体组成，但二次渗碳体与共晶渗

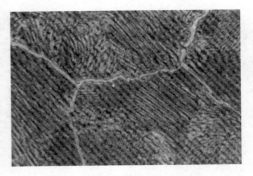

图 3-36　过共析钢的显微组织

碳体连在一起，在金相显微镜下不易分辨。当温度降至 k 点（727℃）时，奥氏体中碳的质量分数减少到 0.77%，发生共析转变，形成珠光体，所以高温莱氏体（Ld）转变为低温莱氏体（Ld′）其组织由珠光体、共晶渗碳体和二次渗碳体组成。共晶白口铸铁的结晶过程如图 3-37 所示，其显微组织如图 3-38 所示。图中白色基体为共晶渗碳体和二次渗碳体，点条状的黑色珠光体分布在渗碳体基体上。

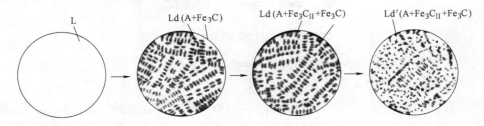

图 3-37　共晶白口铸铁结晶过程示意图

5. 亚共晶白口铸铁的结晶过程分析

亚共晶白口铸铁的结晶过程如图 3-30 中Ⅴ线所示。当液态合金缓冷至 l 点温度时，开始结晶出奥氏体称为初生奥氏体。随着温度的下降，结晶出的奥氏体量不断增多，其成分沿 AE 线变化。液相的成分沿 AC 线变化。当冷至 m 点温度（1148℃）时，奥氏体中 w_C = 2.11%，剩余液相的含碳量达到共晶点成分（w_C =4.3%），发生共晶转变，生成莱氏体。在随后的冷却过程中初生奥氏体和共晶奥氏体均析出二次渗碳体，其成分

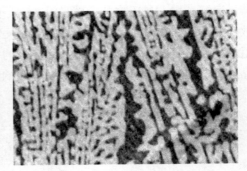

图 3-38　共晶白口铸铁的显微组织

沿 ES 线变化。当温度降至 n 点（727℃）时，奥氏体中碳的质量分数达到 0.77%（共析成分），全部奥氏体发生共析转变生成珠光体。亚共晶白口铸铁的结晶过程如图 3-39 所示。室温下亚共晶白口铸铁的组织为珠光体、二次渗碳体和低温莱氏体，其显微组织如图 3-40 所示。图中呈树枝状分布的黑色块状物是由初生奥氏体转变成的珠光体，珠光体周围白色网状物为二次渗碳体，其余部分为低温莱氏体。

所有亚共晶白口铸铁的结晶过程基本相同，其室温组织组成相同，只是碳的含量越高，

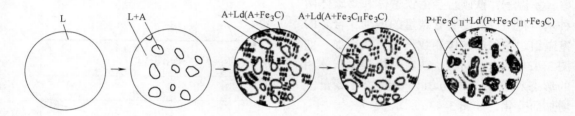

图 3-39 亚共晶白口铸铁结晶过程示意图

室温组织中的珠光体量越少，而莱氏体的量越多。

6. 过共晶白口铸铁的结晶过程分析

过共晶白口铸铁的结晶过程如图 3-30 中Ⅵ线所示。其结晶过程与亚共晶白口铸铁相似，不同的是在共晶转变前液相先结晶出一次渗碳体，也称为先共晶渗碳体，呈粗大板条状形态。随着温度的降低，结晶出的一次渗碳体不断增多，剩余液体中的含碳量沿着 CD 线不断变化，当冷至 p 点温度（1148℃）时，剩余液相中碳的质量分数达到 4.3%，于是发生共晶转变，生成高温莱氏体。在随后的冷却中，一次渗碳体不发生转变，莱氏体转变为低温莱氏体。图 3-41 为过共晶白口铸铁结晶过程的示意图。

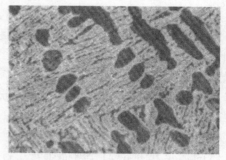

图 3-40 亚共晶白口铸铁的显微组织

过共晶白口铸铁的室温平衡组织为一次渗碳体和低温莱氏体，其显微组织如图 3-42 所示。图中白色片状物为一次渗碳体，其余部分为低温莱氏体。

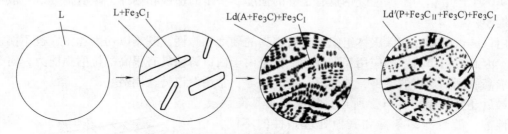

图 3-41 过共晶白口铸铁结晶过程示意图

3.4.5 Fe-Fe₃C 相图的应用

从铁碳相图可知，铁碳合金的室温组织都是由铁素体和渗碳体两相组成。但是，因其含碳量不同，故组织中两个相的相对数量、相对分布及形态不同，因而不同成分的铁碳合金具有不同的性能。

1. 碳含量对铁碳合金平衡组织及性能的影响

室温下铁碳合金的成分、相组成、组织及性能的定量关系如图 3-43 所示。

图 3-42 过共晶白口铸铁的显微组织

室温下，铁碳合金由铁素体和渗碳体两种基本相组成。随着含碳量的增加，合金的室温组织中的渗碳体相数量呈直线增加，如图 3-43b 所示。同时，铁素体相和渗碳体相的形态和分布（即组织）也随着含碳量的增加而变化，如图 3-43c 所示。

由于随着含碳量的增加，组成相及平衡组织发生了改变，合金的力学性能也相应发生变化，如图 3-43d 所示。亚共析钢的组织是由铁素体和珠光体组成，随着含碳量的增加，其组织中珠光体的数量随之增加，因而强度、硬度逐渐升高，塑性、韧性不断下降。过共析钢的组织是由珠光体和网状二次渗碳体组成，随着钢中含碳量的增加，其组织中珠光体的数量不断减少，而网状二次渗碳体的数量相对增加，因而强度、硬度升高，塑性、韧性不断下降。由图 3-43d 可看出，当 $w_C = 0.9\%$ 时，强度极限出现峰值，随后强度显著下降。这是由于二次渗碳体量逐渐增加形成连续的网状，从而割裂基体，故使钢的强度呈迅速下降趋势。由此可见，强度是一种对组织形态很敏感的性能。

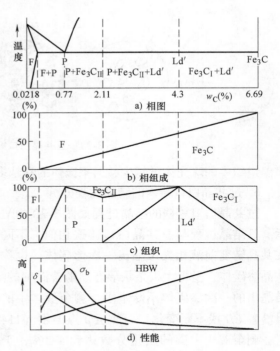

图 3-43　铁碳合金的成分、相组成、组织及性能的定量关系

实际生产中，为了保证碳钢具有足够的强度、一定的塑性和韧性，碳质量分数一般不应超过 1.3% ~ 1.4%。

白口铸铁中都存在莱氏体组织，具有很高的硬度和脆性，既难以切削加工，也不能进行锻造。因此，白口铸铁的应用受到限制。但是由于白口铸铁具有很高的抗磨损能力，对于表面要求高硬度和耐磨的零件，如犁铧、冷轧辊等，常用白口铸铁制造。

最后还必须指出，以上所述是铁碳合金平衡组织的性能。随着冷却条件和其他处理条件的不同，铁碳合金的组织、性能可能大不相同，这将在后续项目中介绍。

2. Fe-Fe₃C 相图在工业中的应用

Fe-Fe₃C 相图从客观上反映了钢铁材料的组织随成分和温度变化的规律，因此在工程上为选材、用材及制定铸、锻、焊、热处理等工艺提供了重要的理论依据，如图 3-44 所示。

（1）在选材方面的应用　Fe-Fe₃C 相图反映了铁碳合金组织和性能随成分的变化规律。这样，就可以根据零件的工作条件和性能要求来合理地选择材料。例如，桥梁、船舶、车辆及各种建筑材料，

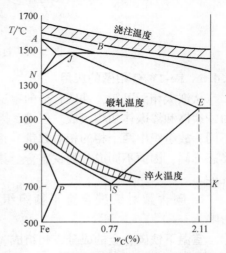

图 3-44　铁碳相图与热加工工艺的关系

需要塑性、韧性好的材料，可选用低碳钢（$w_C = 0.1\% \sim 0.25\%$）；对工作中承受冲击载荷和要求较高强度的各种机械零件，希望强度和韧性都比较好，可选用中碳钢（$w_C = 0.25\% \sim 0.65\%$）；制造各种切削工具、模具及量具时，需要高的硬度和耐磨性，可选用高碳钢（$w_C = 0.77\% \sim 1.44\%$）；对于形状复杂的箱体、机器底座等，可选用熔点低、流动性好的铸铁材料。

随着生产技术的发展，对钢铁材料的要求也更高，这就需要按照新的需求，根据国内资源研制新材料，$Fe\text{-}Fe_3C$ 相图可作为材料研制中预测其组织的基本依据。例如，碳钢中加入锰，可改变共析点的位置，组织中可提高珠光体的相对含量，从而提高钢的硬度和强度。

（2）在铸造生产上的应用　由 $Fe\text{-}Fe_3C$ 相图可见，共晶成分的铁碳合金熔点低，结晶温度范围最小，具有良好的铸造性能。因此，在铸造生产中，经常选用接近共晶成分的铸铁。

根据相图中液相线的位置，可确定各种铸钢和铸铁的浇注温度，例如钢铁的浇注温度通常应在液相线以上 $50 \sim 60℃$ 为宜。在所有成分的合金中，以共晶成分的白口铸铁和纯铁的铸造工艺性能最好。这是因为它们的结晶温度区间最小（为零），故流动性好，分散缩孔少，可使缩孔集中在冒口内，得到质量好的致密铸件。因此，在铸造生产中接近共晶成分的铸铁得到了较为广泛的应用。此外，铸钢也是一种常用的铸造合金，其 $w_C = 0.2\% \sim 0.6\%$，由于其熔点高，结晶温度区间较大，故铸造工艺性能比铸铁差，常需经过热处理（退火或正火）后才能使用。铸钢主要用于制造一些形状复杂、强度和韧性要求较高的零件。

（3）在锻压生产上的应用　钢在室温时组织为两相混合物，塑性较差，变形困难。而奥氏体的强度较低，塑性较好，便于塑性变形。因此在进行锻压和热轧加工时，要把坯料加热到奥氏体状态。加热温度不宜过高，以免钢材氧化烧损严重，但变形的终止温度也不宜过低，过低的温度除了增加能量的消耗和设备的负担外，还会因塑性的降低而导致开裂。所以，各种碳钢较合适的锻轧加热温度范围是：始锻轧温度为固相线以下 $100 \sim 200℃$；终锻轧温度为 $750 \sim 850℃$。对过共析钢，则选择在 PSK 线以上某一温度，以便打碎网状二次渗碳体。

（4）在焊接生产上的应用　焊接时，由于局部区域（焊缝）被快速加热，所以从焊缝到母材各区域的温度是不同的，由 $Fe\text{-}Fe_3C$ 相图可知，温度不同，冷却后的组织性能就不同，为了获得均匀一致的组织和性能，就需要在焊接后采用热处理方法加以改善。

（5）在热处理方面的应用　从 $Fe\text{-}Fe_3C$ 相图可知，铁碳合金在固态加热或冷却过程中均有相的变化，所以钢和铸铁可以进行有相变的退火、正火、淬火和回火等热处理。此外，奥氏体有溶解碳和其他合金元素的能力，而且溶解度随温度的提高而增加，这就是钢可以进行渗碳和其他化学热处理的缘故。

应该指出。铁碳相图不能说明快速加热或冷却时铁碳合金组织变化的规律。因此，不能完全依据铁碳相图来分析生产过程中的具体问题，还需结合转变动力学的有关理论综合分析。

问题5　工业铸铁也是铁碳合金，它与白口铸铁有何区别？

3.5　铸铁的石墨化

$Fe\text{-}Fe_3C$ 合金相图中的白口铸铁中的碳是完全以碳化物的形式存在，这种铸铁脆性特别大，又特别坚硬，很少在工业上作为零件材料使用，大多是作为炼钢用的原料，作为原料时，通常称之为生铁。

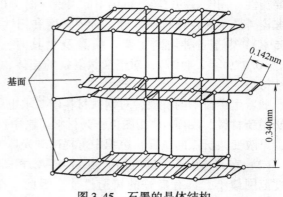

图 3-45　石墨的晶体结构

在课题 1 中，已经了解到工业铸铁中的碳大部分或全部是以石墨的形式存在，其组织是由基体（即钢基体）和石墨（以 G 表示）两部分组成。石墨的晶体结构为简单六方晶格，如图 3-45 所示，其基面中的原子结合力较强，而两平行基面之间的距离大，原子结合力弱，故石墨的基面很容易滑动，所以其强度、硬度、塑性和韧性极低，但具有润滑性，常呈片状形态存在。

铸铁的性能取决于石墨形态分布及基体组织类型。而石墨的形状和分布特点和基体的类别都与铸铁的石墨化过程有关。

3.5.1　Fe-Fe₃C 和 Fe-G 双重相图

铸铁中的碳除少量固溶于基体中外，主要以化合态的渗碳体（Fe_3C）和游离态的石墨（G）两种形式存在。石墨是碳的单质态之一，其强度、塑性和韧性都几乎为零。渗碳体是亚稳相，在一定条件下将发生分解：$Fe_3C \rightarrow 3Fe + C$，形成游离态石墨。因此，铁碳合金实际上存在两个相图，即 Fe-Fe₃C 相图和 Fe-G 相图，这两个相图几乎重合，只是 E、C、S 点的成分和温度稍有变化，如图 3-46 所示。图中的虚线为 Fe-G 系相图。根据条件不同，铁碳合金可全部或部分按其中一种相图结晶。

3.5.2　铸铁的石墨化过程

铸铁中的石墨可以在结晶过程中直接析出，也可以由渗碳体加热时分解得到。铸铁中的碳原子析出形成石墨的过程称为石墨化。

铸铁的石墨化过程分为两个阶段，在 $P'S'K'$ 线以上发生的石墨化称为第一阶段石墨化，包括结晶时一次石墨、二次石墨、共晶石墨的析出和加热时一次渗碳体、二次渗碳体及共晶渗碳体的分解；在 $P'S'K'$ 线以下发生的石墨化称为第二阶段石墨化，包括冷却时共析石墨的析出和加热时共析渗碳体的分解。

石墨化程度不同，所得到的铸铁类型和组织也不同。铸铁的石墨化程度与其组织之间的关系如表 3-3 所示。本章所介绍的铸铁即工业上所主

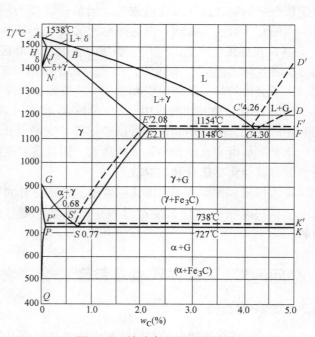

图 3-46　铁碳合金的双重相图

要使用的铸铁是第一阶段石墨化完全进行的灰铸铁。

表 3-3 铸铁的石墨化程度与其组织之间的关系 （以共晶铸铁为例）

石墨化进行程度		铸铁的显微组织	铸 铁 类 型
第一阶段石墨化	第二阶段石墨化		
完全进行	完全进行	F + G	灰铸铁
	部分进行	F + P + G	
	未进行	P + G	
部分进行	未进行	Ld′ + P + G	麻口铸铁
未进行	未进行	Ld′	白口铸铁

3.5.3 影响石墨化的因素

铸铁的组织取决于石墨化进行的程度。为了获得所需要的组织，关键在于控制石墨化进行的程度。实践证明，铸铁化学成分、铸铁结晶的冷却速度及铁液的过热和静置等诸多因素都影响石墨化和铸铁的显微组织。

1. 化学成分的影响

铸铁中常见的碳、硅、锰、磷、硫中，碳和硅是强烈促进石墨化的元素，硫是强烈阻碍石墨化的元素，并降低铁液的流动性，使铸铁的铸造性能恶化，其含量应尽可能低。锰也是阻碍石墨化的元素，但它和硫有很大的亲和力，在铸铁中能与硫形成硫化锰（MnS），减弱了硫对石墨化的有害作用。

2. 冷却速度的影响

一般来说，铸件冷却速度越缓慢，就越有利于按照 Fe-G 稳定系状态图进行结晶与转变，充分进行石墨化；反之则有利于按照 Fe-Fe$_3$C 相图进行结晶与转变，最终获得白口铸铁。尤其是在共析阶段的石墨化，由于温度较低，冷却速度增大，原子扩散困难，所以通常情况下，共析阶段的石墨化难以充分进行。

铸铁的冷却速度是一个综合的因素，它与浇注温度、造型材料的导热能力以及铸件的壁厚等因素有关，而且通常这些因素对两个阶段的影响基本相同。金属型铸造使铸铁冷却快，而砂型铸造冷却较慢；壁薄的铸件冷却快，壁厚的冷却慢。图3-47为在一般砂型铸造条件下，铸件壁厚和碳硅含量对铸铁组织的影响。

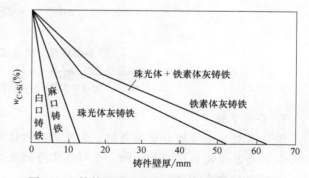

图 3-47 铸件壁厚和碳硅含量对铸铁组织的影响

提高浇注温度能够延缓铸件的冷却速度，这样既促进了第一阶段的石墨化，也促进了第二阶段的石墨化。因此，提高浇注温度在一定程度上能使石墨粉化，也可增加共析转变。

3. 铸铁的过热和高温静置的影响

在一定温度范围内，提高铁液的过热温度，延长高温静置的时间，都会导致铸铁中的石墨基体组织的细化，使铸铁强度提高。进一步提高过热度，铸铁的成核能力下降，石墨形态变差，甚至出现自由渗碳体，使强度反而下降，因而存在一个"临界温度"。临界温度的高低，主要取决于铁液的化学成分及铸件的冷却速度。一般认为普通灰铸铁的临界温度约在1500～1550℃左右，所以总希望出铁温度高些。

📖 课题实验

实验1　标准金相试样观察实验

1. 实验目的
 ➢ 了解通用金相显微镜的基本结构及使用方法。
 ➢ 认识典型钢种室温下的显微组织。
 ➢ 加深对铁碳合金成分与组织关系的理解。

2. 实验设备及材料
 ➢ 通用型金相显微镜（如图3-48所示）。
 ➢ 典型铁碳合金标准金相试样一套。

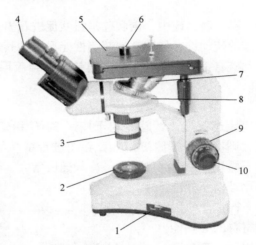

图3-48　通用型金相显微镜
1—光源开关　2—孔径光栏　3—视场光栏　4—目镜　5—载物台　6—试样
7—物镜　8—物镜转换器　9—粗调手轮　10—微调手轮

3. 实验步骤
 ✋ 认真听取老师结合实物讲解金相显微镜的结构、使用和维护要求。
 ✋ 熟悉显微镜的原理和结构，了解各零件的性能和功用。
 ✋ 领取标准金相试样。
 ✋ 按观察要求，选择适当的目镜和物镜，调节粗调螺钉，将载物台升高，装上目镜，取下目镜盖，装上目镜。
 ✋ 将试样放在载物台上，抛光面对着物镜。
 ✋ 接通电源，若光源是6V低压钨丝灯泡，要注意电源须经降压变压器再接入灯泡。
 ✋ 调节粗调螺钉，使物镜渐渐与试样靠近，同时在目镜中观察视场由暗到明，直到看到显微组织为止。

再调细调螺钉至看到清晰显微组织为止。注意调节时要缓慢些，切勿使镜头与试样相碰。

根据观察到的组织情况，按需要调节孔径光阑和视域光阑到适当位置（使获得组织清晰、衬度均匀的图像）。

移动载物台，对试样各部分组织进行观察，观察结束后切断电源，将金相显微镜复原。

描绘观察到的显微组织。

4. 实验报告内容

（1）实验目的。

（2）画出所观察的组织图像（画在直径为30mm的圆内），并标明组织组分的名称。

（3）根据观察结果，分析铁碳合金的组织、性能与含碳量之间的关系。

实验2　金相试样制备及显微组织分析

1. 实验目的

➢ 了解金相试样制备的基本方法，熟悉各种常用制样设备的基本原理和使用方法，在教师的指导下完成金相试样制备的整个过程。

➢ 利用金相显微镜认真观察所制备金相试样的显微组织特征，根据已学过的知识分析组织组成和基本类型，初步判别材料类型和材料编号。

➢ 熟悉金相分析方法的全过程。

2. 实验设备、材料及用品

➢ 通用型金相显微镜。

➢ 不同粗细的金相砂纸一套，以及玻璃板、浸蚀剂、抛光液、无水酒精等。

➢ 砂轮机、预磨机、抛光机、吹风机等。

➢ 待制备的金相试样若干。

3. 实验内容与步骤

金相试样的制备过程包括取样、镶嵌、标号、磨制、抛光、浸蚀等几个步骤，但并不是每个金相试样都需要经过上述各个步骤。若选取的试样大小、形状合适，便于握持磨制，则不必进行镶嵌；若需检验铸铁中的石墨，就不必进行浸蚀。制备好的试样应能观察到材料的真实组织，做到金相面无磨痕、无麻点、无水迹，并使金属组织中的夹杂物、石墨等不脱落，以免影响显微分析的正确性。

（1）试样的选取　金相试样的选取应根据检验的目的，选取有代表性的部位和磨面。如在检验和分析零件的失效原因时，除了在失效的具体部位取样外，还需要在零件的完好处取样，以便进行对比研究；在检测脱碳层、化学热处理的渗层、淬火层时，应选择横向截面或横向表层取样；在研究带状组织及冷塑性变形工件的组织和夹杂物的变形情况时，则应截取纵向截面试样；对于一般热处理后的零件，由于金相组织比较均匀，试样的截取可以在任一截面进行。

金相试样的截取方法应根据金属材料的具体性质而定，如软的金属材料可用手锯或锯床切割；硬而脆的材料（如白口铸铁）可用锤击打碎；对于极硬的材料（如淬火钢）可用砂轮片切割或用电脉冲加工。但不论用何种方法取样，都应避免试样的受热或产生变形，以免引起金属的组织变化。为防止零件受热，必要时应随时用水冷却。

选取的试样尺寸应便于握持，一般不要过大。常用的试样尺寸为直径 12~15mm 的圆柱体或边长为 12~15mm 的正方柱体。对于形状特殊或尺寸细小不易握持的试样，或为了不发生倒角的试样，可采用镶嵌的方法进行处理，金相试样的镶嵌方法如图 3-49 所示。

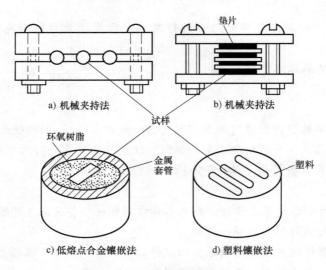

a) 机械夹持法　　　b) 机械夹持法

c) 低熔点合金镶嵌法　　　d) 塑料镶嵌法

图 3-49　金相试样的镶嵌方法

镶嵌法是将金相试样镶嵌在不同的镶嵌材料中，得到外形规则并且便于握持的试样。目前常用的镶嵌方法有机械夹持法、低熔点合金镶嵌法、塑料镶嵌法等。制备三个以上金相试样时，容易发生混乱，需在试样磨面的侧面或背面编号。在对金相试样进行编号时，应力求简单，做到能与其他试样相区别即可，如刻号、用钢字码打号等。一般试样在标号后应装入试样袋内，试样袋上应记录试样名称、材料、工艺、送检单位、检验目的、编号及检验结果等项目。当试样无法编号时，则可在试样袋上按其形状特征画出简图，以示区别。

（2）试样的磨制　金相试样的磨制一般分为粗磨和细磨两类。粗磨的目的是为了获得一个平整的金相磨面。试样选取后，将其选定的金相磨面在砂轮上磨成平面，同时将尖角倒圆。磨制时应握紧试样，用力要均匀且不宜过大，并随时用水冷却，防止试样受热而引起组织变化。

将粗磨后的试样用清水冲洗并擦干后进行细磨操作。细磨分为手工细磨和机器细磨两种。手工细磨是依次在由粗到细的各号金相砂纸上进行细磨操作。常用的金相砂纸号数有01、02、03、04、05 五种，号数越大，磨粒越细。磨制时将金相砂纸平铺在厚玻璃板上，用左手按住砂纸，右手握住试样，使金相磨面朝下并与金相砂纸相接触，在轻微压力的作用下向前推磨，用力力求均匀、平稳，防止磨痕过深和造成金相磨面的变形。试样退回时要抬起，不能与金相砂纸相接触，进行"单程、单向"的磨制方法，直到磨掉试样磨面上的旧磨痕，形成的新磨痕均匀一致为止。手工细磨的操作方法如图 3-50 所示。

在调换下一号砂纸时，应将试样上的磨屑和砂粒清理干净，并转动 90°角，即与上一号砂纸的磨痕相垂直，直到将上一号砂纸留下来的磨痕全部消除为止。试样磨面上磨痕的变化情况如图 3-51 所示。

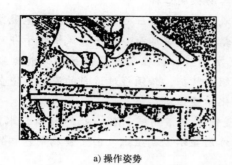

a) 操作姿势

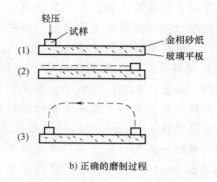

b) 正确的磨制过程

图 3-50 手工细磨的操作方法

为了加快磨制速度，还可以采用机器细磨，即将磨粒粗细不同的水砂纸装在预磨机的各个磨盘上，一边冲水，一边在旋转的磨盘上磨制试样磨面。

（3）试样的抛光 金相试样经磨制后，磨面上仍然存在着细微的磨痕及金属扰乱层，影响正常的组织分析，因而必须进行抛光处理，以得到平整、光亮、无痕的金相磨面。常用的抛光方法有机械抛光、电解抛光、化学抛光等，其中以机械抛光应用最广。

机械抛光是在专用的抛光机上进行的，靠

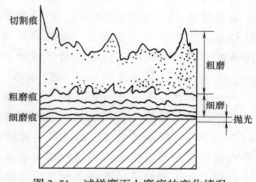

图 3-51 试样磨面上磨痕的变化情况

抛光磨料对金相磨面的磨削和滚压作用使其成为光滑的镜面。抛光机主要由电动机和抛光盘（直径 200~250mm、转速 200~600r/min）组成，抛光时应在抛光盘上铺以细帆布、平绒、丝绸等抛光织物，并不断滴注抛光液。抛光液一般是氧化铝、氧化铬、氧化镁等细粉末状磨料在水中形成的悬浮液。操作时将试样磨面均匀地压在旋转的抛光盘上，并从抛光盘的边缘到中心不断地作径向往复运动，同时使试样本身略加转动，使磨面各部分抛光程度一致，并且可以避免出现"曳尾"现象。抛光液的滴入量以试样离开抛光盘后，其表面的水膜在数秒钟内可自行挥发为宜，一般抛光时间为 3~5min。抛光后的试样磨面应光亮无痕，石墨或夹杂物应予以保留，且不能有"曳尾"现象。

电解抛光是将试样放在电解液中作为阳极，用不锈钢板或铅版作阴极，以直流电通过电解液到阳极（即金相试样），试样表面的凸起部分因选择性溶解而被抛光。电解抛光速度快、表面光洁，只产生纯的化学溶解作用而无机械力的影响，在抛光过程中不会发生塑性变形，但电解抛光的过程不易控制。

化学抛光是将化学试剂涂抹在经过粗磨的试样表面上，经过几秒到几分钟的时间，依靠化学腐蚀作用使试样表面发生选择性溶解，从而得到光滑平整的试样表面。化学抛光的操作简便，适用的试样材料广泛，不易产生金属扰乱层，对软金属材料尤为适用，对试样尺寸、形状要求不严格，一次能抛光多个试样，并兼有浸蚀作用。化学抛光后即可在金相显微镜下进行观察。但化学抛光时药品消耗量大、成本高，对抛光液的成分、新旧程度、温度、抛光时间等最佳参数较难掌握，易产生点蚀，夹杂物容易被腐蚀掉。

抛光后的试样磨面应光亮无痕，其中的石墨或夹杂物等不应被抛掉或产生曳尾现象。抛光完成后，先将试样用清水冲洗干净，然后用酒精冲去残留水滴，再用吹风机吹干即可。

（4）试样的浸蚀　抛光后的试样磨面是一光滑的镜面，在金相显微镜下只能看到非金属夹杂物、石墨、孔洞、裂纹等，要观察金属的组织特征，必须经过适当的浸蚀，使金属的组织正确地显示出来。目前最常用的浸蚀方法是化学浸蚀法。

化学浸蚀法是将抛光好的试样磨面在化学浸蚀剂（常用酸、碱、盐的酒精或水溶液）中浸蚀或擦拭一定的时间，借助于化学或电化学作用显示金属组织。由于金属中各相的化学成分和晶体结构不同，具有不同的电极电位，在浸蚀剂中构成了许多微电池，电极电位低的相为阳极被溶解，电极电位高的相为阴极而保持不变。在浸蚀后形成了凹凸不平的试样表面。在金相显微镜下，各处的光线反射情况不同，就能观察到金属的显微组织特征。金属组织的显示原理如图 3-52 所示。

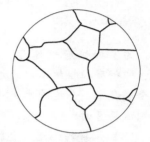

图 3-52　金属组织的显示原理

纯金属及单相合金的浸蚀是一个化学溶解过程。由于晶界原子排列较乱，缺陷及杂质较多，并具有较高的能量，故晶界易被浸蚀而呈凹沟。在金相显微镜下观察时，使光线在晶界处被漫反射而不能进入物镜，则显示出一条条黑色的晶界。

两相以上合金的浸蚀是一个电化学溶解过程。由于电极电位不同，电极电位低的一相被腐蚀而形成凹沟，电极电位高的一相只产生化学溶解，保持了原来的平面状态，当光线照射到凹凸不平的试样表面时，就能看到不同的组成相及其组织形态，单相和两相组织的显示图如图 3-53 所示。

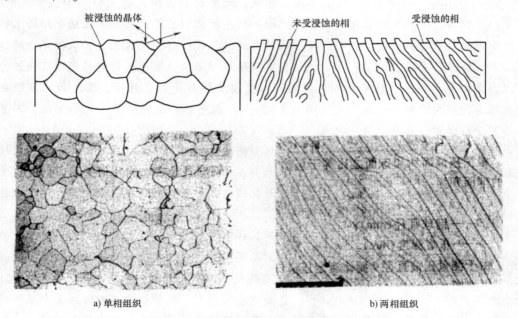

a) 单相组织　　　　　　　　　　　　b) 两相组织

图 3-53　单相和两相组织的显示图

应当指出,金属中各个晶粒的成分虽然相同,但由于其原子排列位向不同,也会使磨面上各晶粒的浸蚀程度不一致,在垂直光线照射下,各个晶粒就呈现出明暗不同的颜色。

化学浸蚀剂的种类很多,应按金属材料的种类和浸蚀的目的,进行合理地选择。常用的化学浸蚀剂如表3-4所示。

表3-4 常用的化学浸蚀剂

序号	浸蚀剂名称	成分		适用范围	使用要点
1	硝酸酒精溶液	硝酸 酒精	1～5mL 100mL	显示碳钢及低合金钢的组织	硝酸含量按材料选择,浸蚀数秒钟
2	苦味酸酒精溶液	苦味酸 酒精	2～10g 100mL	显示钢铁材料的细密组织	浸蚀时间自数秒钟至数分钟
3	苦味酸盐酸酒精溶液	苦味酸 盐酸 酒精	1～5g 5mL 100mL	显示淬火及淬火回火后钢的晶粒和组织	浸蚀时间为数秒钟至1min
4	苛性钠苦味酸水溶液	苛性钠 苦味酸 水	25g 2g 100mL	将钢中的渗碳体染成暗黑色	加热煮沸浸蚀5～30min
5	氯化铁盐酸水溶液	氯化铁 盐酸 水	5g 50mL 100mL	显示不锈钢、奥氏体高镍钢、铜及铜合金的组织	浸蚀至显现组织
6	王水甘油溶液	硝酸 盐酸 甘油	10mL 20～30mL 30mL	显示奥氏体镍铬合金等组织	先将盐酸与甘油充分混合,然后加入硝酸,试样浸蚀前先用开水预热
7	高锰酸钾苛性钠	高锰酸钾 苛性钠	4g 4g	显示高合金钢中的碳化物等	煮沸使用,浸蚀1～10min
8	氨水双氧水溶液	氨水(饱和) 双氧水溶液(3%)	50mL 50mL	显示铜及铜合金组织	随用随配,用棉花蘸取后擦拭
9	氯化铜氨水溶液	氯化铜 氨水(饱和)	8g 100mL	显示铜及铜合金组织	浸蚀30～60s
10	硝酸铁液溶液	硝酸铁 水	10g 100mL	显示铜合金组织	用棉花擦拭
11	混合酸水溶液	氢氟酸(浓) 盐酸 硝酸 水	1mL 1.5mL 2.5mL 95mL	显示硬铝组织	浸蚀10～20s或用棉花擦拭
12	氢氟酸水溶液	氢氟酸 水	0.5mL 99.5mL	显示一般铝合金组织	用棉花擦拭
13	苛性钠水溶液	苛性钠 水	1g 100mL	显示铝及铝合金组织	浸蚀数秒钟

化学浸蚀时,应将试样磨面向上浸入一盛有浸蚀剂的容器内,并不断地轻微晃动(或用棉花沾上浸蚀剂擦拭试样表面),待浸蚀适度后取出试样,迅速用清水冲洗干净,然后用无水酒精冲洗,最后用吹风机吹干。试样表面需严格保持清洁,若不立即观察,应将制备好的金相试样保存于干燥器中。

浸蚀的时间要适当，一般试样磨面发暗时即可停止，浸蚀时间取决于金属的性质、浸蚀剂的浓度以及显微镜观察时的放大倍数。总之，浸蚀时间以在显微镜下能清晰地揭示出显微组织的细节为准。若浸蚀不足，可再重复进行浸蚀，但一旦浸蚀过度，试样则需重新抛光，有时还需要在最后一号砂纸上进行磨制。

4. 实验报告内容

（1）实验目的。

（2）根据已学过的金相分析知识，分析和判别所观察到的金相显微组织的类型、各组成相的相对量、金属材料的类别或牌号，写出分析过程及其结果。

（3）画出所制备金相试样（浸蚀后）的显微组织示意图，并用引线标出其组织组成物的名称，记录浸蚀剂、放大倍数、组织类型、材料名称等。

📖 思考与练习

3.1 思考题

1. 为什么单晶体具有各向异性，而多晶体一般不显示各向异性？

2. 合金的结构与纯金属的结构有什么不同？合金的力学性能为什么优于纯金属？

3. 细晶粒组织为什么具有较好的综合力学性能？细化晶粒的基本途径有哪些？

4. 合金中的相与组织有何联系和区别？

5. 固溶体与金属化合物的结构与性能有何区别？

6. 固溶强化、形变强化、细晶强化三者之间有何区别？

7. 说出一次渗碳体、二次渗碳体、三次渗碳体、先共晶渗碳体、共晶渗碳体、先共析渗碳体、共析渗碳体、网状渗碳体之间有何异同？

8. 为什么金相试样必须经过浸蚀才能观察到显微组织，其原理是什么？

9. 结合铁碳相图解释：

（1）包扎物品一般用钢丝。

（2）钢一般用冲压、锻造成形。

（3）铸铁一般用铸造成形。

10. 如果其他条件相同，试比较下列铸造条件下，铸件晶粒的大小：

（1）金属型浇注与砂型浇注。

（2）浇注温度高与浇注温度低。

（3）铸成薄壁件与铸成厚壁件。

（4）厚大铸件的表面部分与中心部分。

（5）浇注时采用振动与不采用振动。

3.2 练习题

1. 填空题

（1）纯金属的实际结晶温度与平衡结晶温度的差值 ΔT 称为_____。

（2）根据结晶条件的不同，可将形核方式分为_____和_____。

（3）实际生产中，细化晶粒常可采用的方法有_____、_____和_____。

（4）铸锭的宏观组织是不均匀的，通常由表层_____区，中间_____区和心部_____三个晶区组成。

（5）合金是指由两种或以上的金属或金属与非金属组成的具有_____特征的物质。

（6）根据溶质原子在晶格中所占位置不同，固溶体可分为_____固溶体和_____固溶体两类。按溶质原子的溶解度不同可分为_____固溶体和_____固溶体。

（7）晶内偏析一般在显微镜下呈_____分布，所以又称为_____。

（8）工业纯铁在912℃以下的同素异构晶体称为_____，其晶格类型为_____。

（9）碳的质量分数为_____的奥氏体在_____的温度下发生共析转变形成_____组织。

（10）碳在 α-Fe 中形成的过饱和固溶体称为_____。

（11）平衡状态下 20 钢、T8 钢、T12 钢的室温组织分别为_____、_____和_____。

（12）共析钢在室温下的平衡组织为_____，它是由_____状交替排列的铁素体和渗碳体组成，经球化退火后，其中的_____变为球状，故称为_____。

2. 选择题

（1）在单一的二元匀晶相图中，其组元在固态下形成_____。

A. 间隙固溶体　　　B. 有限固溶体　　　C. 无限固溶体　　　D. 金属化合物

（2）下列选项中_____是铁碳合金组织而不是组成相。

A. 莱氏体　　　B. 铁素体　　　C. 奥氏体　　　D. 渗碳体

（3）45 钢平衡结晶的室温组织为_____。

A. 铁素体＋珠光体　　　B. 珠光体　　　C. 珠光体＋渗碳体　　　D. 奥氏体＋渗碳体

（4）将 T12 钢缓慢加热到800℃时，其组织为_____。

A. 铁素体＋珠光体　　　B. 珠光体　　　C. 珠光体＋渗碳体　　　D. 奥氏体＋渗碳体

（5）下列合金中，熔点最高的是_____；熔点最低的是_____。

A. 共析钢　　　B. 亚共析钢　　　C. 过共析钢　　　D. 共晶白口铸铁

（6）过共晶白口铸铁的液相在共晶转变前结晶出的渗碳体称为_____。

A. 一次渗碳体　　　B. 二次渗碳体　　　C. 三次渗碳体　　　D. 共晶渗碳体

（7）过共析钢的球化退火是使组织中的_____变成球粒状，从而改善力学性能。

A. 一次渗碳体　　　B. 二次渗碳体　　　C. 三次渗碳体　　　D. 共晶渗碳体

（8）下列牌号的钢中，强度最高的是_____；塑性最好的是_____。

A. 20 钢　　　B. 45 钢　　　C. T8 钢　　　D. T12 钢

3. 判断题

（1）能形成无限固溶的固溶体一定为置换固溶体。　　　　　　　　（　　　）

（2）在共晶相图中，只有共晶成分的合金能会发生共晶反应。　　　（　　　）

（3）因为奥氏体为高温相，所以钢的室温组织中不可能有奥氏体。　（　　　）

（4）只要铁碳合金的成分线与共晶线相交，其平衡结晶就会发生共晶转变。（　　　）

（5）发生了共析转变的钢称为共析钢，其室温组织为珠光体。　　　（　　　）

（6）所有白口铸铁的结晶过程基本相同，其室温组织组成相同，只是碳的含量不同，各组织的数量多少不同。

（7）白口铸铁的力学性能很差，所以一般不用来制造机械零件。　　　　　　　　（　　　）

（8）铁碳合金中，含碳量越高，强度和硬度越高，塑性和韧性越低。　　　　　　（　　　）

3.3　应用拓展题

选取钢、白口铸铁及灰铸铁试样，按照金相试样制作流程和步骤完成金相的制备，并通过金相显微镜下对试样组织进行观察和比较分析，并确定其大致成分。

课题4　金属材料的常规热处理

⏱ 课题引入

首先请大家思考以下几个问题：

➢ 为什么铁匠要将锻造好的农用铁具烧红再浸水冷却？有何意义？

➢ 车间常说的"退火"和"淬火"有何区别？

➢ 为什么不同的热处理方式可获得不同的力学性能？其原理如何？

➢ 为什么有些钢淬火要用水冷却，有些钢淬火要用油冷却？

➢ 是不是所有的金属材料都可以进行热处理？

⏱ 课题说明

金属材料的热处理是将固态金属或合金采用适当的方式进行加热、保温和冷却以获得所需组织结构与性能的工艺。热处理不仅可以用于强化材料，提高机械零件的使用性能，而且还可以用于改善材料的工艺性能。

本项目主要掌握热处理的基本概念，掌握钢的加热转变和冷却转变的基本类型及其特点，学习金属材料的热处理知识和常用的热处理工艺的应用，并能够应用过冷奥氏体转变曲线进行热处理工艺分析。

⏱ 课题目标

知识目标：

◇ 掌握金属材料的热处理的基本概念。

◇ 掌握钢的加热转变和冷却转变的基本类型及其特点。

◇ 掌握钢的常用热处理工艺。

◇ 能够应用过冷奥氏体转变曲线进行热处理工艺分析。

◇ 了解铸铁的热处理工艺。

◇ 了解非铁金属的热处理工艺。

◇ 了解热处理设备及操作知识。

◇ 独立完成课后练习题。

技能目标：

◇ 在老师指导下能正确操作热处理设备完成热处理实验。

◇ 能正确观察和分析金属试样热处理后的显微组织。

◇ 按要求完成实验报告。

📖 理论知识

问题1　钢在加热和冷却时组织会发生一些什么变化?

4.1　钢的热处理原理

热处理是指将钢在固态下加热、保温和冷却，以改变钢的组织结构，从而获得所需要性能的一种工艺。为简明表示热处理的基本工艺过程，通常用温度 – 时间坐标绘出热处理工艺曲线，如图4-1所示。

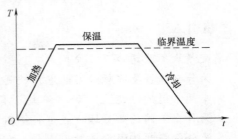

图4-1　钢的热处理工艺曲线

热处理是一种重要的加工工艺，在机械制造业已被广泛应用。据初步统计，在机床制造中约60%～70%的零件要经过热处理，在汽车、拖拉机制造业中需热处理的零件达70%～80%，至于模具、滚动轴承则要100%经过热处理。热处理不仅可以用于强化材料，提高机械零件的使用性能，而且还可以用于改善材料的工艺性能。

4.1.1　钢在加热时的组织转变

钢的热处理一般需要先加热至奥氏体，然后以不同的冷却方式使奥氏体转变为不同的室温组织，得到不同力学性能。因此掌握钢在加热时的组织变化规律，合理制订加热工艺规范，是保证热处理工艺质量的首要环节。

由铁碳合金相图可知，共析钢、亚共析钢、过共析钢分别加热到 A_1、A_3、A_{cm} 温度均能获得单相奥氏体。但在实际加热和冷却条件下，钢的组织转变总有滞后现象，在加热时高于而在冷却时低于相图上的临界点。为了便于区别，通常把加热时的临界点分别用 A_{c1}、A_{c3}、A_{ccm} 来表示，冷却时各临界点分别用 A_{r1}、A_{r3}、A_{rcm} 来表示，如图4-2所示。

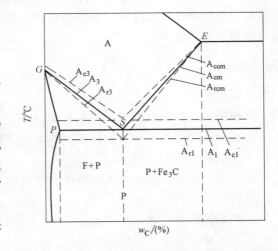

图4-2　钢在实际加热和冷却时的临界温度

1. 钢的奥氏体化

钢加热时奥氏体形成的过程称为奥氏体化。以共析钢为例，当温度加热到 A_{c1} 线时，珠光体向奥氏体转变，共析钢中奥氏体形成过程如图4-3所示。

（1）奥氏体晶核的形成及长大　在铁素体和渗碳体相界面上优先形成奥氏体晶核，这是因为铁素体和渗碳体交界处易于满足形核所需要的能量起伏和浓度起伏。晶核生成后，与奥氏体相邻的铁素体中的铁原子通过扩散运动转移到奥氏体晶核上来，使奥氏体晶核长大，同时与奥氏体相邻的渗碳体通过分解不断地溶入生成的奥氏体中，也使奥氏体逐渐长大，直至珠光体全部消失。

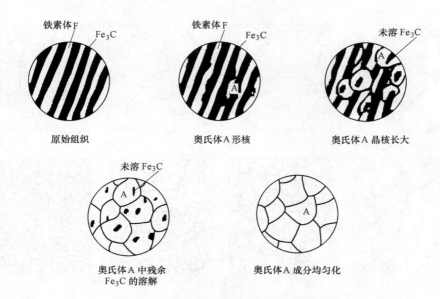

图 4-3 共析钢中奥氏体形成过程示意图

（2）残余渗碳体的溶解 铁素体先行消失后，还残留着未溶的渗碳体。所以仍需一定的时间，以使渗碳体全部溶于奥氏体中。

（3）奥氏体均匀化 渗碳体全部溶解后，奥氏体中的碳浓度还是不均匀的，在原先是渗碳体的地方，碳的浓度较高；原先是铁素体的地方，碳的浓度低。为此，必须继续保温，通过原子扩散才能取得均匀化的奥氏体。

至于亚共析钢和过共析钢，只有分别加热到 A_{c1} 及 A_{ccm} 以上保温足够时间，才能获得单相奥氏体。

由此可知，钢在热处理时，加热后需要有一定的保温时间，不仅为了把工件热透，使其心部与表层温度趋于一致，还为了获得成分均匀的奥氏体晶粒，以便在冷却时得到良好的组织与性能。

2. 奥氏体晶粒的长大

由于珠光体向奥氏体转变是在铁素体与渗碳体相界面上生核的，一个晶核可以生成一个晶粒，而珠光体中这种相界面很多，能生成很多晶核，所以，当珠光体向奥氏体转变刚结束时，一个珠光体晶粒可以变成许多奥氏体晶粒，也就是说，刚开始转变成奥氏体的晶粒，总是细小的，但是随着温度的升高或保温时间的延长，奥氏体晶粒会长大。

钢在一定加热条件下获得的奥氏体晶粒称为奥氏体的实际晶粒，它的大小对冷却转变后钢的性能有明显影响。奥氏体晶粒细小，冷却后产物组织的晶粒也细小。细晶粒组织不仅强度、塑性比粗晶粒高，而且冲击韧度也有明显提高。因此，钢在加热时，为了得到细小而均匀的奥氏体晶粒，必须严格控制加热温度和保温时间。

为了测定或比较钢的实际晶粒大小，可将试样在金相显微镜下放大 100 倍，把显微镜下看到的晶粒与标准晶粒号（图 4-4）比较以确定其等级。晶粒号分 8 级，数字越大，晶粒越细，其中 1~4 为粗晶粒，5~8 为细晶粒。

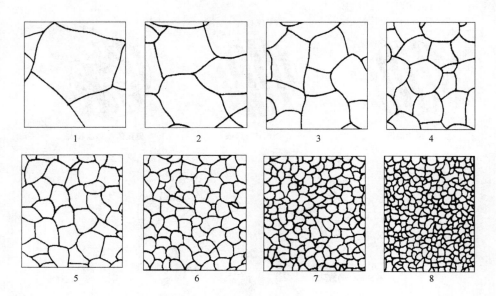

图 4-4 标准晶粒号示意图

【提示与拓展】

热处理有三大基本要素：加热、保温、冷却。这三大基本要素决定了材料热处理后的组织与性能。加热是热处理的第一道工序，其目的是获得奥氏体。奥氏体的晶粒大小、成分及均匀程度，对冷却后的金属材料的组织和性能有直接影响。

保温的目的是保证工件热透并防止脱碳、氧化等。保温时间和介质的选择与工件尺寸和材质有直接的关系。一般工件越大，导热性越差，保温时间越长。

4.1.2 钢在冷却时的转变

钢经加热获得奥氏体组织后，在不同的冷却条件下冷却，可使钢获得不同的力学性能。例如：45 钢奥氏体化后，用不同的冷却方法，转变后产物组织性能就有很大的差别，45 钢加热到 840℃不同方法冷却后的力学性能如表 4-1 所示。

表 4-1 45 钢加热到 840℃不同方法冷却后的力学性能

力学性能 冷却方式	R_m/MPa	σ_s/MPa	$A(\%)$	$Z(\%)$	硬度
退火（缓冷）	530	280	32.5	49.3	约 160HBW
正火（空冷）	620～720	340	15～18	45～50	约 160HBW
淬火（水冷）	1000	720	7～8	12～14	52～60HRC
淬火后高温回火	830	520	23	61	220HBW

奥氏体的冷却转变方式有两种：等温冷却转变和连续冷却转变。其工艺曲线图如图 4-5 所示。

下面以共析钢为例，说明冷却方式对钢组织和性能的影响。

1. 过冷奥氏体的等温冷却转变

等温冷却是将奥氏体化的钢迅速冷却到 A_{r1} 以下某一温度，并等温停留足够的时间，让奥氏体在此温度下完成其转变过程，然后再冷却到室温。

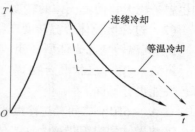

图 4-5　两种冷却方式示意图

在共析温度以下存在的奥氏体称过冷奥氏体。对于钢处于临界点 A_1 以下的过冷奥氏体是不稳定相，经过一定时间后即可转变为新的稳定相。表示过冷奥氏体的转变温度、转变时间与转变产物之间的关系曲线称为等温转变图。

（1）等温转变图（C 曲线）的建立与分析　用一批小薄片（$\phi 10mm \times 1.5mm$）共析钢试样，奥氏体化后，逐个投入低于 A_1 不同温度（650℃、600℃、500℃、350℃、230℃）的熔盐槽中，发生等温转变，测出过冷奥氏体等温转变的开始时间、终止时间、最终组织和性能，然后将测定结果描绘在温度-时间为坐标的图面上，并把转变开始点和转变终止点分别连接起来，就得到奥氏体等温转变图，如图 4-6 所示。因为其形状像字母"C"，故旧称为 C 曲线；按英文名称字头，又称"TTT 曲线"。这个曲线由于奥氏体在不同过冷度下，转变所需时间相差悬殊（少时不足 1s，多时则万秒以上），因此采用对数尺度表示。

如图 4-6 所示，高于 A_1 的区域为稳定状态的奥氏体区，左边一条等温转变图为奥氏体的开始转变线，右边一条等温转变图为奥氏体的转变终止线。开始转变线左边为过冷奥氏体区，在此区奥氏体处于尚未转变并准备转变阶段，这段时间称为孕育期。孕育期愈长，表明过冷奥氏体越稳定，反之，则越不稳定。转变终止线右边为转变产物区。两条线之间是转变产物和未转变的过冷奥氏体在继续转变的区域。在等温转变图下面还有两水平条线：一条是马氏体转变开始线 M_s，一条是马氏体转变终了线 M_f，在两线之间为奥氏体与马氏体共存区。图中可以看到约在 550℃ 左右出现一个拐点，称为"鼻子"。此时孕育期最短，转变速度最快，过冷奥氏体最不稳定。"鼻子"的出现是因为过冷奥氏体的转变同样符合结晶过程的基本规律，过冷度越大，提供生核及长大的推动力也越大，转变速度也越快。但是，奥氏体向珠光体的转变又是伴随着碳、铁原子扩散的过程，其扩散速度是随过冷度的增加而急速下降的，使转变速度降低。可见，奥氏体转变同时受着两个互相矛盾因素的影响：在高于"鼻"温时，温度较高，原子活动能力较大，扩散因素对转变影响较小，符合一般结晶过程规律，随着过冷度增加，奥氏体转变速度加快，孕育期缩短，直至"鼻"部，转变最快；在低于"鼻"温时，随着过冷度的增加，扩散能力越来越弱，影

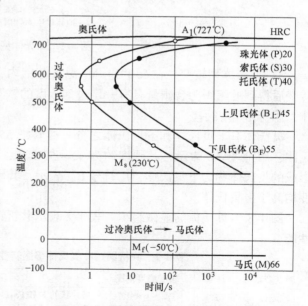

图 4-6　共析碳钢的奥氏体等温转变图
○—转变开始　●—转变终了

响也越来越大，使奥氏体的转变速度也越来越小，即孕育期又逐渐加长。

（2）过冷奥氏体等温转变产物的组织及性能

1）高温转变珠光体型转变　转变温度在 $A_1 \sim 550℃$ 之间，奥氏体等温转变产物为珠光体（F 和 Fe_3C 片层状混合物）。在此范围内，由于过冷度不同，所得到的珠光体的层片厚薄、性能也有不同。

在 $A_1 \sim 650℃$ 之间，过冷度小，形成的珠光体较粗（层片间距约 $0.3\mu m$），如图 4-7a 所示。该珠光体型组织仍称为珠光体，用 P 表示，其硬度约为 $160 \sim 250HBW$。

在 $650 \sim 600℃$ 之间，过冷度稍大，生核较多，转变速度较快，形成层片较细（层片间距约 $0.1 \sim 0.3\mu m$），如图 4-7b 所示。这种组织称为细珠光体，也称索氏体，用 S 表示，其硬度约为 $25 \sim 35HRC$。

在 $600 \sim 550℃$ 之间，过冷度更大，转变速度更快，所形成的组织更细（层片间距小于 $0.1\mu m$），如图 4-7c 所示。这种组织称为极细珠光体，也称托氏体，用 T 表示，其硬度约为 $35 \sim 48HRC$。

珠光体的力学性能主要取决于层片间距的大小，层片间距越小，塑性变形抗力越大，强度和硬度越高，韧性也越好。

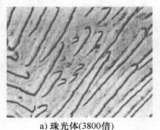 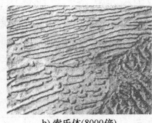 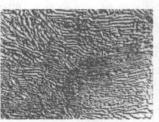

　　　a) 珠光体(3800倍)　　　　　　　b) 索氏体(8000倍)　　　　　　　c) 托氏体(8000倍)

图 4-7　珠光体型组织

2）贝氏体型转变　在 $550℃ \sim M_s$ 温度范围内，因转变温度较低，原子活动能力较弱，转变后得到的组织为含碳量具有一定过饱合度的铁素体和分散的渗碳体的混合物，称为贝氏体，用符号 B 表示。

贝氏体有上贝氏体和下贝氏体之分，通常把 $550 \sim 350℃$ 范围内形成的贝氏体称为上贝氏体，用符号 $B_上$ 表示，其硬度约为 $40 \sim 50HRC$，但塑性很差；在 $350℃ \sim M_s$ 温度范围内形成的贝氏体称为下贝氏体，用符号 $B_下$ 表示，其硬度可达 $45 \sim 55HRC$，且强度、塑性、韧性均高于上贝氏体。

图 4-8 为贝氏体的显微组织。表 4-2 表示共析钢过冷奥氏体等温转变产物的组织和力学性能。

表 4-2　共析钢过冷奥氏体等温转变产物的组织和力学性能

转变产物	符号	转变温度范围	显微组织特征	硬度
珠光体	P	$A_1 \sim 650℃$	粗片状的 F 和 Fe_3C 的混合物	$16 \sim 250HBW$
索氏体	S	$650 \sim 600℃$	细片状的 F 和 Fe_3C 的混合物	$25 \sim 35HRC$
托氏体	T	$600 \sim 550℃$	极细片状的 F 和 Fe_3C 的混合物	$35 \sim 48HRC$
上贝氏体	$B_上$	$550 \sim 350℃$	细条状 Fe_3C 分布于片状 F 之间,呈羽毛状	$40 \sim 45HRC$
下贝氏体	$B_下$	$350℃ \sim M_s$	细小碳化物分布于针状 F 之间,呈黑色针状	$45 \sim 55HRC$

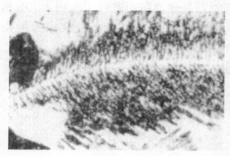

a) 上贝氏体　　　　　　　　　　b) 下贝氏体

图 4-8　贝氏体的显微组织（500 倍）

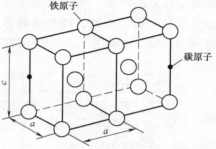

图 4-9　马氏体晶格示意图

3）马氏体转变　如果钢从奥氏体区急冷到 M_s 以下，此时过冷度极大，转变温度低，只有 γ-Fe 向 α-Fe 晶格的改建，碳原子已不能进行扩散，它全部被迫过量地固溶在 α-Fe 晶格中。这种碳在 α-Fe 中的过饱合固溶体组织称为马氏体，用符号 M 表示。马氏体中由于大量碳原子的存在，使晶格畸变，其晶格为碳原子位于晶格间隙位置的体心正方晶格，如图 4-9 所示。

马氏体的转变特点：

转变是在一定温度范围内（$M_s \sim M_f$）连续冷却过程中进行的，马氏体的数量随转变温度的下降而不断增多，如果冷却在中途停止，则奥氏体向马氏体转变也停止。

转变速度极快。马氏体转变几乎不需要孕育期，每个马氏体片形成时间大约只有 7 ~ 10s。

转变时体积发生膨胀，因而产生很大的内应力。

转变不能进行到底，即使过冷到 M_f 以下温度，仍有一定量奥氏体存在，这部分奥氏体称为残留奥氏体。

马氏体的显微组织如图 4-10 所示。图 4-10a 所示为碳的质量分数高（1.0%）的马氏

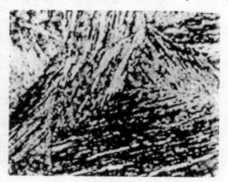

a) 针状马氏体(1500倍)　　　　　b) 板条马氏体(1500倍)

图 4-10　马氏体的显微组织

体，其断面呈针状，故称为针状马氏体，其性能特点是硬度高而脆性大。图 4-10b 所示为碳的质量分数较低（0.2%）的马氏体，其形状为一束相互平等的细条，故称为板条状马氏体，其性能特点是具有良好的强度和较好的韧性。

马氏体的硬度主要取决于马氏体中的含碳量。马氏体中由于溶入过多的碳，而使 α-Fe 晶格发生畸变，增加了其塑性变形抗力。马氏体的含碳量越高，其硬度也越大，但当钢中碳的质量分数大于 0.6% 时，淬火的硬度增加缓慢，如图 4-11 所示。

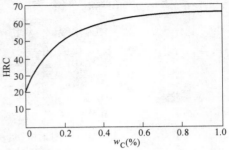

图 4-11　碳的质量分数与淬火钢硬度的关系

（3）含碳量对等温转变图的影响　在正常加热条件下，当碳的质量分数小于 0.77% 时，随着碳的质量分数的增加，等温转变图右移；当碳的质量分数大于 0.77% 时，随着含碳量的增加，等温转变图左移。故碳钢中以共析钢过冷奥氏体最稳定。此外，含碳量还影响等温转变图的形

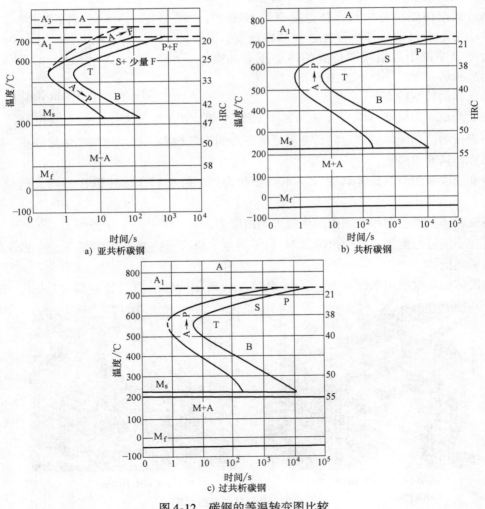

a) 亚共析碳钢　　　　b) 共析碳钢

c) 过共析碳钢

图 4-12　碳钢的等温转变图比较

状，如图 4-12 所示。从此图可以看出，亚共析钢和过共析钢等温转变图"鼻尖"上部区域比共析钢多了一条曲线。这条曲线表示过冷奥氏体转变为珠光体类型组织之前，已经开始发生相变或析出新相。亚共析钢形成先共析铁素体，过共析钢形成先共析渗碳体。

2. 过冷奥氏体的连续冷却转变

在实际生产中，过冷奥氏体转变大多是在连续冷却过程中进行的。由于连续冷却转变图的测定比较困难，故常用等温转变图近似地分析连续冷却转变的过程。下面以共析钢为例加以说明。

把代表连续冷却的冷却曲线叠画在等温转变图上，根据曲线相交的位置，便可大致估计其冷却转变情况，如图 4-13 所示。例如，图中冷却速度 v_1 相当于随炉缓冷，奥氏体将在 A_1 以下附近的温度进行转变，得到粗片状珠光体组织；v_2 相当于在空气中的冷却速度，它将转变为索氏体；v_3 相当于在油中的冷却速度，奥氏体在"鼻尖"附近分解一小部分，转变为托氏体，而其余的奥氏体则冷却到 $M_s \sim M_f$ 范围内转变为马氏体，最后得到托氏体和马氏体组织；v_4 相当于在水中冷却，它不与等温转变图相交，奥氏体全部过冷到 M_s 线以下向马氏体转变。

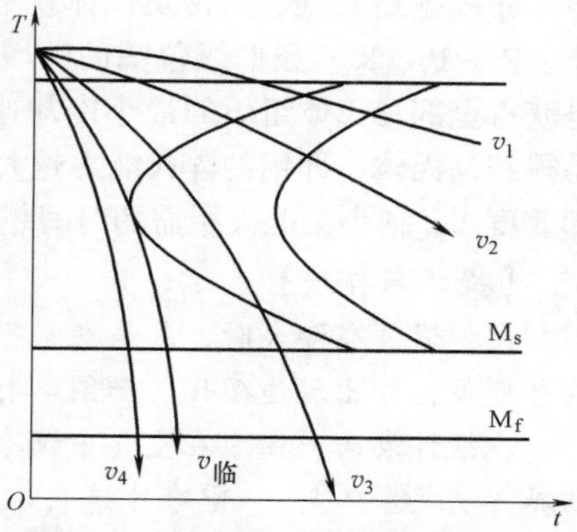

图 4-13 冷却曲线与等温转变图的叠加

由上可知，奥氏体连续冷却时转变产物及性能，决定于冷却速度。随着冷却速度的增大，转变温度降低，形成的珠光体弥散度增大，因而硬度增高。当冷却速度增大到一定值后，奥氏体转变为马氏体，硬度剧增。

为了使奥氏体过冷至 M_s 之前不发生任何转变，冷却后得到马氏体组织，就必须使其冷却速度大于图 4-13 中的 $v_{临}$。显然，$v_{临}$ 应恰好与等温转变图的"鼻尖"相切，表示钢中奥氏体在连续冷却时不产生非马氏体转变所需要的最小冷却速度，称为临界冷却速度。

临界冷却速度在热处理实际操作中有着重要意义，临界冷却速度越小，钢的淬火能力就越大。

临界冷却速度的大小，决定于钢的等温转变图与纵坐标之间的距离。凡是使等温转变图右移的因素（如加入合金元素），都会减小临界冷却速度。临界冷却速度小的钢，较慢的冷却也可得到马氏体，因而可以避免由于冷却太快而造成太大的内应力，从而减少零件的变形与开裂。

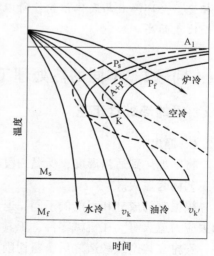

图 4-14 共析钢的连续转变图
（虚线是等温转变图）

用等温转变图来估计连续冷却时的转变过程，虽然在生产上能够使用，但结果很不准确。20 世纪 50 年代以后，由于实验技术的发展，很多钢的连续冷却转变图（又称"CCT"曲线）得到了较为精确的测量。共析钢的连续冷却转变图如图 4-14 所示。

连续冷却转变图与等温转变图的区别是：

（1）连续冷却转变图靠右一些，这是因为"鼻尖"以上温度越低，孕育期越短。连续冷却的转变温度均比等温转变温度低一些，所以连续冷却到达这个温度进行转变时，需要较长的孕育期，约为等温转变图的 1.5 倍。

（2）连续冷却转变图获得的组织不均匀，先转变的组织较粗，后转变的组织较细。

（3）连续冷却转变转变图只有等温转变图的上半部分，而没有下半部分。这就是说，共析钢在连续冷却时只有珠光体和马氏体转变，而没有贝氏体转变。或者说，当冷却曲线碰到 K 线时，过冷奥氏体不再发生珠光体转变，而一直保持到 M_s 点以下，转变为马氏体。

共析钢的连续冷却转变曲线是较为简单的连续冷却转变曲线，如图 4-14 所示。P_s 线是珠光体型转变开始线，P_f 线是珠光体型转变终了线，K 线是珠光体型转变的中途停止线，冷却曲线碰到 K 线，过冷奥氏体就不再发生珠光体型转变，而保留到 M_s 点以下转变为马氏体。P_s、P_f、K 三条曲线包围的区域就是珠光体转变区。图中 v_k 称为上临界冷却速度，它是获得全部马氏体组织的最小冷却速度。同等温转变图一样，v_k 越小，钢件在淬火时越容易得到马氏体，即钢的淬火能力越大。v'_k 称为下临界冷却速度，是得到全部珠光体的最大冷却速度。v'_k 越小，退火所需的时间越长。

【提示与拓展】

大型锻件在淬火时，如果在空气中停留时间比较长，则淬火后，锻件的表面硬度会低于内部硬度，即出现逆硬化，如图 4-15 所示。

在锻件表面，由于在空气中预冷（从临界点 A_1 到 P 点），空冷冷速（$v_空$）低于淬火冷速（$v_淬$），当继续以淬火冷速（$v_淬$）冷却到 T'_R 温度时，孕育期消耗量已超过 1，从而发生部分珠光体相变，使淬火后的表面硬度下降。而在锻件内部，温度从 A_1 点到 T'_R 一直以淬火冷速（$v_淬$）冷却，孕育期消耗量小于 1，未发生珠光体相变，全部淬成马氏体组织，所以硬度反而比表面高。

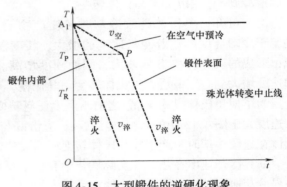

图 4-15　大型锻件的逆硬化现象

问题2　不同的热处理工艺对钢的性能有何不同的影响？

4.2　钢的热处理工艺

4.2.1　退火

将钢加热到适当温度，保温一段时间，然后缓慢冷却，以获得接近平衡状态组织的热处理工艺称为退火。

根据钢的成分和目的的不同，退火又分为完全退火、不完全退火、等温退火、球化退火和去应力退火等。在机械零件、工具、模具等制造过程中，经常采用退火作为预备热处理工序，安排在铸造或锻造之后，粗切削加工之前，用以消除前一工序所带来的某些缺陷，为随后的工序作准备。

1. 完全退火和不完全退火

完全退火是将钢加热到完全奥氏体化（A_{c3}以上 30~50℃），随之缓慢冷却的工艺方法。实际操作时，是随炉缓慢冷却至 500~600℃以下后放在空气中冷却，也可埋在砂、石灰中冷却。缓慢的冷却速度是保证奥氏体在珠光体转变区的上部完成转变，因此完全退火的组织是铁碳合金相图的平衡组织（铁素体 + 珠光体）。

完全退火主要用于各种亚共析成分的碳钢和合金钢的铸锻件及热轧型材，有时也用于焊接结构，常用作一些不重要零件的最终热处理，或作某些重要零件的预备热处理，目的在于细化组织、降低硬度、改善切削加工性、消除内应力。

不完全退火是加热到临界点 A_{c1} 以上 30~50℃，保温后缓慢冷却的方法。应用于晶粒并未粗化的中、高碳钢和低合金钢锻轧件等，主要目的是降低硬度、改善切削加工性、消除内应力。它的优点是加热温度低，消耗热能少，降低了工艺成本。

【提示与拓展】

低碳钢和过共析钢不宜采用完全退火。低碳钢完全退火后硬度偏低，不利于切削加工；过共析钢加热至 A_{ccm} 以上奥氏体状态再缓慢冷却时，将沿晶界析出网状二次渗碳体，使钢的硬度、塑性和冲击韧度显著降低。

2. 等温退火

将钢加热到 A_{c3} 以上 30~50℃（亚共析钢）或 A_{c1} 以上 20~40℃（共析钢和过共析钢），保温一定时间后冷却到稍低于 A_{r1} 某一温度进行等温转变，以获得珠光体组织，然后在空气中冷却的工艺方法，称为等温退火。等温退火应用于中碳合金钢、经渗碳处理的低碳合金钢和某些高合金钢的大型铸锻件及冲压件等，其目的与完全退火相同，且能得到更为均匀的组织和硬度，可有效缩短退火时间。尤其对某些奥氏体比较稳定的合金钢，完全退火往往需要数十小时，甚至几天时间，所以生产中常用等温退火代替完全退火。图 4-16 为高速钢的等温退火与普通

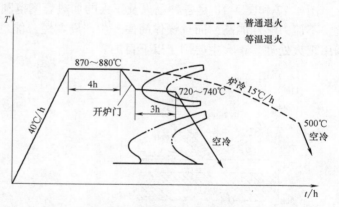

图 4-16　高速钢的等温退火与普通退火的比较

退火过程的比较。普通退火需要 15h 以上，而等温退火仅需 7h，时间缩短一倍以上。

3. 球化退火

球化退火是将过共析钢加热到 A_{c1} 以上 20~30℃，保温一定时间，以不大于 50℃/h 的冷却速度随炉冷却下来，使钢中碳化物呈球状的工艺方法。它应用于共析钢及过共析钢的锻轧件，以及结构钢的冷挤压件等，如生产中常用于制造刃具、量具、模具等用的过共析钢及合金工具钢。其目的在于降低硬度、改善切削加工性、改善组织、提高塑性等。

过共析钢经热轧、锻造后，珠光体呈片状，而且还有二次渗碳体，不仅钢的硬度增加，切削性变坏，而且淬火时易产生变形和开裂。如果把片状渗碳体变成球状，其切削性能将大大改善。

近年来，球化退火应用于亚共析钢已获得成效，使其获得最佳的塑性和较低的硬度，从

而大大有利于冷挤、冷拉、冷冲成形加工。

4. 去应力退火

去应力退火是将钢件加热到 A_{c1} 以下 100~200℃，保温一定时间后缓慢冷却的工艺方法。其目的是为了去除由于形变加工、机械加工、铸造、锻造、热处理、焊接等所产生的残余应力。

该方法通常是将钢件缓慢加热到 600~650℃，保温一定时间（一般按 3min/mm 计算），然后随炉缓慢冷却（≤100℃/h）至 20℃ 出炉。

去应力退火时组织不发生变化，残余应力的消除，主要是在 500~650℃ 保温后的缓慢冷却过程中通过塑性变形或蠕变变形产生的应力松弛来实现的。

若采用更高温度的退火（如完全退火），当然应力消除得更彻底，但不仅带来氧化、脱碳严重，还会产生高温变形，故为了消除应力，一般是采用低温退火。

对一般大型焊接结构件无法装炉退火时，可用火焰及感应加热方法，对焊缝影响区进行局部加热去应力退火。

4.2.2　正火

正火是将钢加热至 A_{c3} 或 A_{ccm} 以上 30~50℃ 保温适当时间，在空气中冷却的工艺方法。

正火和退火的目的基本相同，但正火的冷却速度比退火快，故正火后得到的珠光体组织比较细，强度、硬度比退火钢高。

图 4-17 和图 4-18 是各种退火及正火的加热温度范围及热处理工艺曲线。正火与退火相比，不但力学性能高，而且操作简便，生产周期短，能量耗费少，故在可能条件下，应优先采用正火处理。正火主要用于以下目的。

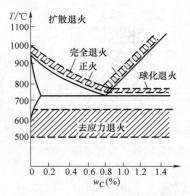

图 4-17　退火与正火的加热温度范围图

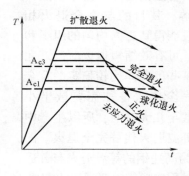

图 4-18　退火与正火工艺曲线示意图

（1）改善低碳钢和低碳合金钢的切削加工性　一般认为，硬度在 160~230HBW 范围内，金属切削加工性好。硬度过高时，不但加工困难，刀具还易磨损；而硬度过低时切削容易"粘刀"，也使刀具发热和磨损，且加工零件表面粗糙度大。低碳钢和低碳合金钢退火后的硬度一般都在 160HBW 以下，因而切削加工性不良。正火可以提高其硬度，改善切削加工性。

（2）作为普通结构零件或大型及复杂零件的最终热处理　因为正火可细化晶粒，力学性能较高，也能满足普通结构零件的性能要求，而大型复杂零件淬火时可能有开裂危险。

（3）作为中碳和低合金结构钢重要零件的预备热处理　这种钢正火后硬度在 160~

230HBW 范围内，消除了热加工时带来的缺陷，故不仅有良好的切削加工性，而且还能减少零件的变形与开裂，提高淬火质量。另外，也可代替调质处理，为以后的表面淬火作准备。

（4）消除过共析钢中网状二次渗碳体 正火时，由于冷却速度较快，二次渗碳体来不及沿奥氏体晶界呈网状析出。

退火和正火除经常作预备热处理工序外，对一些普通铸件、焊接件及不重要的热加工件，也可作为最终热处理工序。

4.2.3 钢的淬火

淬火是将钢加热到临界温度 A_{c1} 或 A_{c3} 以上 30 ~ 50℃ 温度，保温一定时间，使之奥氏体化后，然后快速（超过临界冷却速度）冷却，从而发生向马氏体转变的热处理工艺。

淬火的主要目的是得到马氏体组织，以提高钢的强度与硬度。例如：刀具、量具经淬火、回火后可以得到高硬度、高耐磨性；轴类零件淬火、回火后可以获得优良的综合力学性能。淬火是强化钢的最重要的热处理方法，能很好地发挥钢材的性能潜力，因此也是最常用的一种热处理方法。

1. 淬火的加热及保温

（1）加热温度的确定 碳钢的淬火温度可用铁碳合金相图来确定，如图 4-19 所示。

为防止奥氏体晶粒粗大，淬火加热温度不宜过高。一般适宜的淬火加热温度是：亚共析钢为 A_{c3} +（30 ~ 50℃），过共析钢为 A_{c1} +（30 ~ 50℃）。

亚共析钢淬火若加热在 A_{c1} ~ A_{c3} 间，淬火后的组织中将出现铁素体，工件硬度不足；过共析钢若加热到 A_{ccm} 以上，碳化物几乎全部溶解，奥氏体碳浓度增高，降低了马氏体的转变温度（M_s），提高了残余奥氏体的含量，使淬火钢硬度降低。此外，所得到的马氏体组织也是粗大的，会增加脆性。如在 A_{c1} ~ A_{ccm} 间，淬火后组织为马氏体、较细的粒状渗碳体和较少

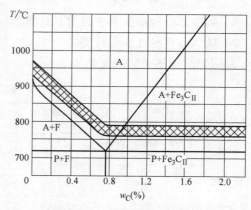

图 4-19 碳钢淬火温度范围

的残余奥氏体。因为渗碳体的硬度比马氏体大，所以粒状渗碳体存在不仅不会降低淬火钢的硬度，而是使淬火钢的组织、硬度、耐磨性及其他力学性能都较好。

【提示与拓展】

原始组织为球状珠光体的 T8 钢，如淬火加热温度为 600℃（$< A_{c1}$），则淬火后的硬度与淬火前的退火状态基本相同；如果淬火的加热温度为 780℃，即 A_{c3} +（30 ~ 50）℃，则淬火后的硬度能达到 63HRC；如淬火温度提高至 1000℃（$> A_{c3}$），虽然淬火后的硬度能达到 63HRC，但是冲击韧度却显著降低。

（2）加热时间的确定 淬火加热时间的确定，既要保证工件的表层、心部达到规定加热温度，获得均匀的奥氏体化组织，又要保证晶粒不致粗大，还要考虑时间，经济及生产率。因此，选择加热、保温时间，对保证淬火质量及提高生产率都有重要意义。

在生产中，通常先把炉温升高到选定加热温度，再将工件装入，此时炉膛温度略有降低，炉温重新升到加热温度时，开始计算时间（只有当处理大型工件或装炉量很大时，才

将加热升温和保温时间分开）。

影响加热时间因素很多，如介质加热速度、炉温的高低、钢的化学成分、工件形状尺寸、装炉量和堆积方式等，很难精确计算，生产中通常按工件有效厚度（或直径）与保温系数之乘积来确定时间，即

$$t = aKD$$

式中　t——加热时间（min）；

　　　a——加热系数（min/mm），指单位有效厚度所需的加热时间；

　　　K——安装修正系数（通常取 $1.0 \sim 1.5$），密集堆放时取较大值，否则取较小值；

　　　D——工件有效厚度（或直径）（mm）。

简单形状工件的有效厚度，就是它的实际厚度或直径。各种形状的有效厚度一般可以按以下规定考虑：

1）圆柱体以直径作有效厚度（当直径大于高度时，以高度计算）。

2）板件以板厚计算。

3）正方体以边长计算。

4）矩形以短边计算。

5）套筒类以壁厚计算。

6）圆锥体以离小头 2/3 处直径计算。

7）球体以直径 0.6 倍计算。

常用钢的加热系数参见表4-3。

表4-3　常用钢的加热系数 a　　　　　　　　　　（单位：min/mm）

工件材料	工件直径/mm	<600℃箱式炉中预热	750～850℃盐浴炉中加热	800～900℃箱式或井式炉中加热	1100～1300℃高温盐浴炉中加热
碳钢	≤50		0.3～0.4	1.0～1.2	
	>50		0.4～0.5	1.2～1.5	
合金钢	≤50		0.45～0.5	1.2～1.5	
	>50		0.5～0.55	1.5～1.8	
高合金钢		0.35～0.4	0.3～0.35		0.17～0.2
高速钢			0.3～0.35	0.65～0.85	0.16～0.18

2. 淬火介质

淬火工艺之所以复杂，主要是因为淬火时要求得到马氏体，冷却速度必须大于临界冷却速度，而快速冷却又难免引起较大的内应力，往往造成工件的变形或开裂。淬火时，既要保证得到马氏体又要减少变形、防止开裂，这是淬火工艺上最主要的问题。为此，首先是寻找一种比较理想的淬火介质，又称冷却剂。

由等温转变图知，淬火时要得到马氏体，其实并不需要在整个冷却过程中快冷，关键是等温转变图"鼻"部附近，即在 650～500℃ 范围需要快速冷却。在650℃以上，奥氏体比较稳定，可以冷却得慢一点，如果冷却过快，增加了工件内外温差，向马氏体的转变（伴有体积变化）有先后，易引起较大组织应力；同时，由于在较低温度下钢的塑性较小，就容易使工件变形或开裂。根据上述情况，理想的淬火冷却速度应是慢－快－慢，如图4-20所示。

淬火介质除希望具有上述特性外，使用时还要求成分稳定、不易变质；有合适的粘度，以减少工件带出的损失；不易燃、不易爆、无毒性；经济等。但是，到目前为止，还没有十分理想的淬火介质，因此必须了解各种淬火介质的特性，以便根据不同钢种的具体要求较恰当地选用。

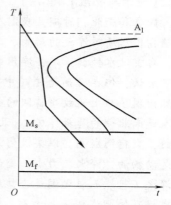

图 4-20　钢的理想淬火冷却曲线

常用的淬火介质有水、水溶液、油等，其冷却能力如表 4-4 所示。

水是最便宜而且在 650～500℃ 范围内具有很大冷却能力的淬火介质，但在 300～200℃ 时冷却速度仍很快，所以常会引起淬火钢开裂。在水中加入碱或盐能提高 650～500℃ 间的冷却能力，但在 300～200℃ 间冷却能力基本不改变。所以，水及水溶液虽然长期以来都被用来作为各种碳钢的淬火介质，但有很大的局限性。

表 4-4　常用淬火介质的冷却能力

淬火介质	冷却能力/(℃/s)	
	650～550℃	300～200℃
水(18℃)	600	270
水(26℃)	500	270
水(50℃)	100	270
水(74℃)	30	200
10% NaCl 水溶液(18℃)	1100	300
10% NaOH 水溶液(18℃)	1200	300
肥皂水	30	200
变压器油(50℃)	120	25
菜子油(50℃)	200	35

各种矿物油在 300～100℃ 范围具有较弱的冷却能力、不易淬裂及油温升高反而提高淬火能力的优点，但在 650～500℃ 范围内冷却能力不够大，不易淬硬，不适用于厚度超过 5～8mm 的碳钢工件，多用于一些合金钢的淬火。此外矿物油价格较高，容易燃烧，淬火件不易洗清。

使用水、油淬火介质时，水温宜低一些；油温宜高一些，以降低粘度，增加流动性，提高冷却能力。所谓"冷水热油"就是这个道理。当然油温也不宜太高，以免引起油面燃烧。

用作淬火介质的还有盐浴、碱浴（如溶化的 $NaNO_3$，NaOH，NaOH 加 KOH 等）供等温淬火及分级淬火用。这些淬火介质淬火能力在水、油之间，有良好的流动性，但有强烈的腐蚀性，使用时要采取保护措施。

我国在寻找新淬火介质方面作了不少工作，取得了一定成绩，如水玻璃溶液，是以水为基加入水玻璃、盐、碱组成的溶液，这种溶液在高温区冷却能力很大，低温区由于水玻璃在工件表面上形成一层薄膜，能使冷却速度降低。还有聚乙烯醇水溶液、饱和氢氧化钙水溶液、聚醚水溶液等新型淬火介质均有较好的冷却能力，但也有价格较高、易老化及不够稳定等问题。

从上述对淬火介质的分析可知，目前还没有能满足理想淬火典型线的淬火介质。因此，为了保证淬火质量，除不断探索新淬火介质外，还应探索如何利用现有各种淬火介质的不同特点，扬长避短，改进淬火的方法。

【提示与拓展】

魏晋和南北朝时期，我国在淬火介质的掌握和应用方面取得很大突破。三国时期的蒲元明确指出水质对淬火的影响。《太平御览》引《蒲元传》中说蒲元"熔金造器特异常法。刀成，自言汉水钝弱，不任淬用。蜀江爽烈，乃命人于成都取之。"不同的水质对淬火的影响不可否认，但在《蒲元传》中可能是过分强调了。然而有趣的是在15个世纪以后西方国家居然出现了与上述故事雷同的美国到英国取水淬火的事件。我国对淬火技术有重大贡献的另一人是南北朝的綦毋怀文。《北史·艺术列传》指出"怀文造宿铁刀，其法烧生铁精，以重柔铤，数宿则成刚。以柔铁为刀脊，浴以五牲之溺，淬以五牲之脂，斩过三十札。"五牲之脂是动物油，淬火应力小、变形开裂倾向小。文中还可见綦毋怀文创造性地提出了采用尿液的淬火工艺。五牲之溺是含盐水，冷却能力强、淬硬层深。令人们感兴趣的是，如何来理解文中提及的"浴以五牲之溺，淬以五牲之脂"，如果是双液淬火，则这一出现在公元6世纪的淬火技术则是一个重要的突破。

一般对碳素钢而言，低、中碳钢用10%的食盐溶液淬火，高碳钢水淬油冷，而合金钢用矿物油淬火。

3. 淬火方法

常用的淬火方法有单液淬火法、双液淬火法、分级淬火法及等温淬火法等。常用淬火方法的冷却曲线如图4-21所示。

（1）单液淬火法 这种方法是将加热奥氏体化后的工件淬入水、油或水溶液中，冷却至马氏体转变区，然后取出空冷的方法。由于冷却是在一种介质中完成的，所以叫单液淬火。此法操作简单，易实现机械化。通常，碳钢淬火采用水、盐水等作淬火剂；合金钢一般临界冷却速度较低，采用油作淬火剂。

（2）双介质淬火法 这种方法是将加热到奥氏体化后的工件，先淬入高温区的第一种介质（水或盐）以抑制奥氏体转变，当冷却到300~400℃时，将工件迅速转入缓冷的第二种介质（如油）中。由于马氏体是在缓冷条件下转变的，可以有效地降低内应力，防止开裂的倾向。

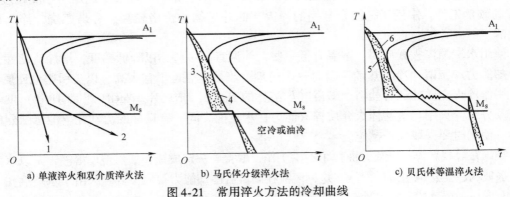

图4-21 常用淬火方法的冷却曲线

a) 单液淬火和双介质淬火法   b) 马氏体分级淬火法   c) 贝氏体等温淬火法

1—单液淬火法 2—双介质淬火法 3—表面 4—心部 5—表面 6—心部

【提示与拓展】

双介质淬火的优点是既能保证得到高硬度又能防止变形和开裂的倾向。关键是如何控制水中停留时间。如果水中停留时间过长，相当于单液淬火，仍易变形开裂；时间过短，难以抑制向珠光体的转变，淬不硬。根据实践经验，工件在水中停留时间可按下列方法估计：按工件有效厚度（或直径）每10mm 2~4s计算。例如，直径为12mm圆铰刀，水中停留4~5s，然后凭手感，高温时，手会感到振动，当感到振动减弱或听到嘶嘶声时，应立即放入油中。

（3）马氏体分级淬火法　这种方法是将加热到奥氏体化后的工件淬入到马氏体转变温度附近的硝盐浴中，停留一定时间，使工件在奥氏体未分解前表面和中心温度趋于一致，然后取出，以较低的冷却速度在空气或油中冷却，进行马氏体转变。

马氏体分级淬火的特点是熔融硝盐有较大的冷却能力。以大于临界冷却速度通过"鼻"部，不发生转变。工件截面温度均匀一致，减少热应力。在缓慢冷却时又减少了马氏体转变时的组织应力，能显著地减少变形和开裂。但也有一个停留时间问题，时间太短，无法减少热应力；太长则发生贝氏体转变，使硬度降低。该方法一般用于形状复杂的碳素钢和合金工具钢的小型零件。

（4）贝氏体等温淬火法　这种方法是将加热到奥氏体化后的工件淬入温度稍高于 M_s 的盐浴中以获得下贝氏体的热处理方法。其操作方法与马氏体分级淬火法相似，但盐浴温度要高些（260~350℃），停留时间更长一些。经等温淬火后，硬度虽不如以上几种方法高，但它能保证获得高强度同时还具有良好的韧性。由于淬火内应力小，能有效地防止变形和开裂。此法缺点是生产周期较长又要一定的设备，适用于形状复杂又要一定韧性的小工件。

4. 钢的淬透性和淬硬性

钢的淬透性旧称可淬性，它表示了钢接受淬火的能力，即表征钢淬火时形成马氏体的能力，是钢材的一种固有属性。钢的淬透性通常以规定的淬火条件下获得的淬硬层的深度来表示。相同条件淬火后，钢的淬硬层愈深，淬透性愈好。

（1）淬透性、淬硬层深度和淬硬性　实际淬火工件时，其表面与淬火介质直接接触，冷却速度快；而内部靠工件本身向外传导热进行冷却，其冷却速度没有表面快。如果工件截面尺寸比较大，只有表面至内部冷速超过临界冷却速度（$v_{临}$）的部分能进行马氏体转变淬硬，这一部分就是淬硬层。而内部冷速低于临界冷却速度的部分，过冷奥氏体不能转变成马氏体而淬不硬，形成未淬硬区，如图4-22所示。所以钢的淬硬层深度，取决于其临界冷却速度

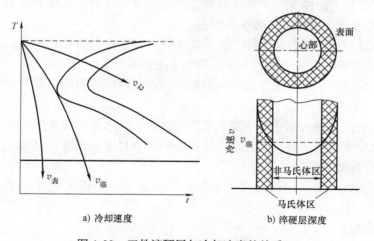

a) 冷却速度　　　　　　b) 淬硬层深度

图 4-22　工件淬硬层与冷却速度的关系

的大小，并与工件的截面尺寸和淬火介质的冷却能力有关。钢的临界冷却速度愈小，工件的淬硬层愈深。一般规定，以表面至半马氏体区（即马氏体和非马氏体组织各占一半）的距离为淬硬层深度。半马氏体组织比较容易由显微镜观察或硬度的变化来确定。半马氏体组织和马氏体一样，硬度主要与含碳量有关，并随含碳量的增加而提高，而与合金元素含量的关系不大。

对于工具钢，是以从表面到含90%～95%的马氏体区的距离作为淬硬层的深度，但因此区域组织及性能差别不明显，测量也比较困难。

淬硬性是指钢在理想条件下淬火成马氏体后所能达到的最高硬度。钢的淬硬性主要取决于钢的含碳量。淬透性和淬硬性是具有不同含义的两个概念。

（2）影响淬透性的因素　钢的淬透性主要取决于其临界冷却速度的大小，而临界冷却速度则取决于过冷奥氏体的稳定性。奥氏体越稳定，钢的淬透性越好。因此，凡是影响过冷奥氏体稳定性的因素，诸如奥氏体的化学成分（碳与合金元素的含量）、奥氏体的状态（均匀化程度、晶粒大小等）以及钢中的非金属夹杂物等，都能影响钢的淬透性。

（3）淬透性的实际应用　钢的淬透性是合理选用材料和制定热处理工艺的重要依据。选择材料主要考虑钢的力学性能，而淬透性直接影响钢在热处理后的力学性能。如图4-23所示，两种不同淬透性的钢经调质处理后，虽然硬度接近，但其他力学性能有显著区别。淬透性高的钢全部淬透，其力学性能沿截面是均匀分布的；而淬透性低的钢，心部未淬透，强度低，尤其是韧性更低。另外，淬透性高的钢，经淬火处理后，其屈强比（σ_s/σ_b）和疲劳强度也高。

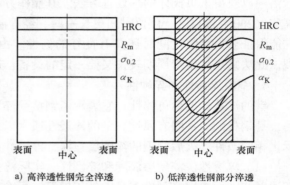

a) 高淬透性钢完全淬透　　b) 低淬透性钢部分淬透

图4-23　淬透性不同的钢调质后的力学性能

选择材料时，根据以下情况考虑钢的淬透性。

1）对于尺寸较大，承受拉力和压力并受冲击的重要零件，如螺栓、拉杆、锤杆、锻模等，常要求全部淬透，应选用淬透性高的钢。

2）对于承受弯曲、扭转的零件，如轴类零件，由于应力分布在外层，心部不要求高硬度，则只要选用淬硬深度为半径的1/2甚至1/4的钢就行了。

3）对于焊接件，不要求用淬透性高的钢种，否则焊缝热影响区易形成淬硬组织，产生裂纹。

4）对于表面热处理的钢一般不要求高的淬透性，可选用低淬透性的钢。

5）在设计中查阅手册时，要注意强度数据的试样尺寸。试样尺寸越大，淬硬深度则越小，小试样尺寸数据则偏高。

6）碳钢淬透性较低，用作大尺寸工件难以淬透，可用正火代替或用淬透性较高的合金钢。

【提示与拓展】

钢的淬透性和淬硬性是有区别的。淬硬性是指工件经过淬火后能达到的最高硬度值，主要取决于钢的含碳量。低碳钢淬火最高硬度值低，淬硬性差，而高碳钢淬火最高硬度值高，淬硬性好。淬透性则受钢中合金元素的影响很大，淬透性好的钢，淬硬性不一定高，而淬透性较差的钢淬火后可有高的硬度。

4.2.4　钢的回火

淬火钢主要组织是马氏体或残留奥氏体。这些组织很不稳定（有自发向珠光体型组织转变趋势），且马氏体硬度高、脆性大，还具有不可避免的内应力，极易变形开裂，很少直接使用，一般必须及时回火。

回火是将淬火钢加热至 A_1 以下某一温度，保温，然后冷却到室温的工艺。回火的目的是：减少或消除内应力，防止变形开裂；稳定组织，保证工件尺寸形状稳定；调整硬度，提高韧性，以获得所需要的力学性能的组织。

1. 钢在回火时的组织转变

不稳定钢的马氏体及残留奥氏体有自发向稳定组织转变的倾向。回火时加热有利于这种转变，随着回火温度升高，钢的组织也相应发生以下四种转变：马氏体分解、残留奥氏体转变、碳化物转变、渗碳体的聚集长大。一般将回火过程分为四个阶段。

第一阶段（20~200℃）马氏体中的过饱和碳开始以极细的 ε-碳化物（Fe_xC）的形式析出，并与马氏体连在一起。马氏体含碳量降低，这种马氏体和 ε-碳化物的混合组织叫回火马氏体，此时，内应力逐渐减小。

第二阶段（200~300℃）残留奥氏体转变成回火马氏体，马氏体继续分解，溶碳量更低，两种转变综合作用的结果，硬度几乎没有变化，某些钢种硬度反而略有提高。

第三阶段（250~400℃）回火马氏体中 ε-碳化物转变成稳定的颗粒状的渗碳体，马氏体本身也变为铁素体。到350℃以上时，内应力大部分消除，硬度有所降低，塑性、韧性得到提高。此时，组织为细颗粒渗碳体和铁素碳体的混合物，一般叫回火托氏体。

第四阶段（400℃以上）渗碳体颗粒逐渐长大，内应力与晶格歪扭完全消除。到500℃以上，这时的组织叫回火索氏体。回火索氏体有良好的综合力学性能。

如温度继续升高至650℃以上接近 A_1 时，渗碳体颗粒更粗大，形成硬度更低的粒状珠光体。

应当指出，回火托氏体、回火索氏体与直接由奥氏体分解（退火、正火）时的产物——托氏体、索氏体相比，具有较高的强度、塑性和韧性。主要是在回火时的渗碳体是颗粒状的，而后者是片状的。各种回火碳钢硬度与回火温度的关系见图4-24。40钢回火后的力学性能与回火温度的关系见图4-25。从图4-25可以看出，回火温度高则塑性、韧性得以提高，但强度、硬度有很大的降低。因此，过于提高塑性、韧性必然导致强度降低。

2. 回火方法及说明

根据工件回火的性能要求不同，回火加热温度分为低温、中温及高温回火三种

（1）低温回火　温度范围为150~250℃，组织为回火马氏体。目的是降低内应力、减少脆性、保持淬火后高硬度（58~62HRC）和耐磨性。低温回火一般用于碳钢和合金钢制作的工具（刃具、量具、模具等）、滚动轴承、渗碳件。

低碳马氏体回火后，不仅强度高，而且塑性、韧性也很好。

为了提高精密零件与量具的尺寸稳定性，可在100~150℃（水中、油中）长时间（可达数十小时）低温回火。这种回火叫时效处理或尺寸稳定处理。

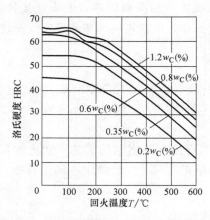

图 4-24   回火碳钢硬度与回火温度的关系   图 4-25   40 钢回火后的力学性能与回火温度的关系

(2) 中温回火   温度范围为 250 ~ 500℃，组织为回火托氏体，硬度可达 35 ~ 56HRC。主要目的是获得高弹性、高屈服点，同时保持足够韧性，如弹簧、发条、锻模及工具等。对某些钢，中温回火在 250 ~ 400℃时发生回火脆性，必须引起充分注意。

(3) 高温回火   温度范围为 500 ~ 650℃，组织为回火索氏体，硬度可达 23 ~ 35HRC。主要目的是获得既有一定强度、硬度，又有良好的冲击韧度的综合力学性能。这种淬火后进行高温回火的热处理称为调质处理，简称调质。一般用于中碳钢 $w_C = 0.3\%$ ~ 0.5% 制作的重要零件，如曲轴、连杆、齿轮轴等，也可作为某些精密零件如量具、模具等的预备热处理。

回火性能改变主要决定于回火温度。但是，以上讨论回火方法只是大致温度范围，在具体拟定工艺时，一般根据回火温度与硬度关系确定。方法有：

根据各种钢材的回火温度与硬度关系曲线或表格，这些曲线 (如图 4-24 所示) 和表格都是长期生产总结的经验数据。

亦可用经验公式，如碳素结构钢有如下公式：

回火温度(℃) = 200 + 11 × (淬火后的硬度值 HRC – 要求硬度值 HRC)

也可假定淬火后硬度值为 60HRC。

此公式适用于回火后洛氏硬度大于 30HRC 的 45 钢，如要求洛氏硬度小于 30HRC，则公式中"11"应改为"12"。

对其他成分的碳钢来说，碳的质量分数每增加或减少 0.05%，回火温度相应增加或减少 10 ~ 15℃。

上述方法只作参考，因为影响因素很多，应根据情况再作调整 (按温度每升高 100℃，硬度约降低 10HRC 估计)。

保温时间确定的基本原则，是保证热透并且让组织转变充分进行，由于回火温度较低，不能小于半小时。某些工厂对尺寸为 $\phi20$ ~ 120mm 的工件按下列数据估计：

碳素钢   1.5 ~ 2.0min/mm (电阻炉)，
               1.2 ~ 1.5min/mm (盐浴炉)；
合金钢   2.0 ~ 2.5min/mm (电阻炉)，
               1.8 ~ 2.0min/mm (盐浴炉)。

回火冷却一般对性能影响不大，大多是空冷，重要工件为防止产生应力可缓冷。合金钢为避免回火脆性往往要求快冷（水冷或油冷），为消除内应力再补充低温回火。

3. 回火脆性

淬火钢回火时，随着回火温度的升高，通常其硬度、强度降低，而塑性、韧性提高，但在 250~400℃ 及 500~600℃ 范围内回火时，钢的冲击韧度反而显著降低。这种脆化现象称为回火脆性。钢的韧性与回火温度的关系如图 4-26 所示。

在 250~400℃ 范围出现的回火脆性称低温回火脆性或第一类回火脆性。对于某些含有硅、锰、铬等元素的合金钢，在 500~600℃ 间慢冷时出现的回火脆性称高温回火脆性或第二类回火脆性。为避免回火脆性，高温回火时采用水或油快速冷却，或在钢中加入少量的钼或钨等元素，或避开此温度范围回火。

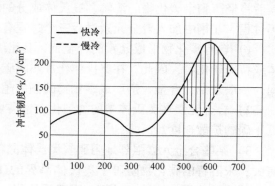

图 4-26　钢的韧性与回火温度的关系

但值得指出的是，高碳钢和合金工具钢在低温回火后本来就脆，在一般冲击试验条件下，显示不出脆性（扭转冲击试验才能显示）。而且试验表明，在低温回火脆性区抗弯强度达到最大值。中碳结构钢如 40 钢，多冲抗力峰值也产生在回火温度 320℃ 左右。因此，高碳钢、合金工具钢甚至碳素结构钢选择回火温度并不一定要避开脆性温度。对于承受弯矩的工具，在此温度回火不仅无害，反而有益。例如高碳钢制的冲头、锤子等，在此温度范围回火性能最好；又如 45 钢制的农具（锄头、锹、镐），甚至一定情况下某些机械零件如小轴、齿轮等在此温度范围回火，均能得到较好的使用性能。所以，对回火脆性既要慎重对待又要具体分析。

【提示与拓展】

回火时间一般为 1~3h，回火冷却一般为空冷。一些重要的机器和工模具，为了防止重新产生内应力和变形、开裂，通常采用缓慢的冷却方式。对于有高温回火脆性的钢件，回火后应进行油冷或水冷，以抑制回火脆性。

问题3　现在所用的钢铁材料中有许多是添加了合金元素的合金钢，这些合金元素对钢的性能有何不同的影响？

4.3　合金元素对钢的影响

随着现代工业和科学技术的不断发展，在机械制造中，对工件的强度、硬度、韧性、塑性、耐磨性以及其他各种物理化学性能的要求越来越高，碳钢已不能完全满足这些要求了，原因是：

（1）由碳钢制成的零件尺寸不能太大　尺寸过大会因淬透性不够而不能满足对强度与塑性、韧性的要求，加入合金元素可增大淬透性。

（2）用碳钢制成的切削刀具不能满足切削热硬性的要求　切削工具多选用合金工具钢、

高速钢和硬质合金。

（3）碳钢不能满足特殊性能的要求　如要求耐热、耐低温、抗腐蚀、有强烈磁性或无磁性等等，只有特种的合金钢才能具有这些性能。

1. 合金元素对热处理的影响

（1）合金元素对奥氏体化的影响　奥氏体晶粒在铁素体与碳化物边界处生核并长大，其后将经历剩余碳化物的溶解，奥氏体成分的均匀化，在高温停留时奥氏体晶粒的长大粗化等过程。在钢中加入合金元素对后三个过程有较大的影响。

1）含有碳化物形成元素的合金钢，其组织中的碳化物，是比渗碳体更稳定的合金渗碳体或特殊碳化物，因此，在奥氏体化加热时碳化物较难溶解，即需要较高的温度和较长的时间。一般来说，合金元素形成碳化物的倾向越强，其碳化物也越难溶解。

2）合金元素在奥氏体中的均匀化，也需要较长时间，因为合金元素的扩散速度，均远低于碳的扩散速度。

3）某些合金元素强烈地阻碍着奥氏体晶粒的粗化过程，这主要与合金碳化物很难溶解有关，未溶解的碳化物阻碍了奥氏体晶界的迁移，因此，含有较强的碳化物形成元素（如钼、钨，钒，铌、钛等）的钢，在奥氏体化加热时，易于获得细晶粒的组织。

（2）各合金元素对奥氏体晶粒粗化过程的影响，一般可归纳如下。

1）强烈阻止晶粒粗化的元素：钛、铌、钒、铝等，其中以钛的作用最强。

2）钨、钼、铬等中强碳化物形成元素，也显著地阻碍奥氏体晶粒粗化过程。

3）一般认为硅和镍也能阻碍奥氏体晶粒的粗化，但作用不明显。

4）锰和磷是促使奥氏体晶粒粗化的元素。

（3）合金元素对奥氏体分解转变的影响　多数合金元素使奥氏体分解转变的速度减慢，即等温转变图曲线向右移，也就是提高了钢的淬透性，如图4-27所示。合金元素对马氏体转变的影响，一般是增加冷却时间，降低冷却速度。

另外，合金元素对马氏体开始转变温度（M_s点）也有明显的影响。多数合金元素均使马氏体开始转变温度（M_s点）降低，其中锰、铬、镍的作用最为强烈，只有铝、钴是提高M_s点。合金元素对M_s点的影响如图4-28所示。

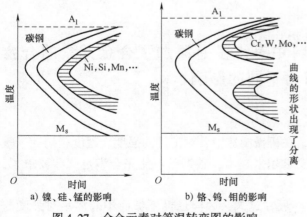

图4-27　合金元素对等温转变图的影响

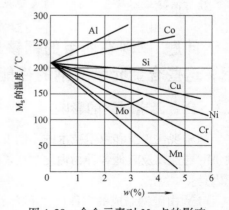

图4-28　合金元素对M_s点的影响

2. 合金元素对回火转变的影响

合金元素对淬火钢回火转变的影响主要有下列三个方面。

（1）提高钢的回火稳定性　这主要表现为合金元素在回火过程中推迟了马氏体的分解和残留奥氏体的转变，提高了铁素体的再结晶温度，使碳化物难以聚集长大而保持较大的弥散度，从而提高了钢对回火软化的抗力，即提高了钢的回火稳定性。

（2）产生二次硬化　一些合金元素加入钢中，在回火时，钢的硬度并不是随回火温度的升高一直降低的，而是在达到某一温度后，硬度开始增加，并随着回火温度的进一步提高，硬度也进一步增大，直至达到峰值，这种现象称为回火过程的二次硬化。钼对合金钢回火过程二次硬化的影响如图 4-29 所示。

回火二次硬化现象与合金钢回火时析出物的性质有关。当回火温度低于约 450℃ 时，钢中析出渗碳体，在 450℃ 以上渗碳体溶解，钢中开始沉淀析出弥散稳定的难熔碳化物 Mo_2C、VC 等，使钢的硬度开始升高，在 550~600℃ 左右沉淀析出过程完成，钢的硬度达到峰值。

（3）增大回火脆性　钢在回火过程中出现的第一类回火脆性（250~400℃ 回火）即回火马氏体脆性第二类回火脆性（450~600℃ 回火）即高温回火脆性，均与钢中存在的合金元素有关。

3. 合金元素对氧化与腐蚀的影响

一些合金元素加入钢中能在钢的表面形成一层完整的、致密而稳定的氧化保护膜，从而提高了钢的抗氧化能力。最有效的合金元素是铬、硅和铝。

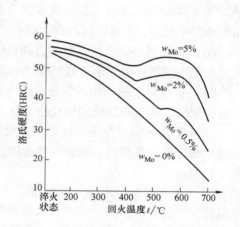

图 4-29　合金钢（$w_C = 0.35\%$）回火过程的二次硬化示意图

但钢中硅、铝的含量较多时钢材变脆，因而它们只能作为辅加元素，一般都以铬为主加元素，以提高钢的抗氧化性。

钢中加入少量的铜、磷等元素，可提高低合金高强度钢的耐大气腐蚀。

4. 几种常用合金元素在钢中的作用

为了合金化而加入的合金元素，最常用的有硅、锰、铬、镍、钼、钨、钒、钛、铌、硼、铝等。现分别说明它们在钢中的作用。

（1）硅在钢中的作用　在炼钢过程中加硅作为还原剂和脱氧剂，所以镇静钢含有 0.15%~0.30% 的硅。如果钢中硅的质量分数超过 0.50%~0.60%，硅就算合金元素。硅能显著提高钢的弹性极限、屈服点和抗拉强度，故广泛用于弹簧钢。在调质结构钢中加入 1.0%~1.2% 的硅，强度可提高 15%~20%。硅和钼、钨、铬等结合，有提高抗腐蚀性和抗氧化的作用。可制造耐热钢。硅的质量分数为 1%~4% 的低碳钢，具有极高的磁导率，用于电器工业做硅钢片。硅量增加，会降低钢的焊接性能。

（2）锰在钢中的作用　在炼钢过程中，锰是良好的脱氧剂和脱硫剂。一般钢中锰的质量分数为 0.30%~0.50%。在碳素钢中加入 0.70% 以上时就算"锰钢"，较一般的钢不但有足够的韧性，且有较高的强度和硬度。

锰能提高钢的淬透性，改善钢的热加工性能，如 16Mn 钢比 Q235 钢屈服点高 40%。锰的质量分数为 11%~14% 的钢有极高的耐磨性，用于挖土机铲斗、球磨机衬板等。锰量增高，减弱钢的抗腐蚀能力，降低焊接性能。

(3) 铬在钢中的作用　在结构钢和工具钢中，铬能显著提高强度、硬度和耐磨性，但同时降低塑性和韧性。铬又能提高钢的抗氧化性和耐腐蚀性，因而是不锈钢、耐热钢的重要合金元素。

(4) 镍在钢中的作用　镍能提高钢的强度，而又保持良好的塑性和韧性。镍对酸碱有较高的耐腐蚀能力，在高温下有防锈和耐热能力。但由于镍是我国较稀缺的资源，故应尽量采用其他合金元素代用镍。

(5) 钼在钢中的作用　钼能使钢的晶粒细化。提高淬透性和热强性能，在高温时保持足够的强度和抗蠕变能力（长期在高温下受到应力而发生变形，称蠕变）。结构钢中加入钼，能提高力学性能。还可以抑制合金钢由于回火而引起的脆性。在工具钢中可提高热硬性。

(6) 钨在钢中的作用　钨熔点高，比重大。钨与碳形成碳化钨有很高的硬度和耐磨性。在工具钢中加钨，可显著提高热硬性和热强性，可做切削工具及锻模具用。

(7) 钒在钢中的作用　钒是钢的优良脱氧剂。钢中加0.5%的钒可细化组织晶粒，提高强度和韧性。钒与碳形成的碳化物在高温高压下可提高抗氢腐蚀能力。

(8) 钛在钢中的作用　钛是钢中强脱氧剂。它能使钢的内部组织致密，细化晶粒，降低时效敏感性和冷脆性，改善焊接性能。在Cr18Ni9奥氏体不锈钢中加入适当的钛，可避免晶间腐蚀。

(9) 铌在钢中的作用　铌能细化晶粒和降低钢的过热敏感性及回火脆性，提高强度，但塑性和韧性有所下降。在普通低合金钢中加铌，可提高抗大气腐蚀及高温下抗氢、氮、氨腐蚀能力。铌可改善焊接性能。在奥氏体不锈钢中加铌，可防止晶间腐蚀现象。

(10) 硼在钢中的作用　钢中加入微量的硼就可改善钢的致密性和热轧性能，提高强度。

(11) 铝在钢中的作用　铝是钢中常用的脱氧剂。钢中加入少量的铝，可细化晶粒，提高冲击韧度，如作深冲薄板的08A钢。铝还具有抗氧化性和抗腐蚀性能。铝与铬、硅合用可显著提高钢的高温不起皮性能和耐高温腐蚀的能力。铝的缺点是影响钢的热加工性能、焊接性能和切削加工性能。

【提示与拓展】
　　硫、磷击沉了"泰坦尼克号"。公元1912年初，英国制造的"泰坦尼克"号超级豪华巨轮建成下水，首航途中撞冰山沉没。据说制造上述巨轮的钢材是当时最好的，这是一种含硫量高的钢材，此外其所用的欧洲铁矿90%以上含磷，并且很难除去。硫、磷都是有害杂质。硫使金属晶粒粗大变脆，磷、砷、铝在钢中生成低熔点共晶物增加钢的热脆性，或从熔体析出，使材料在焊接中开裂。而氧、氮、氢等气体在钢中生成氧化物夹杂，使材料疲劳而破坏。硅在钢中形成多种形态的脆性物质，硅-铁合金硬而脆。氢的溶入导致脆性增加，使转轴容易扭断。

　　高强度合金钢应该是低含碳量，这有可能提高焊缝的韧性和硬度。添加微量元素于钢中可细化晶粒并提高强度和韧性与可加工性，由此而采用快速冷却的热轧工艺，严格控制夹杂物的形态和浓度。船用不锈钢一般是铬的质量分数为11%~12%的铁基合金或铬-镍合金，这是一种马氏体或奥氏体不锈钢，只有它才能有效抵抗酸碱气体和海水的腐蚀。但从打捞起来的船钉来看，其长10cm，端口有平行黑色条纹，呈玻璃颗粒状夹杂，其杂质含量超过9%。

由于冰山撞破船底及侧舷板，同时划开 6 个裂口，海水汹涌灌入舱房，使船体迅速倾斜。船内一切重物因固定螺钉失效而滑向船头，人和物更是如此。于是船头重量骤增，船尾越翘越高，庞大的船体结构（也称龙骨）已经无法承受如此巨大的弯矩，于是顷刻崩断。因为高硫钢缺少延展性，在冰冷（-2℃）的海水中不会收缩，一经冰山撞击，立即如玻璃一样迸裂四散，碎片如雨，仅仅在两小时之内人船俱沉，一片凄凉。

问题4 与钢相比，铸铁的热处理工艺有何特点？

4.4 铸铁的热处理

铸铁的化学成分中碳可以化合的渗碳体存在，亦可以游离的石墨存在。机械制造使用的工业铸铁中，碳主要以游离的石墨存在。铸铁的热处理和钢的热处理有相同之处，也有不同之处。铸铁的热处理一般不能改善原始组织中石墨的形态和分布状况。对灰铸铁来说，由于片状石墨所引起的应力集中效应是对铸铁性能起主导作用的因素，因此对灰铸铁施以热处理的强化效果远不如钢和球墨铸铁那样显著。故灰铸铁热处理工艺主要为退火、正火等。对于球墨铸铁来说，由于石墨呈球状，对基体的割裂作用大大减轻，通过热处理可使基体组织充分发挥作用，从而可以显著改善球墨铸铁的力学性能。故球墨铸铁像钢一样，其热处理工艺有退火、正火、调质、多温淬火、感应加热淬火和表面化学热处理等。

4.4.1 灰铸铁的热处理

1. 消除应力退火

由于铸件壁厚不均匀，在加热，冷却及相变过程中，会产生效应力和组织应力。另外大型零件在机加工之后其内部也易残存应力，所有这些内应力都必须消除。去应力退火通常的加热温度为 500～550℃，保温时间为 2～8h，然后炉冷（灰铸铁）或空冷（球墨铸铁）。采用这种工艺可消除铸件内应力的 90%～95%，但铸铁组织不发生变化。若温度超过 550℃或保温时间过长，反而会引起石墨化，使铸件强度和硬度降低。表 4-5 为一些灰铸铁件的去应力退火规范，供参考。

表 4-5 一些灰铸铁件的去应力退火规范

铸件类别	铸件质量 /t	铸件厚度 /mm	热处理规范					
			装炉温度 /℃	加热速度/ (℃/h)	退火温度 /℃	保温时间 /h	冷却速度 /(℃/h)	出炉温度/℃
鼓风机机架等具有复杂外形并要求精确尺寸的铸件	>1.5	>70	200	75	500～550	9～10	20～30	<200
		40～70	200	70	450～500	8～9	20～30	<200
		<40	150	60	420～450	5～6	30～40	<200
机床床身等类似铸件	>2.0	20～80	<150	30～60	500～550	3～10	30～40	180～200
较小型机床铸件	<0.10	<60	200	100～150	500～550	3～5	20～30	150～200
筒形结构简单铸件	<0.30	10～40	90～300	100～150	550～600	2～3	40～50	<200
纺织机械等小型铸件	<0.05	<15	150	50～70	500～550	1.5	30～40	150

2. 软化退火

在铸件的表面或薄壁处，由于冷却速度较快，容易产生白口铸铁组织，硬度高，切削加工困难，需进行软化退火处理，即将铸铁缓慢加热到 $800\sim950℃$，保持一定时间（一般为 $1\sim3h$），使渗碳体分解，然后随炉冷却到 $400\sim500℃$ 出炉空冷。

3. 表面淬火

表面淬火的目的是提高铸件工作表面的硬度和耐磨性。常用的表面淬火方法有火焰淬火、高频和中频感应淬火、电接触淬火等，如对机床导轨进行中频感应淬火可显著提高其耐磨性。

【提示与拓展】

普通灰铸铁去应力退火的加热温度为 $550℃$。当铸铁中含有稳定基体组织的合金元素时，可适当提高去应力退火温度。低合金灰铸铁为 $600℃$，高合金灰铸铁可提高到 $650℃$。加热速度一般为 $60\sim100℃/h$。保温时间可按以下经验公式计算：$H=$ 铸件厚度$/25+H'$，式中铸件厚度的单位是毫米，保温时间的单位是小时，H' 在 $2\sim8$ 范围里选择。形状复杂和要求充分消除应力的铸件应取较大的 H' 值。随炉冷却速度应控制在 $30℃/h$ 以下，一般铸件冷至 $150\sim200℃$ 出炉，形状复杂的铸件冷至 $100℃$ 出炉。

4.4.2　球墨铸铁的热处理

由于球墨铸铁基体组织与钢相同，球状石墨又不易引起应力集中，因此它具有较好的热处理工艺性能。凡是钢可以采用的热处理，在理论上对球墨铸铁都适用。常用的热处理方法有以下几种。

1. 退火

退火的目的是为了获得高塑性、韧性的铁素体球墨铸铁。如汽车、拖拉机的底盘铸件需进行退火处理。

2. 正火

正火的目的是增加基体组织中珠光体的含量，并使其细化，提高铸铁的强度、硬度和耐磨性，如发动机的缸套、滑座和轴套等铸件均要进行正火。

此外，还能将铸态珠光体球墨铸铁进行调质和等温淬火，以获得高的强度和硬度，但是都只适用于小件。

4.4.3　球墨铸铁的正火

球墨铸铁正火的目的是为了获得珠光体基体组织，并细化晶粒，均匀组织，以提高铸件的力学性能。有时正火也是球墨铸铁表面淬火在组织上的准备。正火分高温正火和低温正火，高温正火温度一般不超过 $950\sim980℃$，低温正火一般加热到共析温度区间 $820\sim860℃$。正火之后一般还需进行回火处理，以消除正火时产生的内应力。

4.4.4　球墨铸铁的淬火及回火

为了提高球墨铸铁的力学性能，一般铸件加热到 A_{fc1} 以上 $30\sim50℃$，保温后淬入油中，得到马氏体组织。为了适当降低淬火后的残余应力，一般淬火后应进行回火。低温回火组织为回火马氏体加残留贝氏体再加球状石墨，这种组织耐磨性好，用于要求高耐磨性，高强度的零件。中温回火温度为 $350\sim500℃$，回火后组织为回火托氏体加球状石墨，适用于要求耐磨性好、具有一定稳定性和弹性的厚件。高温回火温度为 $500\sim600℃$，回火后组织为回火索氏体加球状石墨，具有韧性和强度结合良好的综合性能，因此在生产中广泛应用。表4-6 为球墨铸铁的淬火及回火工艺。

表 4-6　球墨铸铁的淬火及回火工艺

工序	说　明
淬火	1) 完全奥氏体化后淬火 一般加热到 A_{c1}（加热时共析转变温度）上限以上 30 ~ 50℃，普通球墨铸铁 850 ~ 880℃，淬火后为马氏体组织，再回火。硬度高于 50HRC，$\alpha_K = 10 ~ 20J/cm^2$ 2) 部分奥氏体化后淬火 加热到共析转变温度范围内（即加热时共析转变的上、下限之间），淬火后为马氏体和少量分散分布的铁素体，再回火。270 ~ 350HBW，$\alpha_K = 20 ~ 40J/cm^2$

工序	说　明
回火	1) 低温回火（140 ~ 250℃） 马氏体开始分解，析出碳化物微粒，成为回火马氏体（即含碳量比淬火马氏体少的马氏体）。最终组织为细针状回火马氏体 + 残余奥氏体 + 球墨 降低残余应力和脆性，保持高硬度和耐磨性 2) 中温回火（350 ~ 500℃） 马氏体分解结束，形成铁素体和细小弥散渗碳体质点的混合组织，称为回火托氏体或托氏体 弹性高，韧性好。仅用于废气涡轮的球墨铸铁密封环，其他应用很少 3) 高温回火（500 ~ 600℃，一般 550 ~ 600℃） 马氏体析出的渗碳体显著地聚集长大，称为回火索氏体或索氏体。调质（淬火加高温回火）后，综合性能良好：高塑性、高韧性、高强度。应用较多

铜钼球墨铸铁淬火马氏体，再不同温度回火时，组织变化如下表

回火温度/℃	组织与性能
550 ~ 560	索氏体，保留淬火马氏体痕迹，针状均布。强度高，脆性大
570 ~ 580	针状组织与针间马氏体分解物（碳化物）颗粒粗化，均布。综合性能较理想
600 左右	马氏体分解在原石墨四周，由于渗碳体过热分解，使索氏体严重粗化，针叶间仅残留极少而近消失的细小点状渗碳体粒
≥600	珠光体充分分解，针状组织消失，变成铁素体 + 石墨

4.4.5　球墨铸铁的多温淬火

球墨铸铁经等温淬火后可以获得高强度，同时兼有较好的塑性和韧性。多温淬火加热温度的选择主要考虑使原始组织全部奥氏体化，不残留铁素体，同时也避免奥氏体晶粒长大。加热温度一般采用 A_{fc1} 以上 30 ~ 50℃，等温处理温度为 0 ~ 350℃ 以保证获得具有综合力学性能的下贝氏体组织。稀土镁铝球墨铸铁等温淬火后 $\alpha_K = 1200 ~ 1400MPa$，$\alpha_K = 3 ~ 3.6J/cm^2$，47 ~ 51HRC。但应注意等温淬火后再加一道回火工序。

4.4.6　表面淬火

为了提高某些铸件的表面硬度、耐磨性及疲劳强度，可采用表面淬火。灰铸铁及球墨铸铁铸件均可进行表面淬火。一般采用高（中）频感应加热表面淬火和电接触表面淬火。

4.4.7　化学热处理

对于要求表面耐磨或抗氧化、耐腐蚀的铸件，可以采用类似于钢的化学热处理工艺，如气体软氯化、氯化、渗硼、渗硫等处理。

【提示与拓展】

在球墨铸铁、蠕墨铸铁和灰铸铁生产中，等温淬火工艺主要用来获得贝氏体加残留奥氏体基体组织。其工艺是将铸铁加热到奥氏体化温度，保温后进行等温淬火。提高奥氏体化温度，会提高奥氏体含碳量，使形成上贝氏体的下限温度降低，有利于形成上贝氏体组织。增加奥氏体化保温时间，会提高奥氏体的稳定性，有利于保留一定数量的残留奥氏体，从而改

善材料的韧性。等温淬火温度要根据等温转变图确定。等温淬火时间过长会析出碳化物，降低材料的韧性；过短则贝氏体量不足。加入一定的合金元素，诸如钼、铜、镍可提高淬透性。

问题5　众所周知，将碳素钢加热急冷（淬火），可增强钢的强度，那么非铁金属如何强化？

4.5　非铁金属的热处理

4.5.1　铝及铝合金的热处理

　　纯铝的强度低，不适宜作结构材料。为了提高其强度，在纯铝中加入硅、铜、镁、锰等合金元素，形成铝合金。根据成分和加工工艺特点，铝合金可分为变形铝合金和铸造铝合金。铝合金的分类如图 4-30 所示。工程上常用的铝合金大都具有与图 4-30 类似的相图。

　　凡位于相图上 D 点成分以左的合金，在加热至高温时能形成单相固溶体组织，塑性变形能力好，适合于冷热加工（如轧制、挤压、锻造等）而制成类似半成品或模锻件，所以称为变形铝合金。变形铝合金中成分低于 F 的合金，因不能进行热处理强化，称为不能热处理强化的铝合金；成分位于 F、D

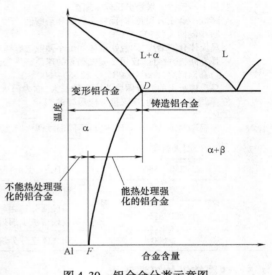

图 4-30　铝合金分类示意图

之间的合金，可进行固溶和时效强化，称为能热处理强化的铝合金。

　　凡位于 D 点成分以右的合金，因含有共晶组织，熔液流动性好，收缩性好，抗热裂性高，具有良好的铸造性能，可直接浇铸在砂型或金属型内制成各种形状复杂甚至薄壁的零件或毛坯，所以称为铸造铝合金。

　　1. 变形铝合金的热处理

　　（1）退火　退火的目的是消除冷变形产生的残余应力，加热温度一般为 200～300℃。消除加工硬化，应进行中间退火，加热温度在再结晶温度以上，一般为 350～415℃。

　　（2）淬火与时效　众所周知，对于含碳量较高的钢，经淬火后立即获得很高的硬度，而塑性则很低。然而对铝合金并不然，铝合金淬火后，强度与硬度并不立即升高，至于塑性非但没有下降，反而有所上升。但这种淬火后的铝合金，放置一段时间（如 4～6 昼夜后），强度和硬度会显著提高，而塑性则明显降低。淬火后铝合金的强度、硬度随时间增长而显著提高的现象，称为时效。时效可以在常温下发生，称自然时效，也可以在高于室温的某一温度范围（如 100～200℃）内发生，称人工时效。

　　铝合金的淬火温度一般在 500℃ 左右，温度范围很窄，一般允许温度波动范围在 5～15℃。淬火目的是暂时软化以利于进行弯曲、拉拔等冷变形加工，而经时效处理能获得高的强度与足够的塑性。

2. 铸造铝合金的热处理

除 ZL102、ZL302 外，其他铝合金均能热处理强化。与变形铝合金相比，由于铸造铝合金的组织粗大，偏析严重，所以，淬火加热温度一般比较高，保温时间比较长，一般均在15 ~ 20h。此外，因铸件的形状比较复杂，壁厚不均匀，为防止淬火时引起变形和开裂，一般采用 60 ~ 100℃ 水作淬火介质，最后根据需要采用人工时效处理。

3. 铝合金热处理操作的准备工作

（1）凡需要热处理的铝合金工件，表面必须洁净、无油污及其他腐蚀性物质。

（2）合金的退火、淬火可在带有自动控温装置的 RJJ 型、RJX 型空气炉或专用的硝盐浴中进行。人工时效应在恒温箱中进行。加热炉炉温的准确性应在 ±10℃ 以内；用于淬火的温度准确性应在 ±5℃ 以内。

（3）工件应整齐排列，装入洁净的铁箱、铁盘或筐篮中。对变形要求严的工件可装入夹具退火。

4. 铝合金热处理操作的工艺规范

（1）退火

1）退火可以在低于退火温度或直接放入退火温度的炉内加热。

2）常用变形铝合金的退火规范参见表 4-7。

表 4-7　常用变形铝合金的退火规范

合金牌号	低温退火		中间退火		完全软化退火	
	温度/℃	冷却剂	温度/℃	冷却剂	温度/℃	冷却剂
1070A ~ 1200	180 ~ 230	空气	380 ~ 420	空气	480 ~ 500	空冷或炉冷
3A21	230 ~ 260	空气	360 ~ 400	空气		
5A02	150 ~ 180	空气	360 ~ 400	空气		
2A11			350 ~ 370	空气	390 ~ 410	以 30 ~ 50℃/h 冷至 250℃ 以下空冷
2A12			350 ~ 370	空气	390 ~ 430	以 30℃/h 冷至 150℃ 以下空冷
7A04			290 ~ 320	空气		
2A50			350 ~ 400	空气		
6A02			380 ~ 420	空气		
2A14			390 ~ 410	空气		

3）退火的保温时间与工件厚度、装炉量、加热方法等因素有关。退火保温时间可参见表 4-8。

（2）淬火与时效

1）铝合金的淬火温度范围很窄。温度过低将得不到较高强度；温度过高易引起过烧而出现废品，因此必须准确测量与控制淬火温度。

2）淬火与时效一般可直接放入淬火温度与时效温度的炉内加热。

3）常用变形铝合金的淬火时效规范参见表 4-9。

4）淬火保温时间主要由工件厚度与加热方法决定，同时应考虑材料的状态、装炉量及选用的淬火温度等因素的影响。常用变形铝合金的淬火保温时间参见表 4-10。

表 4-8 铝合金的退火保温时间

材料厚度/mm	保温时间/min		
	箱式电炉	空气循环电炉	硝盐炉
0.3 ~ 3.0	40 ~ 50	30 ~ 40	10 ~ 15
3.0 ~ 6.0	60 ~ 80	50 ~ 60	20 ~ 25
6.0 ~ 10.0	90 ~ 110	70 ~ 80	30 ~ 40
10.10 ~ 20.00	110 ~ 130	80 ~ 100	40 ~ 50
20.10 ~ 50.00	130 ~ 160	100 ~ 120	50 ~ 60

表 4-9 常用变形铝合金淬火时效规范

合金牌号	淬火		时效			硬度 HBW(参考值)
	温度/℃	淬火介质	温度/℃	时间/h	淬火介质	
2A11	495 ~ 505		室温	4 × 24		≥100
2A12	490 ~ 500		室温	4 × 24		≥150
2A10	495 ~ 510		75 ± 5	24		
2A16	525 ~ 540		170 ± 5	14		
7A04	465 ~ 475	水	120 ± 5	24	空气	≥150
6A02	510 ~ 530		155 ± 5	6 ~ 10		95
2A50	505 ~ 515		155 ± 5	12 ~ 15		≥106
2B50	500 ~ 520		155 ± 5	8 ~ 15		
2A70	525 ~ 540		185 ± 5	8 ~ 12		108
4A11	490 ~ 505		160 ± 5	6 ~ 15		110

表 4-10 常用变形铝合金的淬火保温时间

材料厚度/mm	保温时间/min	
	空气循环电炉	硝盐炉
1	5 ~ 10	3 ~ 5
1.1 ~ 2.5	10 ~ 20	3 ~ 10
2.6 ~ 5	20 ~ 30	10 ~ 15
5.1 ~ 10	30 ~ 40	15
10.1 ~ 20	40 ~ 50	20 ~ 25
20	1.5/mm + 20	0.7/mm + 10

5) 变形铝合金的淬火必须进行快冷, 且操作应迅速。一般工件的转移时间, 夏天不超过 15s, 冬天还应短些。小薄件的转移时间不应超过 10s。冷却水的温度应控制, 一般工件的水温应低于 40℃。复杂工件为防止淬火变形, 其水温可提高到 80℃。

5. 铝合金热处理的操作要点

(1) 当采用 RJX 型箱式电炉作铝合金的淬火加热时, 工件应与发热体相距不小于 100mm, 并不得让发热体的热量直接辐射给工件, 应尽量采取均温措施, 其淬火温度应取表 4-9。

(2) 对于自然时效能强化的铝合金, 必须在孕育期 (铝合金强化效果还不明显的时效初期阶段) 内进行冷变形加工或整形, 超过孕育期后铝合金强化而难以进行冷变形加工。

几种常用铝合金的孕育期：2A11、7A04、6A02 及 2A14 等约为 2h。

（3）对于人工时效能强化的合金，从强化到人工时效的时间间隔一般不超过 4h，否则会影响合金的强化效果。

6. 铝合金热处理的质量检验

（1）零件表面不准有浓缩的油污、腐蚀斑点、结瘤、发黑、微裂纹和起泡等缺陷。

（2）抽检淬火零件的晶界处不应发毛变粗（轻度过烧的特征），更不允许基体上出现球状或三角形共晶体（严重过烧的特征）。

（3）淬火时效的零件，应按图样技术条件或表 4-9 抽检硬度。

【提示与拓展】

铝在 1886 年以前比黄金还贵重。因为那时的铝是用金属钠还原氧化铝来制取的，成本极高，直到电解铝法实际应用于生产后，铝才得以广泛使用。众所周知，将碳素钢加热急冷（淬火），可以增强钢的强度。当时人们也试图用此法将铝强化。1906 年，柏森的冶金学家维尔姆接受了这项研究任务。他所研究的这种铝合金即是后来闻名于世界的硬铝（杜拉铝），这种铝合金含有 4.5%（质量分数）的铜，0.5% ~ 1.0%（质量分数）的镁和 0.5%（质量分数）的锰。维尔姆在多次试验中，把类似这种成分的铝合金加热到几乎开始熔化时接着进行水淬，然而强度并未增大。有一次，维尔姆把一些经过这种热处理后的样品交给他的实验员进行试验。不过，当时正好是星期六，天气晴朗，于是实验员决定把这次试验拖到下星期进行。到了星期一，原来在温室条件下放了两昼夜的样品已经得到了相当高的强度。于是维尔姆做出正确的结论，他认为，硬铝是在淬火之后经一段时间发生硬化的，这种过程称为"时效"。

4.5.2　铜及铜合金的热处理：

纯铜的强度不高，抗拉强度仅为 230 ~ 240MPa。虽然采用冷作硬化的方法可以使抗拉强度提高到 400 ~ 500 MPa，但此时断后伸长率却急剧下降，所以要满足制作结构件的要求，必须对纯铜进行合金化。下面分别以黄铜和铍青铜为例说明。

1. 黄铜的热处理

因为铜无同素异构转变，所以普通黄铜的强化不能通过热处理实现。黄铜的主要热处理是低温退火和再结晶退火。

（1）低温退火　低温退火的目的是消除应力，防止黄铜的应力腐蚀开裂和工件加工时发生变形。退火温度为 260 ~ 300℃，保温 1h。

（2）再结晶退火　再结晶退火的目的是消除加工硬化和恢复塑性，为下道冷加工工序做准备。常用的再结晶退火温度为 550 ~ 650℃

2. 铍青铜的热处理

铍青铜是一种用途极广的沉淀硬化型合金，它的热处理为固溶加时效。经固溶及时效处理后，强度可达 1250 ~ 1500MPa。其热处理特点是：固溶处理后具有良好的塑性，可进行冷加工变形。在进行时效处理后，具有极好的弹性，同时硬度、强度也得到提高。

（1）铍青铜的固溶处理　一般固溶处理的加热温度在 780 ~ 820℃之间，对用作弹性组件的材料，采用 760 ~ 780℃，主要是防止晶粒粗大影响强度。固溶处理炉温均匀度应严格控制在 ±5℃。保温时间一般可按 1h/25mm 计算。铍青铜在空气或氧化性气氛中进行固溶加热处理时，表面会形成氧化膜，虽然对时效强化后的力学性能影响不大，但会影响其冷加工时工模具的使用寿命。为避免氧化，应在真空炉或氨分解、惰性气体、还原性气氛（如氢气、一氧化碳等）中加热，从而获得光亮的热处理效果。此外，还要注意尽量缩短转移时间（淬水时），否则会影响时效后的力学性能。薄形材料不得超过 3s，一般零件不超过 5s。淬火介质一般采用水（无加热的要求），当然对形状复杂的零件为了避免变形也可采用油。

（2）铍青铜的时效处理　铍青铜的时效温度与铍的含量有关，铍的质量分数小于 2.1% 的合金均宜进行时效处理。对于铍的质量分数大于 1.7% 的合金，最佳时效温度为 300 ~ 330℃，保温时间 1 ~ 3h（根据零件形状及厚度）。铍的质量分数低于 0.5% 的高导电性电极合金，由于熔点升高，最佳时效温度为 450 ~ 480℃，保温时间 1 ~ 3h。近年来还发展出了双级和多级时效，即先在高温短时时效，而后在低温下长时间保温时效，这样做的优点是性能提高但变形量减小。为了提高铍青铜时效后的尺寸精度，可采用夹具夹持进行时效，有时还可采用两段分开时效处理。铍青铜丝带材供料时，已经过固溶处理和冷拉加工，弹簧成形后再进行时效处理，使铍呈弥散状态的晶界周围析出，从而材料强度提高。表 4-11 所列为铍青铜时效规范和时效前后抗拉强度对比。

表 4-11　铍青铜时效规范和时效前后抗拉强度对比

供 料 状 态	时效温度 /℃	保温时间 /min	抗拉强度，R_{m}/MPa	
			时效前	时效后
软（M）	315 ± 15	180	372 ~ 558	2 > 1029
硬（Y）	315 ± 15	120	568 ~ 784	2 > 1176
硬（Y）	315 ± 15	60	>784	>1274

3. 铜及铜合金的退火工艺

（1）目的及应用　本工艺适用于铜及铜合金的冷硬材料、半成品、零件和铸件的退火。

1）低温退火　消除用黄铜制造的冷硬零件或半成品在应力状态下的季节性破裂，并减少应力、稳定尺寸，提高经冷冲压成形或冷卷绕成形弹簧的弹性。

2）软化退火　消除工件在加工过程中产生的冷作硬化，恢复塑性，以利继续加工，并作为硬态材料的软化退火。

3）扩散退火　主要用作改善铜锡合金铸件的铸造偏析，提高铸件的力学性能。

（2）准备工作

1）凡退火的零件、半成品或原材料，其表面应洁净无油污及其他腐蚀性物质。

2）退火应在带有自动控温装置的箱式电炉或空气循环电炉中进行。

3）对形状复杂的薄壁零件、细长杆等易变形零件或对变形量有严格要求的退火件必须排列整齐或装夹具进行退火。

4）为了减少纯铜退火件的高温氧化，零件可装入盛有旧铸铁屑或焙烧过的硅砂铁箱中进行密封退火，保温后取出铁箱空冷至 200℃ 以下再开箱取出零件。

5）为了避免黄铜退火件的高温氧化或脱锌现象，黄铜件退火可在含微氧的氮气或净化的氨分解气氛中退火。

（3）退火规范

1）低温退火温度　低温退火的温度一般为 250 ~ 300℃。

2）软化退火的温度　变形铜合金软化退火温度参见表 4-12。原材料、冷挤压坯料或形状简单不易产生变形的半成品, 退火温度应取上限; 形状复杂、厚薄不均、薄壁零件及细长杆之类易变形零件或材料, 其退火温度应取下限。纯铜制作拉深件应取退火温度的下限。铸件扩散退火的温度、对照相应的牌号, 可参照表 4-12 的上限温度进行。

   3) 保温时间的选择   低温退火的保温时间应根据装炉量及零件厚度而定, 一般取 2 ~ 4h。软化退火的保温时间以保证完成再结晶过程为原则, 一般取 1 ~ 2h, 有效厚度小于 2mm 的零件, 一般取 30 ~ 60min。扩散退火的保温时间一般取 3 ~ 5h。

   4) 冷却方法   凡是低温退火均采用空冷。纯铜原材料或半成品(如铜丝、铜板、铜棒及铜管等)经软化退火后一般采用空冷, 为了去除氧化皮也可采用水冷。黄铜及青铜的原材料、半成品或零件经软化退火后一般采用空冷。铜合金铸件经扩散退火后一般采用炉冷, 但锡青铜铸件经扩散退火后应水冷。

表 4-12   变形铜合金软化退火温度

合金名称	合金牌号	退火温度/℃	参考布氏硬度 HBW
工业纯铜	T1 ~ T4	450 ~ 650	
普通黄铜	H62、H68	520 ~ 650	56
铅黄铜	HPb59-1	540 ~ 650	
锰黄铜	HMn58-2	550 ~ 650	
硅黄铜	HSi80-3	680 ~ 720	
铝青铜	QA15	660 ~ 700	63
铝青铜	QA17	650 ~ 750	70
铝青铜	QA110	650 ~ 750	128
铝铁青铜	QA19-4	700 ~ 750	110
铝锰青铜	QA19-2	650 ~ 750	80 ~ 100
铝铁锰青铜	QA110-3-1.5	650 ~ 750	125 ~ 140
硅锰青铜	QSi3-1	700 ~ 750	80
铝铁镍青铜	QA10-4-4	650 ~ 750	140 ~ 160
锰青铜	QMn5	700 ~ 750	80
硅镍青铜	QSi1-2	650 ~ 700	
镉锌青铜	QSn4-3	520 ~ 650	60
锡磷青铜	QSn6.5-0.4	520 ~ 650	
锡磷青铜	QSn7-0.2	520 ~ 650	

(4) 质量检验
1) 变形铜合金零件表面不准有腐蚀点、脱锌等宏观缺陷。
2) 变形量应在图样或技术要求规定的允许范围内。
3) 按图样、技术要求或表 4-12 抽验硬度。
4) 作深冲压的黄铜件, 经退火后的晶粒尺寸不大于 0.055mm。

   问题6   热处理的加热是在热处理炉内进行的, 常用的热处理设备有哪些?

4.6   热处理设备及操作

   热处理加热炉, 是以燃料(如天然气、油、煤)及电力作为热源的, 其中以电作热源的电阻炉在生产中用得较多。电阻加热炉的工作原理是将电流通过电阻发热体后产生热能，传导给工件（或坩埚），使工件升至预定的温度。热处理电阻炉的类型很多，热处理车间常用的是箱式电阻炉和井式电阻炉两类。

4.6.1　箱式电炉及其操作技术

箱式电阻炉按其工作温度可分为高温炉、中温炉和低温炉，其中以中温炉应用最广。常用的型号有 RX-45-9、RX3-75-9 等。箱式电阻炉如图 4-31 所示，由炉门、炉衬、炉壳、电热元件和炉底等构成，广泛应用于工件的正火、退火、淬火、回火和渗碳处理。

箱式电阻炉的操作技术如下

1. 开炉前的准备

（1）检查电器控制箱内是否有工具或其他导电物质，炉内若有遗忘的工件应及时清除。

（2）合闸后检查电器开关接触是否正常。

（3）检查温度控制仪表工作是否正常，并打开其开关，使其处于工作状态。

2. 开炉生产

（1）将温度自动控制仪表按工艺要求定好温度。

（2）将控制"手把"放在自动控制的位置升温。

（3）冷炉升温，到温后保温 2h 方可装入工件。连续生产，允许连续装炉。

（4）零件在炉内应置放均匀、平稳，不允许零件和电热丝接触。

（5）严格按工艺规程进行操作。

图 4-31　箱式电阻炉

3. 停炉

关上仪表开关，并拉开电源刀闸。

4. 操作注意事项

（1）炉温高于 400℃时不允许大开炉门急剧降温。

（2）最高使用温度不超过 950℃。

（3）装炉量不可过大，引起温度降低不应大于 50℃。

（4）装炉时不要用力过猛，以免损坏炉底。

（5）经常注意仪表和电器控制箱的电器工作是否正常。

（6）新安装或大修的炉子，装修好后在室温放置 2~3 昼夜，经电工用 500V 兆欧表检查三相电热元件对地（炉外壳）的电阻应大于 0.5MΩ 方可送电。新安装或大修的箱式炉的通电工艺见表 4-13。

表 4-13　新安装或大修的箱式炉的通电工艺

设置温度/℃	通电时间/h	炉门状态	设置温度/℃	通电时间/h	炉门状态
100~200	15~20	炉门打开	550~600	8	炉门关闭
300~400	8~10	炉门打开	750~800	8	炉门关闭

烘炉过程中将炉壳盖板取下，使砌体内的水蒸气易于散出。

（7）新大修或新安装的炉子使用一个月后，应检查炉顶处的硅藻土的状态，如陷下去应再填满。

5. 电炉的维护

（1）经常注意炉衬、电阻丝托板砖，发现损坏及时修理。

（2）经常检查电热丝的情况，如发现两根间有接触情况应及时分开。

（3）每月检查电阻丝引出杆的夹头紧固情况，清除氧化皮并及时拧紧夹头。

（4）每星期打扫炉内，清除氧化物及丢在炉内的零件。

（5）经常检查炉门起重钢丝绳的使用情况，发现损坏要及时更换。

4.6.2　井式电阻炉及其操作技术

井式电阻炉在热处理车间也应用得较为广泛，常用的有井式回火炉和井式气体渗碳炉，如图 4-32 和图 4-33 所示。井式炉密封性良好，热效率高，工件进出炉方便。为了操作维修时安全方便，大中型井式电阻炉通常安装在地坑中只有上部露出在地面。

井式电阻炉一般适用于需垂直悬挂加热较长工件，普遍使用井式电阻炉进行气体渗碳。热处理生产中，还常用井式电阻炉做单件和小批量工件的正火、退火、淬火、回火处理用。

下面以井式回火炉为例说明它的操作技术要求

1. 开炉前的准备

（1）检查电器控制箱和炉内是否有能引起电源漏电的危险物品，并予以取出。

（2）合闸后检查控制箱内的电器和仪表工作是否正常，并打开仪表开关，使其处于工作状态。

图 4-32　井式回火炉

图 4-33　井式气体渗碳炉

2. 开炉生产

（1）将温度自动控制仪表按工艺要求定好温度。

（2）将控制柜"手把"放在自动控制的位置，起动风扇，供电升温。

（3）冷炉升温，到温后保温 2h 方可装入工件。连续生产，允许连续装炉。

（4）零件出炉应拉闸断电，在风扇停止转动后，使用手压泵或开启泵液压管路的阀门和开关，或扳动气动开关提升炉盖。

（5）用吊车小心地装入装料筐或其他夹具，使其置于炉的中心线上，并注意装入的零件不与风扇相碰。

（6）关上炉盖，使炉盖边重合在石墨盘条的槽内，保持炉盖的水平。

（7）按工艺规定进行操作。

3. 使用注意事项及维护

（1）炉温最高不超过 650℃。

（2）装入零件勿高于装料筐上端。

（3）严禁潮湿零件和带油污的零件放入炉内。

（4）不允许风扇停止转动或出现异声时继续通电加热。

（5）每月打扫一次炉膛，清除氧化皮及其他污物。

（6）不允许炉温高于 400℃时打开炉盖激烈冷却。

（7）每月检查接触线夹上的螺栓紧固情况，并及时清除氧化皮以免接触不良。

（8）每月对控温表和热电偶进行检查、标定。

（9）每月对炉盖升降机构、风扇轴承等进行加油润滑。

4.6.3 盐浴炉及其操作技术

热处理浴炉采用液态的熔盐或油类作为加热介质。按所用介质的不同，可分为盐浴炉和油浴炉等，其中以盐浴炉用得最为普遍。电极式盐浴炉如图 4-34 所示。盐浴炉适用范围广，可完成多种热处理工艺，如淬火、回火、分级淬火、等温淬火、化学热处理、局部加热淬火或正火等。

图 4-34　电极式盐浴炉

工件在盐浴炉中加热，与电阻炉相比，具有以下主要优点：炉体结构简单，加热速度快，温度均匀和不易氧化、脱碳等，但盐浴炉有起动升温时间长、热损失大、原料（盐）和电力消耗大、劳动条件差等缺点。

盐浴炉的操作技术要求：

（1）炉子及温度控制屏应经常保持清洁，每班后打扫卫生。

（2）操作时经常注意控制屏上的红绿灯是否正常。

（3）变压器及炉子外壳应可靠接地，电流引入处用罩子盖好。

（4）在调节变压器电压时，必须先拉闸断电。

（5）中断、停止工作时应将变压器调至低档保温。

（6）在长时间使用时，炉子使用温度不得超过如下规定：

碱浴炉：300℃；硝盐炉：580℃；高速钢分级炉：800℃；中温盐炉：950℃；高温盐炉：1350℃。

（7）工件、夹具、钩子、掏盐勺等在入盐浴炉前须烘干，除去水分。

（8）工件、夹具与电极距离应大于 30mm。在一般情况下工件不得与炉底接触。

（9）夏季开炉前应检查电器部分有无漏电。

（10）工作时应开抽风机。

（11）操作时应带好手套、眼镜及其他劳保用品，以免烧伤。

（12）操作高温盐浴时，应戴有色防护眼镜。

（13）新炉使用前，须用起动烘干，时间不少于 32h。

（14）向盐浴补充新盐时，应徐徐加入，不应一次倒入（盐浴凝固时除外）。

（15）硝盐着火后，禁止使用泡沫灭火器来灭火，以免发生爆炸，应用干砂灭火。

（16）为防止损坏变压器，长时间使用时电流不得超过额定值。

（17）中、高温盐浴炉每天停炉前捞渣。

（18）高温盐浴工作时电极通冷却水。

（19）非本组人员，未经许可，禁止动用设备。

4.6.4　电阻炉温度管理技术

时间和温度是热处理中最重要和最基本的两个工艺参数，生产中要经常对其进行测量和控制。时间的测量比较简单，目视计时可采用钟表，自动计时一般采用时间继电器。常用的测温控温装置有热电偶、光学高温计、电子电位差计、毫伏计等。其中以热电偶用得最为广泛。图 4-35 所示为 K 型热电偶（即镍铬-镍硅热电偶）。

图 4-35　K 型热电偶（镍铬-镍硅热电偶）

热电偶的工作原理是：将两根不同材料的金属导体一端焊牢成工作端，将另一端接上电表形成闭合回路，电表即显示电动势的大小。工作端和自由端的温差越大，电动势越大，因此，通过测定热电动势的大小就可以确定被测物体的温度。

1. 电阻炉温度管理技术的目的

使电阻炉有效空间内加热的工件，其实际保温温度达到或接近热处理工艺规定的温度，使热处理工艺稳定，以保证产品质量优良可靠。

2. 温度控制

（1）温度控制装置　电阻炉温度控制装置包括工作热电偶（或辐射高温计）、补偿导线、指示调节仪表及控制箱。

（2）热电偶　工作热电偶应符合"JB/T 9238—1999 工作热电偶技术条件"的规定。热电偶允许误差如表 4-14 所示，表中的 t 表示测量温度。当长期工作温度为 900~1300℃时，选用铂铑-铂；400~900℃选用镍铬-镍硅（镍铬-镍铝）；小于 400℃时选用镍铬—铜镍。

（3）补偿导线　补偿导线应根据热电偶型号配备。常用补偿导线如表 4-15 所示。

表 4-14　热电偶允许误差

类　型	1 级允差	2 级允差	3 级允差
镍铬-铜镍			
温度范围	-40℃ ~ +375℃	-40℃ ~ +333℃	-167℃ ~ +40℃
允差值	±1.5℃	±2.5℃	±2.5℃
温度范围	375℃ ~800℃	333℃ ~900℃	-200℃ ~ -167℃
允差值	±0.004·|t|	±0.0075·|t|	±0.015·|t|
镍铬-镍硅（镍铬-镍铝）			
温度范围	-40℃ ~ +375℃	-40℃ ~ +333℃	-167℃ ~ +40℃
允差值	±1.5℃	±2.5℃	±2.5℃
温度范围	375℃ ~1000℃	333℃ ~1200℃	-200℃ ~ -167℃
允差值	±0.004·|t|	±0.0075·|t|	±0.015·|t|
铂铑-铂			
温度范围	0℃ ~1100℃	0℃ ~600℃	—
允差值	±1℃	±1.5℃	—
温度范围	1100℃ ~1600℃	600℃ ~1600℃	—
允差值	±[1 +0.003(t -1100)]℃	±0.0025·|t|	—

表 4-15　常用补偿导线

热电偶名称	补偿导线				工作端为100℃自由端为0℃时的热电势/mV
	正极		负极		
	材料	颜色	材料	颜色	
铂铑-铂	铜	红	铜镍0.6	绿	0.65 ± 0.03
镍铬-镍硅（镍铬-镍铝）	铜	红	铜镍40	蓝	4.10 ± 0.06
镍铬-铜镍	镍铬10	红	铜镍45	棕	6.3 ± 0.12

(4) 指示调节仪表　退火、正火、淬火、回火、化学热处理及固溶处理等的加热炉，选用0.5级精度的记录指示调节仪表（电子电位差计）。个别热处理工艺温度精度要求不严时，可选用1级精度的指示调节仪表（毫伏计），调节仪表的分度号应和热电偶分度号一致。

(5) 温度控制箱　一般情况下，用两位式控制箱（通—断调节）。在热处理工艺温度精度要求高时，可选用晶闸管调节（无触点连续调节）。温度控制箱如图4-36所示。

(6) 安装位置　热电偶热端位置（包括热电偶插入浴炉的深度）及辐射高温计离被测表面的距离应该固定、安装牢靠。

(7) 检定周期　工作热电偶检定周期，应根据工作条件（环境、工作温度、实际工作时间）确定。在连续工作时，高温浴炉、高温箱式炉、

图4-36　温度控制箱

渗碳炉为3～6个月；中、低温工作的炉子为6～12个月。换下的热电偶，应经过处理和按JB/T 9238—1999规定的方法检定合格才能继续使用。

(8) 温度调节综合精度　应设专职仪表工负责温度调节装置的维护保养。温度调节系统（工作热电偶—补偿导线—指示调节仪表）综合精度误差要求在下述范围以内：当 $T \leqslant$ 400℃误差为 ±4℃，当 $T > 400$℃，误差为 ±100℃。

推荐试验方法：以标准热电偶（国家计量激光传递的Ⅱ等或Ⅲ等）-专用补偿导线-直流电位差计（0.1～0.2级）为测量系统，标准热电偶放在工作热电偶同一位置。在稳定状态时，在同一时刻，读取指示调节仪表和电位差计的温度值，在半小时内多次读取，取5次最大的温度差值的平均值，即为温度调节精度误差。

试验周期：连续工作时，1～2个月一次。

3. 炉温的均匀性

炉温均匀性指的是：空炉在额定温度和考核温度下，在热稳定状态时，在同一时刻的有效工作空间内各点最低最高炉温差值。根据热处理工艺精度要求，炉温均匀性误差应在表4-16所规定的误差范围内。

试验方法：现场可用简便方法，专用热电偶—专用补偿导线—直流电位差计（0.2～0.3级）为测量系统，接通转换开关。箱式炉选定前（近炉门）、中、后三点；浴炉和井式炉选上、中、下三点（三点都应在有效空间内）。在热稳定状态时，读取中点的最低温度值，

表 4-16　炉温均匀性误差　　　　　　　　　　（单位：℃）

电炉名称 工艺名称	盐浴炉	井式炉	箱式炉
正火、退火	±15	±15	±20
淬火	±10	±10	±15
回火	±10	±10	
渗碳		±10	

并在同一时刻，读取其余两点的温度值，维持半小时，反复读数，取 5 次最大温度差值，计算平均值，作为炉温均匀性误差值。专用热电偶，可以是标准热电偶，也可以是经过热电势检定标明误差的工业热电偶。

试验周期：1 年。大型电阻炉和新炉调整，应制定专门的试验方法和误差标准。

4. 测温制度

测温指的是：测量炉膛内有代表性位置的实际温度（炉膛实际温度），和指示调节仪表的示值比较，计算两者的误差值。热处理工艺温度应等于炉膛实际温度，调节仪表的控制点（温度）应根据上述温度误差值修正。

试验方法：专用热电偶—专用补偿导线—直流电位差计（0.3 级）为测量系统。热电偶热端放在炉膛内有代表性的位置。在热稳定状态时，在指示调节仪表指到最低温度的同一时刻，读取直流电位差计的数值（温度值）。在 15 ~ 20min 内 5 次读数，取其平均值作为炉膛实际温度，并计算炉膛实际温度与指示调节仪表示值的温度误差值。

测量周期：测量应形成制度并经常化。在间断工作时，每次开炉应测温，在经常性、连续性工作时，推荐的电阻炉测温周期如表 4-17 所示。

表 4-17　电阻炉测温周期

序　号	设备名称	测温温度/℃	测量周期
1	高温盐浴炉	工作温度	4h
2	中温盐浴炉	850	半月
3	回火盐浴炉	200、560	一月
4	箱式炉	工作温度	一月
5	井式回火炉	200、560、650	一月
6	井式渗碳炉	工作温度	一月

📖 课题实验

实验1　钢的普通热处理

1. 实验目的

➢ 了解钢普通热处理（退火、正火、淬火、回火）的操作方法。

➢ 分析钢在热处理时含碳量、加热温度、冷却速度及回火温度等主要因素对钢热处理后组织与性能的影响。

➢ 了解金属材料的硬度。

2. 实验设备及材料

➤ 金相显微镜、抛光机。

➤ 实验用的箱式电阻加热炉（附测温控温装置）。

➤ 洛氏硬度计。

➤ 冷却剂：水、510 号润滑油（使用温度约 20℃）。

➤ 实验试样：45 钢（3 块/组）；T10 钢（3 块/组）；20 钢、45 钢、T8 钢（各 1 块/组）。

3. 实验步骤

✋ 将学生分为 3 个小组，按组领取实验试样，并打上钢号，以免混清。

✋ 一组学生将 3 块 45 钢试样加热到 820 ~ 840℃，保温 15min 后分别进行空冷、油冷和水冷。其后，分别测定它们的硬度，并做好记录。

✋ 一组学生将 3 块 T10 钢试样加热到 770℃，保温 15min 后水冷，然后再分别放入 200℃、400℃、600℃ 的电炉中回火 30min。回火后，一般可采用空冷。其后，分别测定回火后试样的硬度，并做好记录。

✋ 一组学生将 20 钢、45 钢、T8 钢、T10 钢分别按它们的正常淬火温度加热（900℃、770℃、770℃），保温 15min 后取出在水中冷却，然后测定淬火后硬度，并做好记录。

✋ 3 组学生互相交换数据，各自整理（如果有条件，以上实验每组都可做一遍）。

4. 实验报告内容

✋ 实验目的。

✋ 简述钢的热处理的目的。

✋ 填写硬度实验结果表格。

✋ 根据实验结果，对同种钢不同热处理后的硬度值进行对比分析，绘制钢的热处理工艺图。

5. 注意事项

✋ 学生在实验中要有所分工，各负其责。

✋ 淬火冷却时，试样要用夹钳夹紧，动作要迅速，并要在淬火介质中不断搅动。夹钳不要夹在测定硬度的表面上，以免影响硬度值。

✋ 测定硬度前必须用砂纸将试样表面的氧化皮除去并磨光。对每个试样，应在不同部位测定 3 次硬度，并计算其平均值。各次测量的结果要填入表 4-18 中。

✋ 热处理时应注意操作安全。

表 4-18　金属材料热处理后的硬度测量结果

材　料	热处理工艺	硬　度
45 钢	加热到 820 ~ 840℃，保温 15min 后空冷	
45 钢	加热到 820 ~ 840℃，保温 15min 后油冷	
45 钢	加热到 820 ~ 840℃，保温 15min 后水冷	
T10 钢	加热到 770℃，保温 15min 后水冷，然后 200℃ 回火 30min	
T10 钢	加热到 770℃，保温 15min 后水冷，然后 400℃ 回火 30min	
T10 钢	加热到 770℃，保温 15min 后水冷，然后 600℃ 回火 30min	
20 钢	加热到 900℃ 保温 15min 后水冷	
45 钢	加热到 770℃ 保温 15min 后水冷	
T8 钢	加热到 770℃ 保温 15min 后水冷	

实验2 综合热处理实验

1. 实验目的

➢ 了解热处理设备及温度控制方式。

➢ 掌握热处理操作过程及钢的热处理工艺。

➢ 加深对不同的热处理工艺获得不同的金相组织及硬度的理解。

➢ 观察不同热处理后的组织形态，并说明各种金相组织对应的热处理工艺。

2. 实验设备及材料

➢ 金相显微镜、抛光机。

➢ 实验用的箱式电阻加热炉（附测温控温装置）。

➢ 洛氏硬度计。

➢ 淬火介质：水、510号润滑油（使用温度约20℃）。

➢ 实验试样：45钢（3块/组）；T10钢（3块/组）；20钢、45钢、T8钢（各1块/组）。

3. 实验步骤

➢ 分组：3~4人/组（每组30 min）。

➢ 参观热处理设备及温度控制方式、淬火介质。

➢ 选定材料的热处理工艺，并进行热处理工艺操作（加热—保温—冷却—硬度—回火—硬度）。

➢ 测定钢淬火后的硬度。

➢ 淬火硬度测定后进行600℃、400℃、240℃回火。

➢ 实验材料和工艺如表4-19所示。

➢ 金相组织分析。

1）高碳淬火马氏体+残留奥氏体（T8钢淬火金相组织）。

2）淬火马氏体+网状托氏体+少量残留奥氏体（45钢油冷后的金相组织）

3）低碳马氏体（20钢淬火后的金相组织）。

4）淬火+高温回火获得的回火索氏体（45钢调质后的金相组织）。

➢ 回火硬度测定。

➢ 数据整理交实验指导老师审阅、签名。

表4-19　实验材料和工艺

材料	用途	热处理工艺	测定硬度/HRC(或HBW)				热处理后的金相组织
45钢	轴、齿轮	840℃+650℃回火	1	2	3	平均	
		840℃淬火					
		840℃+200℃回火					
60Si2Mn	弹簧	860℃油冷					
		840℃+420℃回火					
T8钢	铣刀、小模具、螺钉旋具	790℃淬火					
		790℃+200℃回火					

4. 实验报告内容

➢ 简述实验目的。

➢ 简述你所了解的热处理设备名称及用途。

➢ 讨论热处理工艺及硬度。

➤ 画出金相组织分析的金相组织图，并指出你的热处理工艺对应哪种类似组织。

➤ 综合实验分析：

1）常用的淬火冷却方式有哪些？说明各自的特点及应用范围。

2）钢中含碳量不同时，热处理工艺及性能有何不同？

3）分析45钢淬火后应获得什么组织及出现网状托氏体＋马氏体＋残留奥氏体的原因。

4）热处理冷却时，搅拌速度会影响组织及性能吗？为什么？

5）你所了解的平衡组织有哪些？非平衡组织有哪些？其性能有何差异？用哪种热处理工艺可获得该组织？

📖 思考与练习

4.1　思考题

1. 淬火钢为什么要进行回火处理？

2. 在 T7 钢、10 钢、45 钢及 65 钢中选择合适的钢种制造汽车外壳（冷冲成形）、弹簧、车床主轴及木工工具，并回答下列问题：

（1）采用哪些热处理方式？加热温度为多少？

（2）组织和性能如何？

3. 确定下列钢件的退火方法，并指出退火的目的和退火后的组织。

A. 经冷轧后的 15 钢板，要求降低硬度　　　　B. ZG35 的铸造齿轮

C. 锻造管的 60 钢锻坯　　　　　　　　　　　D. 具有片状渗碳体的 T12 钢坯。

4. 有两个 T10 钢小试样 A 和 B，A 试样加热到 750℃，B 试样加热到 850℃，均充分保温后在水中冷却，哪个试样的硬度高？为什么？

5. 将直径 ϕ5mm 的 T8 钢试样，加热至 760℃，保温足够时间，用下列冷却工艺，将获得何种组织？

A. 620℃等温退火　　　B. 油淬火　　　C. 随炉冷却　　　　　D. 400℃等温淬火

E. 水淬火　　　　　　F. 水淬火 150℃，马上加热到 500℃等温足够时间

6. 为下列材料的热处理工艺选择合适的加热范围，并说明理由。

A. 20 钢淬火　　　　B. 20 钢正火　　　C. 40 钢高温回火　　　D. T10 钢淬火

E. T10 钢正火　　　　F. T10 钢低温回火（温度选择用 A_{c1}，A_{cm} 等代号表示）

7. 上贝氏体和下贝氏体比较，哪一种力学性能好？为什么？

8. 说明下列零件的淬火及回火温度，并说明回火后获得的组织和硬度。

A. 45 钢小轴（要求有较好的综合力学性能）　　　B. 60 钢弹簧　　　C. T12 钢锉刀

9. 什么是回火脆性？一般采用何种方法避免回火脆性？

10. 用热处理基本工艺曲线形式表示不完全退火、完全退火、淬火、回火工艺。

11. 简述电阻炉的种类、优缺点和适应范围。

12. 简述热电偶的测温原理。

4.2　练习题

1. 填空题

（1）各种热处理工艺过程都是由_____、_____、_____三个阶段组成。

（2）热处理基本工艺参数：_____，_____，_____和_____。

（3）共析钢过冷奥氏体等温转变三个转变区的转变产物分别为_____，_____，_____。

（4）共析钢淬火后，低温、中温、高温回火组织分别为_____，_____，_____。

（5）钢的淬透性主要取决_____，马氏体的硬度主要取决_____。

（6）低碳钢为了便于切削，常预先进行_____处理；高碳钢为了便于切削，常预先进行_____处理。

（7）索氏体的渗碳体是_____形貌。回火索氏体中的渗碳体是_____形貌。

（8）欲消除过共析钢中大量的网状渗碳体，应采用_____；欲消除铸件中枝晶偏析应采用_____。

（9）马氏体形态主要有_____和_____两种，其中_____马氏体硬度高、塑性差。

（10）铝合金的时效方法可分为_____和_____两种。

（11）45钢正火后渗碳体呈_____状，调质处理后渗碳体呈_____状。

（12）中温回火主要应用于_____典型零件处理，回火后得到_____组织。

（13）有一批45钢工件的硬度为55HRC，现要求把它们的硬度降低到200HBW（≈20HRC），可采用_____，_____和_____方法。

2. 选择题：

（1）对于亚共析钢，适宜的淬火温度一般为_____，淬火后的组织为均匀的马氏体。

A. A_{c1}　　　B. $A_{c1}+30\sim50℃$　　　C. $A_{cm}+30\sim50℃$　　　D. $A_{c3}+30\sim50℃$

（2）为了获得使用要求的力学性能，T10钢制手工锯条采用_____作为最终热处理。

A. 调质　　　B. 正火　　　C. 淬火+低温回火　　　D. 完全退火

（3）一般说来，淬火时形状简单的碳钢工件应选择_____作淬火介质，形状简单的合金钢工件应选择_____作淬火介质。

A. 润滑油　　B. 盐浴　　　C. 水　　　D. 空气

（4）T12钢制造的工具其最终热处理应选用_____。

A. 淬火+低温回火　　　B. 淬火+中温回火
C. 调质　　　D. 球化退火

（5）马氏体的硬度主要取决于_____。

A. 碳的质量分数　　　B. 转变温度
C. 临界冷却速度　　　D. 转变时间

（6）碳钢的正火工艺是将其加热到一定温度，保温一段时间，然后采用_____形式。

A. 随炉冷却　B. 在油中冷却　C. 在空气中冷却　　D. 在水中冷却

（7）要提高15钢零件的表面硬度和耐磨性，可采用的热处理方法是_____。

A. 正火　　　B. 整体淬火
C. 表面淬火　　　D. 渗碳后淬火+低温回火

（8）在制造45钢轴类零件的工艺路线中，调质处理应安排在_____。

A. 机械加工之前　　　B. 粗精加工之间

C. 精加工之后　　　　　　　　　　D. 难以确定

（9）高碳钢最佳切削性能的预备热处理工艺方法应是_____。

A. 完全退火　　　　　　　　　　　B. 球化退火

C. 正火　　　　　　　　　　　　　D. 淬火

（10）在 W18Cr4V 高速钢中，W 元素的作用是_____。

A. 提高淬透性　　　　　　　　　　B. 细化晶粒

C. 提高热硬性　　　　　　　　　　D. 固溶强化

（11）可热处理强化的变形铝合金，淬火后在室温放置一段时间，则其力学性能会发生的变化是_____。

A. 强度和硬度显著下降，塑性提高

B. 硬度和强度明显提高，但塑性下降

C. 强度、硬度和塑性都明显提高

D. 硬度和强度明显提高，但塑性下降

3. 判断题

（1）热处理不但可以改变零件的内部组织和性能，还可以改变零件的外形，因而淬火后的零件都会发生变形。　　　　　　　　　　　　　　　　　　　　　　　　（　　）

（2）钢的含碳量越高，选择淬火加热温度就越高。　　　　　　　　　　　　（　　）

（3）淬透性好的钢淬火后硬度一定高，淬硬性高的钢淬透性一定好。　　　　（　　）

（4）高合金钢既有良好的淬透性，又有良好的淬硬性。　　　　　　　　　　（　　）

（5）马氏体转变时体积胀大，是淬火钢件容易产生变形和开裂的主要原因之一。

　　　　　　　　　　　　　　　　　　　　　　　　　　　　　　　　　　　（　　）

（6）马氏体的等温转变一般不能进行到底，完成一定的转变量后就停止了。（　　）

（7）由于钢回火时的加热温度在 A_1 以下，所以淬火钢在回火时没有组织变化。（　　）

（8）低碳钢为了改善组织结构和切削加工性，常用正火代替退火工艺。　　（　　）

（9）有高温回火脆性的钢，回火后采用油冷或水冷。　　　　　　　　　　　（　　）

（10）使钢中碳化物球化，或获得"球状珠光体"的退火工艺称为球化退火。因其也能够消除或减少化学成分偏析及显微组织的不均匀性，所以也称为扩散退火。　　　（　　）

（11）调质处理的主要目的是提高钢的综合力学性能。　　　　　　　　　　（　　）

（12）回火温度是决定淬火钢件回火后硬度的主要因素，与冷却速度无关。（　　）

4.3　应用拓展题

现有 20 钢齿轮和 45 钢齿轮两种，齿轮表面硬度要求 52～55HRC，问采用何种热处理可满足上述要求？比较它们在热处理后的组织与力学性能的差别。

课题 5　金属材料的表面处理

⏱ 课题引入

首先请大家思考以下几个问题：

➢ 普通碳钢及合金钢（除不锈钢外）所制的产品如何防止生锈？

➢ 枪管炮管为什么都呈蓝黑色？

➢ 有些机械零件如模具的导柱，如何保证其内部强韧而外部耐磨？

➢ 金属产品的失效和破坏与产品表面有何关系？

➢ 你所见过的金属制品中有哪些经过了表面处理？其主要目的是什么？

⏱ 课题说明

在各种动载荷和摩擦条件下工作，或者在扭转和弯曲等交变载荷作用下工作的机械零件，如齿轮、凸轮、曲轴、活塞销等，其表面层承受着比心部高的应力；在有摩擦的情况下要受磨损；在有腐蚀的环境中，零件表面容易受到腐蚀。因此，这些零件必须提高表面层的强度、硬度、耐磨性、疲劳极限及耐蚀性，而心部仍保持足够的韧性和塑性，使其能承受冲击载荷。对于这些要求，仅靠选材料的方法是难以解决的，一般都需要通过表面处理使零件表面得到强化。零件磨损、腐蚀和疲劳失效常发生在表面。通过表面技术修复、强化使机械零件翻新如初，可节省了大量资源和经费，并极大地减少环境污染及废物的处理。

本项目主要学习金属材料的各类表面处理工艺及其应用特点。

⏱ 课题目标

知识目标：

◇ 了解各类表面处理工艺的原理及应用。

◇ 掌握火焰淬火和感应淬火的工艺方法。

◇ 掌握渗碳与渗氮工艺的技术要点和工程应用。

◇ 掌握钢铁的发蓝与磷化处理技术的要点与工程应用。

◇ 了解电镀原理和工业应用。

◇ 了解气相沉积技术在材料表面处理中的应用。

◇ 了解热喷涂、喷丸强化、激光表面处理等工艺及应用。

技能目标：

◇ 在老师指导下完成感应淬火处理。

◇ 能应用金相观察和硬度测试分析表面淬火工艺与零件性能的关系。

◇ 能完成简单的常温发蓝工艺操作。

📖 理论知识

问题1 金属材料的表面处理有什么作用？常用表面处理工艺有哪些？

5.1 金属材料表面处理概述

磨损、腐蚀和断裂是机械零部件、工程构件的三大主要失效形式，它们所导致的经济损失巨大。其中由于磨损、腐蚀导致的机件失效与相应的经济损失占非常大的比重。磨损和腐蚀都是发生于零部件表面的材料流失过程，而疲劳裂纹的萌生一般都也形成于零件的表面。

金属材料表面工程技术就是通过某种工艺手段赋予工件表面不同于基体材料的组织结构、化学组成，因而具有不同于基体材料的性能。经过表面处理的材料，既具有基体材料的机械强度和其他力学性能，又具有新形成的表面的各种特殊性能（如耐磨、耐腐蚀、耐高温、超导、润滑、绝缘等）。

5.1.1 表面处理技术的作用

金属表面处理技术的作用是多种多样的，但其最主要的作用是为提高金属机件的耐蚀性、耐磨性及获得电、磁、光等功能性表面层。

1. 提高表面耐蚀性和耐磨性，减缓、消除和修复材料表面的变化及损伤

机械零件和构件表面往往存在宏观或微观缺陷，在各种服役条件下，表面缺陷处成为降低材料和构件力学性能、耐蚀性及耐磨性之源。通过表面处理使工件获得化学性能稳定、组织致密而硬度高的表层，并弥补和掩盖工件表面缺陷，从而提高材料的力学性能、耐蚀性及耐磨性，提高零件和构件使用的可靠性，并延长其使用寿命。表面处理还可以对已经磨损或腐蚀的零件进行修复，使其恢复使用性能。

2. 使普通材料获得具有特殊功能的表面

借助表面处理技术既可以节约贵重金属（金、铂、银等）和战略元素（镍、钴、铬等），也可以按照特殊要求，设计不同性能的表面和基体，经表面处理后使各种性能复合，以满足预定的要求。如使用磁控溅射技术在金属甚至陶瓷或塑料表面上反应沉积一层金黄色的氮化钛（TiN），可作为表带、表壳的仿金装饰涂层，既美观又牢固，同时可节省大量黄金。处于高速运转工作状态的硬盘高速磁头，通过表面处理技术在其表面沉积一层三氧化二铝（Al_2O_3）耐磨损膜，可以大大提高磁头的使用寿命。

3. 表面处理技术可用于节约能源，降低成本，改善环境

在热工设备及高温环境下，用表面处理技术在设备、管道及部件上施加隔热涂层，可以减少热损失。在高、中温炉内壁涂以远红外辐射涂层可节电约30%。用表面沉积铬层的塑料部件替代汽车上某些金属部件，可减轻汽车自重，达到节能减排的目的。

5.1.2 表面处理技术的分类

表面处理技术的种类很多，原理不一，应用范围和应用历史各异。从不同的角度进行归纳分类，就有若干种分类方法。

从表面处理技术的应用历史来看，可分为传统表面处理技术和新型表面处理技术。传统

表面处理技术是指一些较古老的表面强化工艺，如表面淬火、渗碳淬火、电镀技术等。新型表面处理技术主要指近 50 年来开发出来的表面强化新技术，它是将许多新的科学技术渗透到表面强化技术领域的结果，如气相沉积、热喷涂、离子注入、三束改性等。

从金属材料表面处理的原理出发，大致可将表面处理技术概括为三类。

（1）表面合金化技术　包括喷焊、堆焊、离子注入、激光熔覆等。

（2）表面覆盖与覆膜技术　包括电镀、化学镀、化学转化膜、气相沉积等。

（3）表面组织转化技术　包括表面淬火、化学热处理等热处理技术及喷丸、滚压等表面加工硬度技术。

按工艺特点分类，目前金属材料常用的表面处理工艺方法主要有：

（1）表面热处理（如表面淬火、表面化学热处理等）。

（2）电镀与化学镀（如纯金属电镀、合金电镀、电刷镀等）。

（3）化学转化膜（如化学氧化处理、磷化处理等）。

（4）气相沉积（如化学气相沉积、物理气相沉积等）。

（5）形变强化（如喷丸、机械镀等）。

（6）热喷涂（如火焰喷涂、等离子喷涂、电弧喷涂等）。

（7）堆焊（如手工堆焊、埋弧堆焊、等离子堆焊等）。

（8）高能束技术（如激光表面合金化、激光熔覆、离子注入等）。

问题2　传统的表面淬火有哪些工艺方法？它的应用如何？

5.2　表面淬火

表面淬火是通过不同的方法对零件进行快速加热，使零件表面迅速达到淬火温度，然后快速冷却，使表层获得淬火组织而心部仍保持原始组织的热处理工艺。

常用的表面淬火方法有火焰淬火、感应淬火、激光淬火、火花放电加热淬火等。本项目主要介绍火焰淬火及感应淬火。

5.2.1　火焰淬火

1. 火焰淬火原理

火焰淬火利用氧乙炔气体或其他可燃气体（如天然气、焦炉煤气、石油气等）以一定比例混合进行燃烧，形成强烈的高温火焰，并通过喷嘴喷射零件表面，使表面层迅速加热至淬火温度，然后急速冷却（淬火介质最常用的是水，也可以用乳化液），使表面获得要求的硬度和一定的硬化层深度，而中心保持原有组织。如图 5-1 所示。

2. 火焰淬火方法及应用

火焰淬火一般采用特制的喷嘴。氧乙炔气体混合后经喷嘴喷射出而燃烧。火焰淬火时，喷嘴和零件之间必须保持一定距离，一般为 10 ~ 40mm。火焰最佳状态可通过调整氧气和乙炔气的流量，即两者的混合比而获得。氧乙炔焰一般根据氧气或乙炔气过剩的情况可分为还原性火焰、中性火焰和氧化性火焰。火焰淬火的淬硬层深度一般为 2 ~ 6mm。

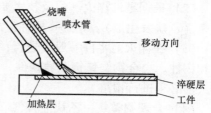

图 5-1　火焰淬火示意图

火焰淬火根据喷嘴与零件相对运动的情况分为四种方法，如图5-2所示。

（1）固定法　零件和喷嘴都不动，用火焰喷嘴直接加热淬火部分，使零件加热到淬火温度后立即喷水冷却（如图5-2a所示）。这种方法适用于淬硬面积不大的零件。如气门顶杆、导轨接头、离合器的卡牙部分等。

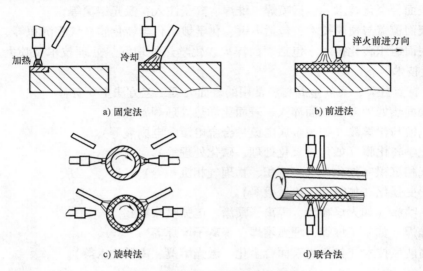

图5-2　火焰表面淬火方法示意图

（2）前进法　火焰喷嘴和冷却装置沿零件表面作平行移动，一边加热，一边冷却。被淬火零件可缓慢移动或不动（如图5-2b所示）。这种方法可以对长形零件进行表面淬火，如长轴、机床床身、导轨等，也适用于大模数齿轮进行逐齿的淬火。

（3）旋转法　用一个或几个固定火焰喷嘴对旋转零件表面进行加热，表面加热至淬火温度后进行冷却（如图5-2c所示）。这种方法适用于小直径的轴和模数小于5的齿轮等。

（4）联合法　淬火零件绕其轴线旋转，喷嘴和喷水装置同时沿零件轴线移动（如图5-2d所示）。联合法加热比较均匀，适用于大型长轴类和冷轧辊的表面淬火。

3. 火焰淬火操作要点及注意事项

（1）对被淬火表面预先进行认真清理和检查，淬火部位不允许有脱碳层、氧化皮、气孔、砂眼和裂纹等缺陷。

（2）根据零件淬火部位及技术要求选择合适的喷嘴。淬火前应仔细检查氧气瓶、乙炔气瓶（乙炔发生器）、导管等是否正常。

（3）在淬火前零件一般应进行预备热处理，如正火或调质处理，以保证零件心部的强度和韧性。合金钢、铸钢和铸铁件，由于其导热性差，形成裂纹的可能性较大，在进行火焰淬火前必须进行预热。

（4）合理调整氧、乙炔混合气。工作时应先开少量的乙炔气，点燃后再开大乙炔并调整氧气，使火焰呈中性焰状态。

（5）火焰淬火温度比普通淬火温度要高，一般取 880~950℃。淬火时的加热温度通常凭经验掌握，通过调整喷嘴移动速度进行控制。控制好喷嘴与零件表面的距离。喷嘴和零件表面的距离一般为 6~15mm。零件直径大则距离适当减小；钢的含碳量较高时，距离应调大些。

（6）合理选择淬火介质。碳的质量分数在 0.6% 以下的碳钢可用水淬、碳的质量分数大于 0.6% 的碳钢或含铬和锰的低合金钢，可选用 30 ~ 40℃ 温水或 0.1% ~ 0.5% 聚乙烯醇水溶液。

（7）工作结束后，先关断氧气，再关断乙炔，等熄灭后再开少量氧气吹出烧嘴中剩余气体，最后再关掉氧气。

（8）工件淬火后必须立即回火，以消除应力，防止开裂。回火温度根据硬度的要求而定，一般为 180 ~ 200℃，保温 1 ~ 2h。

4. 火焰淬火的特点

火焰淬火的主要特点为：①设备简单、体积小、成本低、使用方便，受工件体积大小的限制；②淬火后表面清洁，很少氧化与脱碳，变形小；③操作简便，工艺灵活，淬火成本低；④火焰加热温度高、加热快、生产效率高；⑤加热温度和淬硬层深度不容易控制，质量不稳定。

所以，火焰淬火一般用于单件、小批量生产以及大型工件（如大模数齿轮、大轴轴颈）的表面淬火。

5.2.2　感应淬火

1. 感应淬火原理

感应淬火是利用感应电流通过零件所产生的热效应，使零件表面很快加热到淬火温度，然后迅速冷却的热处理方法，如图 5-3 所示。感应淬火是目前应用最广泛的一种表面淬火。

当一定频率的电流通过空心铜管制成的感应器时，在感应器的内部及周围便产生一个交变磁场，于是，在工件内部产生了同频率的感应电流。电流在工件内的分布是不均匀的，表面电流密度大，心部电流密度小，通过感应器的电流频率越高，电流就越集中于工件的表面，这种现象称为集肤效应。依靠感应电流的热效应，可将工件表层迅速加热到淬火温度，而此时心部温度还很低，淬火介质通过感应器内侧的小孔及时喷射到工件上，形成淬硬层。

感应电流频率越高，电流透入深度越小，工件加热层越薄，淬硬层越浅。因此，感应加热进入工件表层的深度主要取决于电流频率。

2. 常用感应淬火方法及应用

感应淬火主要用于中碳钢和中碳合金结构钢制造的齿轮和轴类零件等。它们经正火或调质后再进行表面淬火，使得零件心部具有良好的综合力学性能，而表面具有较高的硬度（大于 50HRC）和耐磨性。

生产上根据零件尺寸及淬硬层深度的要求选择不同的电流频率，因此，常用的感应淬火有以下三类：

（1）工频感应淬火　电流频率为 50Hz，可获得 10 ~ 15mm 以上的淬硬层，适用于大直径的穿透加热及要求淬硬层深的大工件的表面淬火。

（2）中频感应淬火　常用电流频率为 2500 ~ 8000Hz，可获得 3 ~ 6mm 深的淬硬层，主要用于要求淬硬层较深的零件，如发动机曲轴、凸轮轴、大模数齿轮、较大尺寸的轴和钢轨的表面淬火。

（3）高频感应淬火　常用电流频率为 200 ~ 300kHz，可获得的表面淬硬层深度为 0.5 ~ 2mm，主要用于中小模数齿轮和小轴的表面淬火。图 5-4 为常用的高频感应加热设备。

3. 感应淬火的特点

感应淬火是表面淬火方法中比较好的一种，因此，受到普遍的重视和广泛应用。与传统

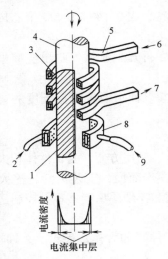

图 5-3 感应淬火示意图

1—加热淬火层 2—水 3—间隙 4—工件
5—加热感应圈 6—进水 7—出水
8—淬火喷水套 9—水

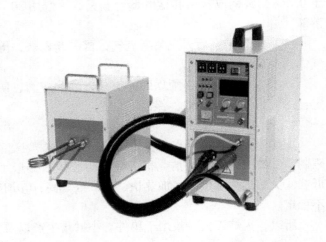

图 5-4 高频感应加热设备

热处理相比，它的优点体现在为：①热效率高，淬火后表面一般比火焰淬火高 2 ~ 3HRC。②由于感应淬火升温速度快，保温时间极短，零件表面氧化脱碳少，与其他热处理相比，零件废品率极低。③感应加热设备紧凑，占地面积小，使用简便，劳动条件较好。④生产效率高，而且淬硬层深度易于控制。⑤感应淬火不仅应用于零件的表面淬火，还可以用于零件的内孔淬火。

然而，感应淬火也有其本身的不足。主要表现在：①设备与淬火工艺匹配比较麻烦，因为电参数常发生变化。②需要淬火的零件要有一定的感应器与其相对应，零件形状复杂时，感应器的制造也困难。③要求使用专业化强的淬火机床，且设备维修比较复杂。

所以，感应淬火不适于单件小批量生产，主要适用于大批量生产。

问题3 渗碳和渗氮热处理的原理是什么？各有何应用特点？

5.3 表面化学热处理技术

表面化学热处理是将金属或合金工件置于一定温度的活性介质中，使一种或几种元素渗入工件表面，以改变其化学成分、组织和性能的热处理工艺。化学热处理的种类很多，一般都以渗入的元素来命名，常用的化学热处理方法有：渗碳、渗氮、碳氮共渗、渗硫、硫氮共渗、渗硼、硼氮共渗、渗铝、渗铬、渗钒、渗硅、渗锌、盐浴渗金属等。

无论是哪一种化学热处理，活性原子渗入工件表面都包括分解—吸收—扩散三个基本过程。

（1）分解 富有渗入元素的介质在一定的条件下进行化学反应，分解产生具有一定活性的渗入元素原子。

（2）吸收 分解产生渗入元素的活性原子（初生状态原子）被工件表面吸收（溶解），

这一过程的进行必须具备下列两个条件：有渗入元素的活性原子存在，渗入元素呈分子状态存在时，不能被工件吸收；渗入元素能渗入工件中形成固溶体或金属化合物。

（3）扩散　被工件表面吸收的渗入元素原子，由表面向内部移动，并达到一定的浓度和深度。影响这一过程的因素有如下两点：渗入原子沿渗层深度方向有浓度差。浓度差越大，扩散越容易进行；原子的热运动，原子向内部扩散需要足够的能量，其能量主要取决于温度，温度越高，扩散越容易进行。浓度差是由吸收过程造成的，因为吸收使工件表面具较高的浓度。

上述的分解、吸收、扩散连续地进行，完成化学热处理的过程。

表面化学热处理的作用主要有以下两个方面。

（1）强化工件表面　提高工件表层的力学性能，如表层硬度、耐磨性、疲劳强度等。

（2）保护工件表面　改善工件表层的物理、化学性能，如耐高温及耐蚀性等。

5.3.1　渗碳技术

渗碳是将零件放在渗碳介质中，加热到奥氏体状态（一般在 $850 \sim 950℃$），并保温足够长的时间，使碳原子渗入工件表层，从而使工件表面具有高硬度和耐磨性的一种化学热处理工艺。碳原子渗入零件可以使零件表面获得高的硬度、耐磨性与疲劳强度，而心部仍保持一定的强度和较高的韧性。生产上所采用的渗碳深度一般在 $0.5 \sim 2.5mm$ 范围内。实践表明，渗碳层碳的质量分数为 $0.85\% \sim 1.1\%$ 时最好。渗碳层硬度应不低于56HRC，对一些采用合金钢制造的工件，渗碳层表面硬度应不低于60HRC。

常用的渗碳钢的含碳量都比较低，其碳的质量分数通常在 $0.10\% \sim 0.25\%$ 范围内。常见渗碳钢及其用途如表5-1。

表 5-1　常见渗碳用钢及其用途

钢号	用　　途
15,20	受力较小的摩擦件，如小型模具的导套导柱
15Cr,20Cr	柴油机上的活塞销、凸轮轴零件
18CrMnTi	摩托车、拖拉机、发动机上的齿轮、轴等
12CrNi3A	塑料模具型腔、型芯；飞机发动机上的齿轮
18Cr2Ni4WA	承受高负荷的重要零件，如发动机上的大齿轮及轴等
20CrMnMo	用于大型拖拉机、推土机上的主动齿轮、活塞销等

渗碳是在含碳的介质中进行的。在一定条件下，能使工件表面增碳的介质称为渗碳剂，渗碳剂有固体、液体和气体三种。按所用渗碳剂的物理状态的不同，渗碳分为固体渗碳、液体渗碳、气体渗碳、真空渗碳和离子渗碳，其中气体渗碳在生产中应用最广。

（1）固体渗碳　固体渗碳是将工件置于填满木炭（90%）和碳酸钡（$BaCO_3$）（10%）的固体渗碳箱内进行的，如图5-5所示。其中木炭是渗碳剂，碳酸钡是催渗剂，主要是起促进渗碳作用。渗碳温度一般为如 $900 \sim 950℃$，在此高温下，木炭与空隙中的氧气反应形成二氧化碳（CO_2），二氧化碳与碳反应形成不稳定的一氧化碳（CO），然后在工件表面分解得到活性炭原子 [C]，[C] 即可渗入工件表面形成渗碳层。

固体渗碳的工艺过程：将工件埋入装满渗碳剂的箱子里，渗碳箱用耐热合金或铸铁制成，或者用低碳钢板焊制，厚度为 $4 \sim 8mm$ 为宜。将箱盖用黄土和砂密封后，放入炉中加热到 900～950℃并保温，保温时间根据渗碳层厚度要求而定，一般是以 0.1mm/h 计算。保温完毕后，可将渗碳箱出炉。渗碳箱装炉时的炉温不低于 800℃，以免炉温降低过多，延长加热时间。渗碳箱与炉壁之间距离要适当（一般为 100～150mm），渗碳箱出炉前 0.5h，应抽出箱中的试棒进行渗层深度的检查。

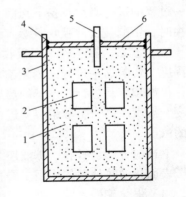

图 5-5　固体渗碳箱
1—渗碳剂　2—工件　3—箱体 4～6mm
铁板　4—泥封　5—试棒 φ10mm
6—盖：铁板厚 6～8mm

检查方法为：将抽出的试棒立即淬水，然后将其打断，放在显微镜下观察渗层深度；或者将试棒加热至 400℃左右目测，会在试棒上出现两种颜色：试棒表层为白灰色，而中心为蓝色，以此判定出炉时间。出炉后从箱中取出工件温度为 860℃±10℃，对要求不高的工件可直接淬火；对于质量要求高的工件，要将渗碳箱冷却至室温后再将工件取出，然后再重新将工件加热到一定温度进行淬火。

固体渗碳的优点为：①设备简单，不需要专用电炉，成本低，一般中小型工厂都能进行；②操作比较简单，技术性不强；③渗碳剂容易购买；④适用范围较广，而且特别适合于有不通孔及小孔工件的渗碳。它的主要缺点是：①劳动条件差，劳动强度较大；②生产周期长，渗碳质量差，渗碳不均匀，而且渗碳后不易于直接淬火。

（2）气体渗碳　气体渗碳是指零件在气体渗碳剂中进行渗碳的工艺。常用的气体渗碳剂有两类：一类是碳氢化合物液体，如煤油、乙醇（酒精）、丙酮等，把它们滴入渗碳炉内，首先汽化为气体，然后在高温下分解出活性炭原子；另一类气体渗碳剂是气体，如天然气、液化石油气等。

国内应用最广的气体渗碳方法是滴注式气体渗碳。将工件置于密封的加热炉中，滴入煤油、丙酮、甲苯及甲醇等有机液体，这些渗碳剂在炉中形成含氢、甲烷、一氧化碳和少量二氧化碳的渗碳气氛，使钢件在高温下与气体介质发生渗碳反应。

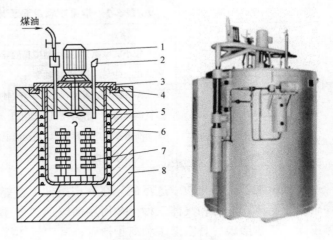

图 5-6　井式气体渗碳炉
1—风扇电动机　2—废气火焰　3—炉盖　4—砂封　5—电阻丝
6—耐热罐　7—工件　8—炉体

气体渗碳工艺：气体渗碳大多在如图 5-6 所示井式气体渗碳炉中进行。渗剂可直接滴入（通入）炉中。图 5-7 所示为一种井式炉气体渗碳典型工艺曲线。渗碳过程一般分为排气、强渗、扩散、降温四个阶段。

1）排气阶段　零件在装炉时使炉温下降，同时带入大量空气。排气阶段就是为了使炉温恢复到规定的渗碳温度，并尽快排除炉内空气以防止空气氧化。炉温在 900℃前，用甲醇滴入炉中进行排气（甲醇产气量大，有利于排气）。炉温升到 900℃ 后，改滴煤油。

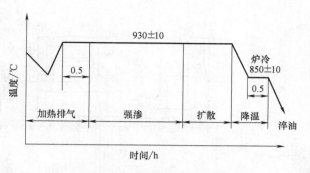

图 5-7 气体渗碳典型工艺曲线

2）强渗阶段 到温后保温约 30min，排气阶段结束即关闭排气孔，进入强渗阶段。在这个阶段采用较大的煤油滴量，以获得较高的炉气碳势，使零件表面迅速达到较高的碳浓度，由表及里形成碳浓度梯度，为扩散阶段做好准备。强渗阶段时间长短主要决定于渗碳层的深度要求，当随炉试棒的渗层深度已达到技术要求规定的渗碳层深度 2/3 左右时，便可转入扩散阶段。

3）扩散阶段 进入扩散阶段应减少煤油滴量，使表面高浓度的碳向心部扩散，同时滴入少量甲醇，最终达到规定的渗层深度和合适的碳浓度分布。扩散阶段所需时间由随炉试棒的渗碳层深度来决定。一般把强渗及扩散阶段合称为渗碳保温阶段。

4）降温阶段 提前 0.5 ~ 1h 检查试棒，当渗层深度达到规定要求时间时即可降温出炉。对于可以直接淬火的零件，要随炉冷至适宜淬火的温度，并保温 30min 使零件内外匀温后出炉淬火；对于需重新加热淬火的零件，应炉冷至淬火温度后出炉空冷。零件随炉降温阶段的甲醇 + 渗碳剂的滴量与扩散阶段大致相同。

气体渗碳不但弥补了固体渗碳的一些不足之处，而且具有加热时间短，可在渗碳后直接淬火，以及可以通过控制渗碳气氛来获得具有一定碳浓度的渗碳层等优点，易于实现机械化和自动化，适于成批或大量生产。

5.3.2 渗氮技术

渗氮也称氮化，是将金属零件置于含有大量活性氮原子的介质中，在一定温度（一般在 A_{c_1} 以下）和压力下将活性氮原子渗入其表面的化学热处理工艺。渗氮后的工件变形小，具有比渗碳更高的硬度，其硬度可达 68 ~ 72HRC，具有较好的耐磨性、疲劳强度和耐蚀性。

渗氮按目的的不同，分为强化渗氮和抗蚀渗氮。

抗蚀渗氮是为了提高金属零件表面耐蚀性，强化渗氮是为了提高零件表面的硬度、耐磨性和疲劳强度，同时还具有一定的抗蚀性能。

目前常用的渗氮方法主要有气体渗氮、离子渗氮、真空渗氮和电解催渗渗氮等。常用的渗氮剂有氨、氨与氮、氨与预分解氨（即氨、氢、氮混合气体）以及氨与氢等四种，一般渗氮气体采用脱水氨气。

1. 气体渗氮

气体渗氮装置如图 5-8 所示。渗氮炉通常都是电阻炉，常用的有普通井式炉或井式渗氮炉、箱式炉、带有可动加热室或可动炉底的渗氮炉。前两种适用于小件或小批量生产，后一种适用于大件或大批量生产。

渗氮温度是影响渗氮层质量的主要因素。渗氮温度低，氮原子在钢中的扩散困难，容易形成一层很薄的高浓度、高硬度、高脆性的渗氮层。渗氮温度太低，将使氨气分解率很小，氮原子数量不足，以致形成一层很薄的低浓度、低硬度的渗氮层。提高渗氮温度可以加速渗

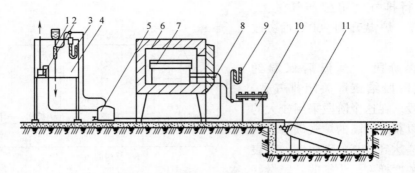

图 5-8　气体渗氮装置示意图

1—氨气分解率测定器　2—冒泡瓶　3、9—U 形气压计　4—安置架　5—缓冲箱
6—箱式电阻炉　7—渗氮箱　8—热电偶　10—干燥箱　11—氨气瓶

氮过程，但温度过高，大于 560℃时，氮化物将沿晶界分布，形成网状或波纹状，并且使渗氮层的组织粗大，硬度降低，还将使心部组织变粗，硬度下降。

机械零件的气体渗氮多属于强化渗氮。强化渗氮按其加热方法分为一段渗氮法、二段渗氮法和三段渗氮法。

一段渗氮法用得最早，渗氮温度一般为 480～530℃。其优点是操作简单，工件变形量小。缺点是渗氮速度较慢，生产周期长，适用于一些要求硬度高、变形量小的工件。

二段渗氮法是将工件先在较低温度下，一般为 490～530℃渗氮一段时间，然后提高渗氮温度，再将温度调整为 535～560℃，再渗氮一段时间。在渗氮的第一阶段，工件表面获得较高的氮浓度，并形成含有高弥散度、高硬度氮化物的渗氮层。在渗氮第二阶段，氮原子在钢中的扩散将加速进行，以迅速获得一定厚度的渗氮层。

三段渗氮法是在二段渗氮法的基础上改进的。先将工件在较低温度，一般为 490～520℃下渗氮，以获得高渗氮浓度的表面，再将渗氮温度升高，一般升高到 560～600℃，加速氮原子扩散过程，然后再降低温度，一般到 520～540℃，提高渗氮层的浓度。这种渗氮方法不仅缩短了渗氮时间，而且可以保证渗氮层具有高硬度。由于渗氮温度较高，所以渗氮层的组织比较粗大，工件的变形量相对较大。

与渗碳相比，渗氮的特点是：①渗氮件表面硬度高（1000～2000HV），耐磨性高，还具有高的热硬性；②渗氮件疲劳强度高，这是由于渗氮后表层体积增大，产生压应力；③渗氮件变形小，这是由于渗氮温度低，而且渗氮后不再进行热处理；④渗氮件耐蚀性好，这是由于渗氮后表层形成一层致密的化学稳定性高的 ε 相。

渗氮的缺点是工艺复杂，成本高，氮化层薄。因而主要用于耐磨性及精度均要求很高的零件，或要求耐热、耐磨及耐蚀的零件。例如精密机床丝杠、镗床主轴、汽轮机阀门和阀杆、精密传动齿轮和轴、发动机气缸和排气阀以及热作模具等。

2. 离子渗氮

离子渗氮是辉光离子渗氮的简称。这种方法是将被渗氮的工件放在密闭的真空容器内加热到 350～570℃，真空度为 2.6Pa，达到这一真空度后，充入一定比例的氮、氢混合气体或氨气，气压 70Pa 左右时，以工件为阴极，在真空容器内相对一定的距离设置阳极，在两极上加以 400～1000V 的直流电压，使之点燃辉光放电。在高压电场作用下工件周围气体发生电离，产生高能离子，离子在电场作用下以极高的速度轰击工件表面，并在工件表面发生能量转换，使工件表面的温度升高，并使氮离子转换为氮原子而渗入工件表面，然后经过扩散而形成渗氮层。由于氮气电离发出浅紫色辉光，因此称为辉光离子渗氮。

离子渗氮装置如图 5-9 所示。主要由渗氮工作室、真空泵及真空测量系统、渗氮介质供给系统、供电及控制系统、温度控制及测量系统组成。

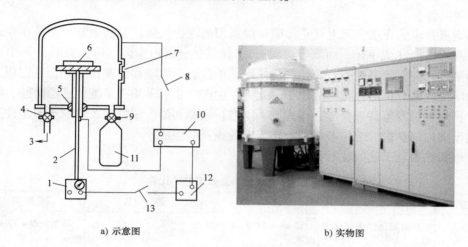

a) 示意图　　　　　　　　　　　　　　　　　　　b) 实物图

图 5-9　离子渗氮装置

1—温度表　2—热电偶　3—接真空系统　4—阀　5—绝缘体　6—工件　7—观察窗　8、13—开关
9—阀　10—电源　11—气源　12—温度控制器

与一般的气体渗氮相比，离子渗氮的特点是：①可适当缩短渗氮周期；②渗氮层脆性小；③可节约能源和氨的消耗量；④对不需要渗氮的部分可屏蔽起来，实现局部渗氮；⑤离子轰击有净化表面作用，能去除工件表面钝化膜，可使不锈钢、耐热钢工件直接渗氮；⑥渗层厚度和组织可以控制。离子渗氮发展迅速，已用于机床丝杠、齿轮、模具等工件。

5.3.3　碳氮共渗技术

碳氮共渗是在一定温度下，同时将碳、氮原子渗入钢件表层奥氏体中并以渗碳为主的化学热处理工艺。由于早期的碳氮共渗是采用含氰根的盐浴作为渗剂，所以也称为"氰化"。

碳氮共渗兼有渗碳和渗氮的优点，其主要优点如下。

（1）渗层性能好　碳氮共渗与渗碳相比，其渗层硬度差别不大，但其耐磨性、耐蚀性及疲劳强度比渗碳层高。碳氮共渗层一般要比渗氮层厚，并且在一定温度下不形成化合物白层，故与渗氮层相比，抗压强度较高，而脆性较低。

（2）渗入速度快　在碳氮共渗的情况下，由于碳氮原子能互相促进渗入过程，所以在相同温度下，共渗速度比渗碳和渗氮都快，仅是渗氮时间的 1/3 ~ 1/4。

（3）工件变形小　由于氮的渗入提高了共渗层奥氏体的稳定性，故使渗层的淬透性得到提高，这样不仅可以用较缓慢的淬火介质进行淬火而减少变形，而且可以用较便宜的碳素钢来代替合金钢制造某些工模具。

（4）不受钢种的限制　一般说来，各种钢材都可以进行碳氮共渗

根据操作时温度的不同，碳氮共渗分为低温（500 ~ 600℃）、中温（700 ~ 800℃）、高

温（900～950℃）三种。低温碳氮共渗以渗氮为主，用于提高模具的耐磨性及抗咬合性。中温碳氮共渗主要用于提高结构钢工件的表面硬度、耐磨性和抗疲劳性能。高温碳氮共渗以渗碳为主，应用较少。

　　根据共渗介质的不同，碳氮共渗又分为固体、液体和气体三种。目前生产中应用较广的有低温气体碳氮共渗和中温气体碳氮共渗两种方法。生产中习惯所说的气体碳氮共渗是指中温气体碳氮共渗。

　　气体碳氮共渗的介质实际上就是渗碳和渗氮用的混合气体。目前最常用的是在井式气体渗碳炉中滴入煤油（或甲苯、丙酮等渗碳剂），使其热分解出渗碳气体，同时向炉中通入渗氮所需的氨气。在共渗温度下，煤油与氨气除了单独进行渗碳和渗氮作用外，它们相互间还可发生化学反应而产生活性炭、氮原子。此外，生产中也有采用有机液体三乙醇胺、甲酰胺和甲醇，再加入尿素等共渗介质，作为滴入剂进行碳氮共渗。活性炭、氢原子被工件表面吸收，并逐渐向内部扩散，结果获得了一定深度的碳氮共渗层。

　　几种表面热处理工艺的比较如表 5-2 所示。

表 5-2　几种表面热处理工艺的比较

处理方法	表 面 淬 火	渗 碳	渗 氮	碳 氮 共 渗
处理工艺	表面加热淬火 + 低温回火	渗碳 + 淬火 + 低温回火	渗氮	碳氮共渗 + 淬火 + 低温回火
生产周期	很短，几秒到几分钟	长，约 3～9h	很长，约 20～50h	短，约 1～2h
表层深度/mm	0.5～7	0.5～2	0.3～0.5	0.2～0.5
硬度 HRC	58～63	58～63	65～70 (1000～1100HV)	58～63
耐磨性	较好	良好	最好	良好
疲劳强度	良好	较好	最好	良好
耐蚀性	一般	一般	最好	较好
热处理后变形	较小	较大	最小	较小
应用举例	机床齿轮，曲轴	汽车齿轮，爪型离合器	油泵齿轮，制动器凸轮	精密机床主轴、丝杠

5.3.4　渗硼技术

　　渗硼也是机械制造中比较有效的一种化学热处理工艺，它是将工件置于含有活性硼原子的介质中加热到一定温度，保温一段时间后，在工件表面形成一层坚硬致密的渗硼层的工艺过程。渗硼层中的硼化物一般由 $FeB + Fe_2B$ 双相或 Fe_2B 单相构成。渗硼层具有以下特性。

　　（1）硬度与耐磨性　钢铁渗硼后表面具有极高的硬度，显微硬度可达 1290～2300HV，所以具有很高的耐磨性。渗硼层的耐磨性优于渗碳层和渗氮层。

　　（2）高温抗氧化性及热硬性　钢铁渗硼后所形成的铁硼化合物（FeB、Fe_2B）是一种十分稳定的金属化合物，它具有良好的高温抗氧化性和热硬性，经渗硼处理的模具一般可在 600℃ 以下可靠地工作。

　　（3）耐蚀性　渗硼层在酸（除硝酸外）、碱和盐的溶液中都具有较高的耐蚀性，特别是在盐酸、硫酸和磷酸中具有很高的耐蚀性。例如 45 钢经渗硼后，在硫酸、盐酸水溶液中的寿命比渗硼前可提高 5～14 倍。

（4）渗硼层的脆性　渗硼层的硬度高，脆性较大。渗硼工件在承受较大的冲击载荷时，容易发生渗层剥落与开裂。为了降低渗硼层的脆性，渗硼件在形状上应避免尖锐的棱边和棱角，而且应选择合适的渗硼工艺，力求获得单相 Fe_2B 组织。渗层不宜过厚，一般取 0.03 ~ 0.10mm 即可。渗硼采用扩散退火及共晶化处理，是降低脆性的有效措施。

根据使用的介质和设备不同，渗硼的方法分类如下：

$$渗硼 \begin{cases} 固体渗硼 \begin{cases} 粉末渗硼 \\ 膏剂渗硼 \end{cases} \\ 液体渗硼 \begin{cases} 盐浴渗硼 \\ 电解渗硼 \end{cases} \\ 气体渗硼 \end{cases}$$

1. 固体渗硼

固体渗硼是将工件埋入含硼的粉末或颗粒介质中，或在其表面涂以含硼膏剂，装箱密封再加热保温的化学热处理工艺。固体渗硼不需要专用设备，操作方便，适应性强。但固体渗硼劳动强度大、工作条件差、成本较高。固体渗硼分为粉末渗硼和膏剂渗硼。

粉末渗剂一般由供硼剂（硼粉、碳化硼 B_4C、硼铁合金 B-Fe、硼砂 $Na_2B_4O_7$ 等）、活化剂（氟硼酸盐、冰晶石、氟化物、氯化物、碳酸盐等）和填充剂（三氧化二铝 Al_2O_3、碳化硅 SiC、木炭、煤粉等）组成。渗硼用铁箱可用低碳钢板焊制。装箱方法与固体渗碳相似，先在箱底铺上一层厚 20 ~ 30mm 的渗硼剂后，再放入工件。工件与箱壁、工件与工件之间要保持 10 ~ 15mm 的间隙，然后填充渗硼剂。盖上箱盖后用耐火泥或黄土泥密封。对于大型凹模的模腔，因非工作部位不需渗硼，所以只在模腔内填充渗硼剂，其他部位用木炭填充，防止表面脱碳。操作时，为了防止活化剂过早分解，影响渗硼效果，要先将炉升温，采用热炉装箱。

粉末渗硼的温度一般为 850 ~ 950℃。提高渗硼温度可以缩短渗硼时间，但会引起晶粒粗大。渗硼保温时间一般为 3 ~ 5 h，最长不超过 6h，渗硼层的厚度为 0.07 ~ 0.15mm。工件经固体渗硼后，最好采用渗箱出炉空冷，至 300 ~ 400℃以下开箱取出工件，渗硼工件表面呈光亮的银灰色。

膏剂渗硼所用膏剂是粉末渗硼剂与粘结剂（常用的有松香酒精溶液、硅酸乙酯水溶液等）混合制成的膏状物。渗硼前将工件去锈、脱脂清洗干净后，再将膏剂涂于工件表面，涂层厚度为 1 ~ 2mm，经自然干燥或在 ≤ 150℃烘箱中烘干后便可装箱。对不需要渗硼的部位，可用三氧化二铝与水玻璃调成糊状进行保护。工件与箱底、箱壁应保持 20 ~ 30mm 距离。盖箱后用水玻璃调制耐火土或黄土泥密封，然后装入已升温到渗硼温度的箱式电炉中加热。

膏剂渗硼温度常用 930 ~ 950℃，保温时间为 3 ~ 6h，温度过高或保温时间过长将引起渗硼层脆性增大，反之渗层过薄。

2. 液体渗硼

液体渗硼包括盐浴渗硼和电解盐浴渗硼。

盐浴渗硼是利用硼砂作为供硼源，无水硼砂（$Na_2B_4O_7$）在高温熔融状态和还原剂作用下，有活性硼原子产生。在高温下游离状态的活性硼原子，被工件表面吸附，与铁原子生成硼化物 FeB 和 Fe_2B。盐浴渗硼多采用坩埚电阻炉，而且多是自制设备。炉内放置盐浴坩埚，为了防止腐蚀，盐浴坩埚必须用不锈钢制作。

渗硼温度为 900 ~ 1000℃，时间为 4 ~ 6h。盐浴配制完成后加热到渗硼温度，保温 0.5h，再搅拌一次，方可放入渗硼工件。渗硼工件要吊装在坩埚内，每隔 0.5 ~ 1h 将工件适当地移动，以保证渗硼层均匀。达到渗硼保温时间后，即可出炉。不需淬火的工件从盐浴中取出，空冷，由于有粘在工件上的盐浴液保护，渗硼层不致损坏。需要淬火的工件应立即转入中性盐浴中加热，然后淬火。

电解盐浴渗硼时，以浸在熔融硼砂中的工件作阴极，石墨坩埚作阳极，电流密度为 $(0.15 ~ 0.2) A/cm^2$，处理温度为 930 ~ 950℃，时间为 2 ~ 6h，可得渗层深 0.15 ~ 0.35mm。电解渗硼速度快，渗剂便宜，渗层深，易调节，但渗层欠均匀，坩埚寿命较短。

气体渗硼与固体渗硼的区别是供硼剂为气体。气体渗硼需用易爆的乙硼烷或有毒的氯化硼，在工业生产上很少使用。

工件渗硼后一般应进行淬火和回火处理。热处理使基体发生相变，而硼化物层不发生相变，因硼化物与基体的膨胀系数差别较大，渗层易开裂，所以要尽量使用缓和的淬火介质，并及时回火。

盐浴渗硼具有设备简单，用盐资源丰富，成本低，无公害等优点。适合渗硼的材料十分广泛，几乎所有钢铁材料，如结构钢、工具钢、模具钢、铸铁均可进行渗硼，硬质合金、有色金属也可以进行渗硼。

【提示与拓展】

化学热处理是古老的工艺之一，在中国可上溯到西汉时期。已出土的西汉中山靖王刘胜的佩剑，表面含碳量达 0.6% ~ 0.7%，而心部为 0.15% ~ 0.4%，具有明显的渗碳特征。明代宋应星撰《天工开物》一书中，就记载有用豆豉、动物骨炭等作为渗碳剂的软钢渗碳工艺。明代方以智在《物理小识》"淬刀"一节中，还记载有"以酱同硝涂鳌口，煅赤淬火"。硝是含氮物质，当有一定的渗氮作用。这说明渗碳、渗氮或碳氮共渗等化学热处理工艺，早在古代就已被劳动人民所掌握，并作为一种工艺广泛用于兵器和农具的制作。

问题4　什么叫发蓝、磷化？各有何应用特点？

5.4　化学氧化与磷化处理

5.4.1　化学氧化处理

化学氧化处理主要应用于钢铁零件，俗称发蓝（发黑）处理，是将金属制品在空气中加热或直接浸于浓氧化性溶液中，使其表面生成均匀、完整、一致的氧化物薄膜的材料保护技术。经发蓝处理获得的氧化膜极薄，厚度约为 $0.5 ~ 1.5\mu m$，不影响工件的精度与力学性能，而且氧化膜也很牢固，不易剥落。氧化膜的组成主要是 Fe_3O_4，称之为磁性氧化铁。这种氧化膜同空气中自然形成的氧化膜相比，膜层均匀而紧密，但以覆盖层标准来衡量，其防护性能仍很差，需要浸肥皂液，浸油或钝化处理后，防护性能和润滑性能才能得到提高。

【提示与拓展】

将一把表面光洁、银光闪闪的小刀，放在水中浸一下，再在火上烤。过一会儿看小刀的表面有什么变化？小刀的表面是否蒙上了一层蓝黑色？

1. 氧化处理（发蓝）时氧化膜形成的原理

氧化处理溶液主要是由很浓的碱和氧化剂组成。钢在溶液中，加热表面开始受到微腐蚀作用，析出的铁离子与碱和氧化剂作用，生成亚铁酸钠（Na_2FeO_2）和铁酸钠（$Na_2Fe_2O_4$），然后再由铁酸钠和亚铁酸钠进一步起作用，生成四氧化三铁（Fe_3O_4），即

$$Fe \rightarrow Na_2FeO_2 \rightarrow Na_2Fe_2O_4 \rightarrow Fe_3O_4$$

氧化膜的颜色是随着膜层的厚度增加而逐渐变化的。在发蓝过程中颜色的变化过程为：

初现黄色→橙色→红色→紫红色→紫色→蓝色→黑色

2. 氧化处理工艺

根据氧化工艺的温度不同，化学氧化处理包括高温氧化和常温氧化。

（1）高温氧化工艺流程　碱性化学脱脂→热水洗→酸洗→冷水洗两次→氧化处理→回收温水洗→冷水洗→浸3%~5%肥皂水（皂化）或3%~5%铬酸钾溶液（钝化）→干燥→浸油。

钢的高温氧化存在碱浓度高，温度高，能耗大，时间长，生产效率低下等缺点。

（2）常温氧化工艺流程　化学脱脂→热水洗→冷水洗→除锈酸洗→冷水洗→中和处理→冷水洗→常温氧化→水洗→肥皂水处理干燥→浸热油→水洗→热水烫干→浸清漆封闭。

3. 发蓝处理后的质量检查

（1）外观观察法　将工件放在荧光灯下，离肉眼300mm，观察其表面，若颜色均匀一致，无明显花斑与锈迹存在，则为良好。

（2）氧化膜疏松的测定　在脱脂后的工件上滴上数滴3%的中性硫酸铜，若在30s内不显示铜色即为合格。

4. 氧化处理设备

氧化处理设备无一定大小规格，应根据工厂发蓝工件的大小和数量而定。一般要求如下。

（1）酸洗槽　应采用玻璃钢耐酸缸、耐酸塑料桶、耐酸搪瓷缸等。为防止盐酸气体对人们身体的影响，必须安装抽风设备。

（2）氧化槽　应保证一定的氧化速度所具有的功率。其热源可用电阻丝或电热管等加热。氧化槽本身应用不易被氧化的材料制造，一般采用低碳钢板制作的氧化槽。为防止氢氧化钠（NaOH）气体对人们身体的影响，氧化槽必须有抽风（排风）设备。

（3）其他辅助设备　清洗槽、皂化槽、热油槽等都无一定技术规定，按需选用即可。

5. 氧化处理安全要求

（1）操作人员在操作时必须戴上眼镜、橡胶手套、高筒胶皮鞋，穿耐酸工作服。

（2）碱性溶液在氧化阶段具有强烈腐蚀性气体，蒸发时，如碰到操作人员皮肤，会导致皮肤发痒甚至破裂，因此必须采用铁罩壳将蒸气通向屋外，或安装排气扇把气体排出室外。

6. 氧化处理的应用

氧化处理适用于碳素钢和低合金钢，广泛应用于机械零件、仪器仪表、枪械等的精密零件及不能以其他覆层替代的防护—装饰性工件。在不影响精密度及力学性能的前提下，它能使工件增加美观和防锈等，但在使用过程中应定期擦油。

由于操作不同及金属本身的化学成分不同，获得的氧化膜颜色也不同，有蓝黑色、黑

色、红棕色等，碳素钢及一般合金钢为黑色；铬硅钢为红棕色到黑棕色；高速钢是黑褐色；铸铁为紫褐色。

5.4.2　磷化处理

钢铁零件在含有锌、锰、铁或碱金属磷酸盐溶液中进行化学处理，在其表面上形成一层不溶于水的磷酸盐膜的过程，称为磷化处理，所形成的薄膜为磷化膜。

1. 磷化工艺的基本原理

磷化过程包括化学与电化学反应。不同磷化体系、不同基材的磷化反应机理比较复杂。普遍观点认为磷化成膜过程主要是由如下四个步骤组成：

（1）利用酸的浸蚀使基体金属表面 H + 浓度降低

$$Fe - 2e \rightarrow Fe^{2+}; \qquad 2H^+ + 2e \rightarrow 2[H] \rightarrow H2$$

（2）促进剂（氧化剂）加速

$$[O] + [H] \rightarrow [R] + H_2O; \qquad Fe^{2+} + [O] \rightarrow Fe^{3+} + [R]$$

式中　[O] 为促进剂（氧化剂）；[R] 为还原产物。

由于促进剂氧化掉第一步反应所产生的氢原子，加快了反应的速度，进一步导致金属表面 H + 浓度急剧下降。同时也将溶液中的 Fe^{2+} 氧化成为 Fe^{3+}。

（3）磷酸根的多级离解

$$H_3PO_4 \rightarrow H_2PO_4^- + H^+ \rightarrow HPO_4^{2-} + 2H \rightarrow PO_4^{3-} + 3H—$$

由于金属表面的 H + 浓度急剧下降，导致磷酸根各级离解平衡向右移动，最终为 $(PO_4)^{3-}$。

（4）磷酸盐沉淀结晶成为磷化膜

当金属表面离解出的 PO_4^{3-} 与溶液中（金属界面）的金属离子（如 Zn^{2+}、Mn^{2+}、Ca^{2+}、Fe^{2+}）达到溶度积常数时，就会形成磷酸盐沉淀

$$Zn^{2+} + Fe^{2+} + PO_4^- + H_2O \rightarrow Zn_2Fe(PO_4)_2 \cdot 4H_2O \downarrow$$

磷酸盐沉淀与水分子一起形成磷化晶核，晶核继续长大成为磷化晶粒，无数个晶粒紧密堆集形成磷化膜。

2. 磷化工艺分类及应用特点

根据磷化工艺目的不同主要分为防锈磷化、耐磨减摩润滑磷化和漆前磷化。

（1）防锈磷化工艺　磷化工艺的早期应用是防锈，钢铁件经磷化处理形成一层磷化膜，起到防锈作用。经过磷化防锈处理的工件防锈期可达几个月甚至几年（对涂油工件而言），广泛用于工序间、运输、包装储存及使用过程中的防锈。防锈磷化主要有铁系磷化、锌系磷化、锰系磷化三大品种。

铁系磷化的主体槽液成分是磷酸亚铁溶液，不含氧化类促进剂，并且有高游离酸度。这种铁系磷化处理温度高于95℃，处理时间长达 30min 以上，磷化膜重大于 $10g/m^2$，并且有除锈和磷化双重功能。这种高温铁系磷化由于磷化速度太慢，现在应用很少。

锰系磷化用作防锈磷化具有最佳性能，磷化膜微观结构呈颗粒密堆集状，是应用最为广泛的防锈磷化。加与不加促进剂均可，如果加入硝酸盐或硝基胍促进剂可加快磷化膜生成速度。通常处理温度 80 ~ 100℃，处理时间 10 ~ 20min，膜重在 $7.5g/m^2$ 以上。

锌系磷化也是广泛应用的一种防锈磷化，通常采用硝酸盐作为促进剂，处理温度 80 ~ 90℃，处理时间 10 ~ 15min，磷化膜重大于 $7.5g/m^2$，磷化膜微观结构一般是针片紧密堆

集型。

防锈磷化一般工艺流程：脱脂除锈→水清洗→表面调整活化→磷化→水清洗→铬酸盐处理→烘干→涂油脂或染色处理

通过强碱强酸处理过的工件会导致磷化膜粗化现象，采用表面调整活化可细化晶粒。锌系磷化可采用草酸、胶体钛表调。锰系磷化可采用不溶性磷酸锰悬浮液活化。铁系磷化一般不需要调整活化处理。磷化后的工件经铬酸盐封闭可大幅度提高防锈性，如再经过涂油或染色处理可将防锈性提高几倍甚至几十倍。

（2）耐磨减摩润滑磷化工艺　对于发动机活塞环、齿轮、制冷压缩机一类工件，它不仅承受一次载荷，而且还有运动摩擦，要求工件能减摩、耐磨。锰系磷化膜具有较高的硬度和热稳定性，能耐磨损，具有较好的减摩润滑作用，因此，广泛应用于活塞环、轴承支座、压缩机等零部件。这类耐磨减摩磷化处理温度 70～100℃，处理时间 10～20min，磷化膜重大于 $7.5g/m^2$。

在冷加工行业如接管、拉丝、挤压、深拉深等工序，要求磷化膜提供减摩润滑性能，一般采用锌系磷化。一是锌系磷化膜皂化后形成润滑性很好的硬脂酸锌层，二是锌系磷化操作温度比较低，可在 40℃、60℃ 或 90℃ 条件下进行磷化处理，磷化时间 4～10min，有时甚至几十秒钟即可，磷化膜重量要求 ≥$3g/m^2$ 便可。其工艺流程是：脱脂除锈→水清洗→锰系磷化锌系磷化→水清洗→干燥→皂化（硬脂酸钠）→涂润滑油脂干燥

（3）漆前磷化工艺　涂装底漆前的磷化处理，将提高漆膜与基体金属的附着力，提高整个涂层系统的耐腐蚀能力，提供工序间保护以免形成二次生锈。因此漆前磷化的首要问题是磷化膜必须与底漆有优良的配套性，而磷化膜本身的防锈性是次要的，磷化膜细致密实、膜薄。当磷化膜粗厚时，会对漆膜的综合性能产生负效应。磷化体系与工艺的选定主要有：工件材质、油锈程度、几何形状、磷化与涂漆的时间间隔、底漆品种和施工方式以及相关场地设备条件决定。

一般来说，低碳钢较高碳钢容易进行磷化处理，磷化成膜性能好些。对于有锈（氧化皮）工件必须经过酸洗工序，而酸洗后的工件将给磷化带来很多麻烦，如工序间生锈泛黄，残留酸液的清除，磷化膜出现粗化等。酸洗后的工件在进行锌系、锌锰系磷化前一般要进行表面调整处理。

在间歇式的生产场合，由于受条件限制，磷化工件必须存放一段时间后才能涂漆，因此要求磷化膜本身具有较好的防锈性。如果存放期在 10 天以上，一般应采用中温磷化，如中温锌系、中温锌锰系、中温锌钙系等，磷化膜重最好应在 $2.0～4.5g/m^2$ 之间。磷化后的工件应立即烘干，不宜自然晾干，以免在夹缝、焊接处形成锈蚀。如果存放期只有 3～5 天，可用低温锌系、轻铁系磷化，烘干效果会好于自然晾干。

按磷化处理温度分类，磷化工艺分为：

（1）高温磷化　钢铁零件的高温磷化是在 90～98℃ 温度下处理 10～30min。优点是膜层的耐蚀性、结合力、硬度和耐热性都较好，缺点是高温操作能耗大，挥发量大，成分变化快，磷化膜易夹渣，结晶粗细不均。

（2）中温磷化　钢铁零件中温磷化，是在 50～70℃ 温度下处理 10～15min。其优点是膜层耐蚀性接近高温磷化膜，溶液稳定，磷化速度快，生产效率高，是应用很广泛的工艺。中温厚磷化膜用于防锈、冷加工润滑，减摩等。

（3）常（低）温磷化　钢铁零件常温磷化，是指不加热，在自然室温条件下的磷化，正常为 10～35℃。当今对这类磷化研究最活跃，进步最快。

此外，磷化工艺按施工方法分为

（1）浸渍磷化　适用于高、中、低温磷化。特点：设备简单，仅需加热槽和相应加热设备。最好用不锈钢或橡胶衬里的槽子，不锈钢加热管道应放在槽两侧。

（2）喷淋磷化　适用于中、低温磷化工艺，可处理大面积工件，如汽车、冰箱、洗衣机壳体。特点：处理时间短，成膜反应速度快，生产效率高，且这种方法获得的磷化膜结晶致密、均匀、膜薄、耐蚀性好。

（3）刷涂磷化　上述两种方法无法实施时，采用本法。在常温下操作，易涂刷，可除锈蚀，磷化后工件自然干燥，防锈性能好，但磷化效果不如前两种。

除钢外，铝和铝合金、锌、镁、钛及它们的合金能够接受磷酸盐的处理，但磷酸盐膜的形成与基底金属的化学组成和它的表面结构有关。一些金属，例如铜、铅、不锈钢和镍铬合金，由于它们在含游离磷酸的溶液中不会发生腐蚀溶解，自然也不会发生结晶成核过程，因此，在其上是难以形成磷酸盐膜的。

问题5　金属表面电镀的原理及应用特点是怎样的？

5.5　电镀技术

电镀是一门具有悠久历史的表面处理技术。它是与工业生产各行业联系最密切、应用最广泛的技术之一。随着现代工业和科学技术的发展，电镀技术也在不断更新，种类逐渐增多。镀覆层可以是金属、合金、半导体以及含有各类固体微粒的镀层，母材可以是金属、陶瓷、塑料、玻璃、纤维等。电镀覆层广泛用作抗蚀、装饰、耐磨、润滑和其他功能镀层。

5.5.1　普通电镀

1. 电镀原理

电镀是使用电化学的方法在金属或非金属制品表面沉积金属或合金层。在进行电镀时，将被镀的零件和直流电源的负极相连，要镀覆的金属和直流电源的正极相连，并放在镀槽中。镀槽里装有含有欲镀金属离子的溶液及其他的一些添加剂。当电源与镀槽接通时，在阴极上析出欲镀的金属层。以镀锌为例，如图 5-10 所示，将待镀零件接在直流电源的负极上，把锌棒（板）接在电源正极上，二者之间充满氯化锌（$ZnCl_2$）溶液。首先，镀液电离成大量自由运动的锌离子 Zn^{2+} 和氯离子 Cl^-。通电后，电镀液中带正电的 Zn^{2+} 移向阴极（即零件），夺得阴极上的电子形成中性的锌原子并沉积在零件上。电镀液中的 Cl^- 移向正极（锌棒），一方面把多余的电子交给正极，让电子由正极进入电路回至电源；另一方面 Cl^- 和正极上 Zn^{2+} 的结合成氯化锌（$ZnCl_2$）进入电镀液进行补充。这样，电镀液成为通路，使电流不断通过。随着电镀过程的进行，锌棒便逐渐损耗，而零件上沉积的锌层逐渐增厚。实际用的镀锌液中还加入了一些添加剂如氯化铵、三氯乙酸等。

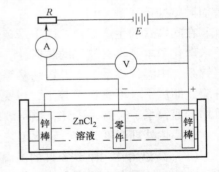

图 5-10　电镀锌装置示意图

电镀工艺通常包括镀前处理、电镀和镀后处理三个过程。工件的镀前处理主要是去油除锈和活化处理（即将工件在弱酸中浸蚀一段时间）。镀后处理主要有钝化处理（在一定溶液中进行的化学处理，使电镀层上形成一层坚固致密的稳定的薄膜）、氧化处理、着色处理及抛光处理等，可根据工件的不同需要选择使用。

2. 镀铬

在金属材料上应用较多的是镀铬，其电解液的主要成分不是金属铬盐，而是铬酸。为了实现镀铬过程，还必须添加一定量的离子 SO_4^{2-} 或 SiF_6^{2-}、F^- 和 Cr^{3+} 离子。镀层厚度一般为 $0.03 \sim 0.30mm$。镀铬层的化学稳定性高，摩擦因数小，硬度高（$900 \sim 1200HV$，高于渗碳层、渗氮层），具有高的耐磨性，导热性好。镀铬层与基体金属结合强度高，但随着镀层厚度增加，镀铬层强度、结合强度和疲劳极限均随之降低。镀铬不会引起工件变形，对形状复杂的零件十分有利。

镀铬按其用途主要可分为防护装饰性镀铬和耐磨镀铬两大类。防护装饰性镀铬的目的是防止金属制品在大气中腐蚀生锈和美化产品的外观，大量应用于汽车、摩托车、自行车、缝纫机、钟表、家用电器、医疗大器械、仪器仪表、家具、办公用品以及日用五金等产品。耐磨镀铬的目的是提高机构零件的硬度、耐磨、耐蚀和耐温等性能，广泛应用于五金模具、塑料模具、玻璃模具、化工耐蚀阀门、发动机曲轴、气缸活塞和活塞环、光学刻度尺及其他工量具、切削刃具等。但镀铬层在承受强压或冲击时镀层容易剥落，所以对于受冲击载荷的零件不宜使用。耐磨镀铬的另一用途是修复磨损零件（如主轴）和切削过量的工件，使这些零件可重复使用。

镀铬的一般工艺过程如下。

（1）镀前准备　包括镀前机械加工以提高工件表面质量；绝缘处理，即在工件不需镀铬表面，先刷绝缘清漆，再包塑料胶带。

（2）吊入镀槽进行电镀。

（3）镀后加工与处理，镀后检查，不合格处用酸洗或反极退镀，重新电镀。

【提示与拓展】

1965 年，湖北省荆州市望山一号墓出土越王勾践的自用青铜剑，轰动世界。勾践剑在墓中被水浸泡 2000 多年仍锋芒毕露，寒气逼人。"越王勾践剑"千年不锈的原因在于剑身上被镀上了一层含铬的金属。

3. 镀锌

锌镀层大多镀覆于钢铁制品的表面，经钝化后，在空气中几乎不发生变化，有很好的防锈功能。这是因为钝化膜紧密细致及锌镀层表面生成的碱式碳酸盐薄膜保护了下面的金属不再受腐蚀的缘故。另一方面，由于锌有较高的负电位，比铁的电位高，因此，形成铁—锌原电池时，锌镀层是阳极，它会自身溶解而保护钢铁基体，即使表面锌镀层不也能起到这个作用。锌镀层对铁基体既有物理保护作用，又有电化学保护作用，所以，耐蚀性能相当优良。

锌镀层钝化后，通常视所用钝化液不同而得到彩虹色钝化膜或白色钝化膜。彩虹色钝化膜的耐蚀性比无色钝化膜高 5 倍以上，这是因为彩虹色钝化膜比白色钝化膜厚。另一方面，彩虹色钝化膜表面被划伤后，表面能自行再钝化，使钝化膜恢复完整，因此镀锌多采用彩虹色钝化。白色钝化膜外观洁白，多用于日用五金、建筑五金等要求有均匀白色表面的制品。此外，还有黑色钝化、军绿色钝化等，在工业上也有应用。

锌是既溶于酸又溶于碱的两性金属，锌层中含有异类金属越多越容易溶解。电镀所得锌层较纯，在酸和碱中溶解较慢。锌镀层经特种处理后可呈现各种颜色作装饰用。锌镀层的厚度视工件的要求而定，一般不低于 $5\mu m$，普通在 $6 \sim 12\mu m$，恶劣环境条件下才超过 $20\mu m$。

镀锌具有成本低，耐蚀性好、美观和耐储存等优点，在工业中得到广泛应用。但锌镀层硬度低，又对人体有害，所以不能在食品工业上使用。

【提示与拓展】

镀锌板是工业上常用的一类金属板材，是指经过表面镀锌后的薄钢板（基材常为 Q235、Q195）。现在钢板的表面镀锌主要采用的方法是热镀锌。热镀锌是由较古老的热镀方法发展而来的，自从1836年法国把热镀锌应用于工业以来，已经有170年的历史了。然而，热镀锌工业近30年来伴随冷轧带钢的飞速发展而得到了大规模发展。

5.5.2　电刷镀

电刷镀是普通电镀技术的发展，是在常温、无槽条件下进行的，其基本原理和电镀相同，如图5-11所示。将表面预处理好的工件接电源的负极，镀笔接电源正极，不溶性阳极的包套浸满金属溶液，并在操作下不断地加液，通过镀笔在工件修复表面上的相对擦拭运动，电镀液的金属阳离子在电场作用下迁移到阴极表面，发生还原反应，被还原为金属原子，形成金属镀层，随着时间增长，镀层逐渐加厚，从而达到镀覆及修复的目的。

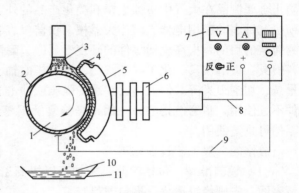

图 5-11　电刷镀原理示意图
1—工件　2—镀层　3—镀液　4—包套　5—阳极　6—导电柄　7—电刷镀电源　8—阳极电缆　9—阴极电缆　10—循环使用溶液　11—拾液盘

完整的电刷镀过程还应包括预处理过程。预处理过程包括：镀层工件表面的电清洗和电活化工序，这些处理都使用同一电源，只是镀笔、溶液、电流方向等工艺条件不同而已。

由于电刷镀无需镀槽，两极距离很近，所以常规电镀的溶液不适合用来做电刷镀溶液。电刷镀溶液大多数是金属有机络合物水溶液，络合物在水中有相当大的溶解度，并且有很好的稳定性。电刷镀溶液中的金属离子的浓度要高得多，因此需要配制特殊的溶液。

电刷镀与槽镀相比，最大优点是镀层质量和性能优良，沉积速度快，镀层结合牢固，工艺简单，易于现场操作，经济效益显著。目前电刷镀工艺主要用于机械设备的维修，也用来改善零部件的表面理化性能。一般说来，若沉积的厚度小于0.2mm，采用电刷镀比其他维修方法合算。诸如液动轴承的修理、轴颈的修理、孔类零件的修复、大型模具的修复等。此外，低应力镍、钴、锌、铜等电刷镀层可用于防腐蚀；铝刷镀铜可以实现铝和其他金属的钎焊等。

问题6　什么叫气相沉积技术？有什么应用特点？

5.6　表面气相沉积技术

气相沉积技术是利用气相中发生的物理、化学过程，改变工件表面成分，在表面形成具有特殊性能的金属或化合物涂层的新技术。气相沉积是一种发展迅速，应用广泛的表面成膜技术，它不仅可以用来制备各种特殊力学性能（如超硬、高耐蚀、耐热和抗氧化等）的薄膜涂层，而且还可以用来制备各种功能薄膜材料和装饰薄膜涂层等。

钛、钽、钒、铌、钨、钼、铬等元素的碳化物、氮化物和硼化物的共同性质是高硬度、高熔点，而且与作为基体的钢材料结合能力强。将这样的化合物被覆在模具工作表面，形成超硬涂层，可以使模具获得优异的力学性能，大幅度地提高模具寿命。这些化合物中可以用于大批量生产的有碳化钛（TiC）、氮化钛（TiN）、碳化钒（VC）、碳化铌（NbC）以及钽、钨、锰、铬、硼的碳化物。

目前用于各类刀具和模具表面硬化处理的沉积层主要为碳化钛、氮化钛、碳氮化钛（TiCN）。

碳化钛硬度高达 2980～3800HV，但韧性差，硬化层中容易含有游离碳，制造工艺稳定性差，碳化钛与钢材的线胀系数差异大，其外观呈灰色。

氮化钛具有独特的优点：硬度高，约为 2400HV；与大多数钢材间的摩擦因数小，具有自润滑和抗粘着磨损作用。氮化钛与钢材的线胀系数接近，有利于涂层与基体间的结合。氮化钛韧性好，能承受基体材料一定程度的弹性变形。化学稳定性好，耐蚀性和抗氧化性能优良。涂层外观呈金黄色，便于直观检查。

碳氮化钛是一处兼有碳化钛和氮化钛优点的涂层。碳化钛硬度高但韧性差，而氮化钛韧性好却硬度较差。调节碳氮化钛中碳与氮的比例可以得到两种性能的最佳组合。调整碳与氮的比例还可以得到从黄金到蓝紫，甚至黑色的超硬涂层和彩色涂层。

气相沉积的方法有化学气相沉积法，即 CVD 法（Chemical Vapor Deposition）；物理气相沉积法，即 PVD 法（Physical Vapor Deposition）；等离子化学气相沉积法，即 PCVD 法（Plasma Chemical Vapor Deposition）。

5.6.1　化学气相沉积

1. 化学气相沉积的原理

化学气相沉积（CVD）是利用气态物质在一定的温度下在固体表面进行化学反应，并在其表面生成固态沉积膜的过程。CVD 法沉积氮化钛的设备原理如图 5-12 所示，图中 5 是反应器，用不锈钢管制成，其外围的 6 是电阻加热器。被沉积氮化钛的工件 7 置于反应器中。气体原料氢气、氮气经干燥器、净化器、流量计输入反应器。气态四氯化钛（$TiCl_4$）由蒸发器生成，并由氮气带入反应器。反应后生成的尾气经尾气吸收器排出。

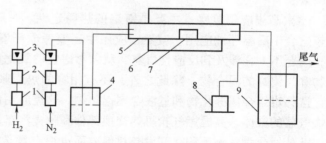

图 5-12　化学气相沉积氮化钛设备示意图
1—干燥器　2—净化器　3—流量计　4—$TiCl_4$ 包蒸发器　5—反应器
6—加热器　7—工件　8—泵　9—尾气吸收器

在 900～1200℃温度下，在工件表面参加反应的气体进行化学反应，总的化学反应式是

$$TiCl_4 + 1/2N_2(气) + H_2(气) \Leftrightarrow TiN(固) + 4HCl(气)$$

整个反应过程可分为下面几个步骤：

（1）反应气体向工件表面扩散并吸附。

（2）吸附于工件表面的各种物质发生表面化学反应。

（3）生成物质点聚集成晶核逐渐长大。

（4）表面化学反应中产生的气体产物脱离工件表面返回气相。

（5）沉积层与基体的界面发生元素的互扩散，形成镀层。

2. 化学气相沉积的特点

CVD法具有以下一些特点：

（1）设备简单，操作维护方便，灵活性强。只要选用不同的原料，采用不同的工艺参数，就可以制备性能各异的单一或复合涂层。

（2）由于它绕镀性能好，所以可涂覆带有槽、沟、孔、不通孔等各种形状的复杂工件。

（3）由于沉积温度高，涂层与基体之间结合牢靠，经CVD处理的工件，即使在十分恶劣的条件下工作涂层也不易脱落。

（4）涂层致密均匀，并且可以控制它们的纯度、结构和晶粒度。

（5）CVD法沉积温度高，一般在800～1100℃范围内，对于高温时变形量较大的钢材和尺寸要求特别精密的工件要考虑变形的影响。

3. 化学气相沉积的应用

化学气相沉积的工业应用主要包括

（1）耐磨镀层　以氮化物、氧化物、碳化物和硼化物为主，主要应用于金属切削刀具。在切削应用中，镀层性能上主要包括硬度、化学稳定性、耐磨性、低摩擦因数、高导热与热稳定性和与基体的结合强度；这类镀层主要有氮化钛（TiN）、碳化钛（TiC）、碳化钽（TaC）、氮化铪（HfN）、三氧化二铝（Al_2O_3）、硼化钛（TiB_2）等，都已得到应用。

（2）摩擦学镀层　主要降低接触的滑动面或转动面之间的摩擦因数，减少粘着、摩擦或其他原因造成的磨损。这类镀层主要是难熔化合物。在镀层性能上的要求是硬度、弹性模量、断裂韧度、与基体的结合强度、晶粒尺寸等。当然从摩擦学上，还应考虑应用环境条件下摩擦镀层的化学稳定性、摩擦镀层与接触表面的性质，包括接触温度、压力、润滑的有无等因素。

（3）高温应用镀层　主要是镀层的热稳定性。一般来说，高分解温度的难熔化合物，比较适合于高温环境应用。诚然，应用中还要考虑环境的影响。如在真空和惰性气氛下使用，问题不大，涉及到反应性气氛，就须考虑它的氧化和化学稳定性。这样就可选用难熔化合物和氧化物的混合物。除此之外，还有相容的热膨胀特性和强度，如环境有经常性的热震，选择难熔金属硅化物和过渡金属铝化物。这类应用包括火箭喷嘴、加力燃烧室部件、返回大气层的锥体、高温燃气轮机热交换部件和陶瓷汽车发动机缸套、活塞等。

此外，化学气相沉积在开发新材料方面也很有意义。如在陶瓷中加入微米的超细晶须，可使复合材料的韧性明显改善。化合物晶须可用化学气相沉积法来生产。如已经沉积生产出的氮化硅（Si_3N_4）、碳化钛（TiC）、三氧化二铝（Al_2O_3）、氮化钛（TiN）、碳化铬（Cr_3C_2）、碳化硅（SiC）、碳化锆（ZrC）、氮化锆（ZrN）、氧化锆（ZrO_2）晶须等。这使研究晶须在复合材料中的应用成为现实。

5.6.2　物理气相沉积

物理气相沉积（PVD）是在真空条件下，将金属、合金或非金属及化合物等用物理方法气化为原子或分子，或使之离化为离子，然后直接沉积在基体表面形成薄膜的技术。物理气相沉积技术始于 20 世纪初，现已在机械、电子、信息、航空航天、轻工、光学、能源等部门得到广泛应用。可用于制备抗氧化、抗腐蚀、耐磨、润滑、装饰等结构镀层，也可制备光学、磁性、导电、压电和超导等具有特殊性能的功能膜。

物理气相沉积的实用方法有以下三种。①真空蒸镀：在真空室中将成膜材料用电阻加热（或电子束加热、感应加热）方法加热至熔化状态，并使之蒸发后以原子或分子态沉积在基体表面成膜；②真空溅射：在真空室内通入 $0.1 \sim 1.0$ Pa 的惰性气体（如氮），使之在高电压下辉光放电，气体离子在强电场作用下轰击膜材制成的阴极靶，使表面的原子被溅射出来，沉积在基体上成膜；③离子镀：将真空蒸镀和离子溅射结合起来的一种新的镀膜技术。在真空室中通过电阻加热（或电子束加热、感应加热）使膜材汽化，然后向真空室中通入 $0.1 \sim 1.0$ Pa 的氩气，在基体相对于膜材间加负高压，于是基体与膜材间产生辉光放电，基体在受到气体正离子轰击清除表面污染物的同时，也有大量被电离的膜材物质的正离子射向负高压的基体，沉积成膜。

物理气相沉积过程是在真空中进行的，与其他工艺相比有以下特点：①在真空条件下制备的膜物理化学性能好，如不受污染、纯度高、致密性好、光洁度高、膜厚均匀；②膜厚容易控制，既可制几百微米的厚膜，也很容易制备数十纳米的极薄膜；③镀膜材料和基体材料的范围广泛，几乎不受限制。可制纯金属膜，成分复杂的合金膜，也可在沉积过程中通入反应气体（如氧、氮等）制备化合物膜，如三氧化二铝（Al_2O_3）、氮化铝（AlN）、氮化钛（TiN）、二硫化钼（MoS_2）等膜；④沉积速度较快。不足之处是 PVD 法形成的沉积层较薄，且与工件表面的结合力较小，镀层的均匀性较差，设备的造价较高，操作维护的技术要求也较高。镀膜前可在真空室中对基体表面进行离子轰击清洗，以增强镀层与基体的结合强度。

20 世纪 70 年代中期所开发的氮化钛 TiN 真空镀膜成功地应用于刀具和工具领域，之后真空镀膜已被公认为能够有效地提高刀具的性能，大幅提高机床的生产能力并降低生产成本。目前 PVD 镀膜技术在国内外刀具产品制造中已广泛应用。PVD 在模具工作零件表面强化中的应用也越来越多。PVD 方法突出的优点是镀膜温度低，只有 500℃ 左右，而且温度还可以降低。虽然镀膜较薄，但是能有效地提高模具寿命。例如，Cr12MoV 钢所制精冲模经 PVD 法涂覆氮化钛后，摩擦因数减小，抗粘着和抗咬合性改善，其使用寿命大大延长；YG20 硬质合金所制录音机磁头外壳拉深模经 PVD 涂覆氮化钛处理后，模具寿命提高 3 倍以上。

【提示与拓展】

利用 PVD 法和 PCVD 法对高速钢刀具进行氮化钛镀层处理，是高速钢刀具的一场革命。氮化钛镀层保证高速钢刀具能在更高的切削速度、更大的进给量下切削，并使刀具的寿命延长。被处理的刀具除了滚刀、插齿刀之外，还包括钻头、各种类型的铣刀、铰刀、丝锥、拉刀、带锯，甚至高速钢刀片等。一些发达国家的不重磨刀具中 30% ~ 50% 是加涂耐磨镀层的。

5.6.3　等离子化学气相沉积（PCVD）

等离子化学气相沉积（PCVD）是将低气压气体放电等离子体应用于化学气相沉积中的一项新技术。PCVD 具有 CVD 的良好绕镀性和 PVD 低温沉积的特点，更适合模具工作零件的表面强化。

PCVD 仍然采用 CVD 所用的源物质，如沉积氮化钛，仍然采用四氯化钛（$TiCl_4$）、氢、氮。其激发等离子体的装置有直流辉光、射频辉光、微波场等三种。

镀膜室沉积时须为真空状态，故也称为真空室。镀膜室一般用不锈钢制作。基板（工件）可以吊挂，也可以是托盘结构。镀膜室接电源正极，基板接负极，负偏压为 1 ~ 2kV。由于 PCVD 采用的源物质和产物中含有还原性很强的卤元素或其他氢化（HCl）等气体，所以排放的气体腐蚀性较强。因此，在抽气管路上设置冷阱，使腐蚀气体冷凝，以减少对环境的污染。

镀膜的工作过程如下：首先用机械泵将镀膜室抽到 10Pa 左右的真空。通入氢气和氮气，接通电源后，产生辉光放电。产生氢离子和氮离子轰击基板，进行预轰击清洗净化工件，并使工件升温。工件到达 500℃ 以后，通入四氯化钛，气压调至 10^{-3} ~ 10^{-2}Pa，进行等离子体化学气相沉积氮化钛。

用 PCVD 法可在各类模具刀具表面制备超硬、耐热强化层，可有效提高各类模具和刀具的使用寿命。如铝型材挤压模经 PCVD 强化后，可提高模具耐磨性，防止模具划伤，提高模具使用寿命 100% ~300%，并可改善产品表面质量。冷挤压、冷镦、拉拔、冷冲压等冷作模经 PCVD 强化后，可提高寿命 100% ~300% 以上。各类金属切削刀具经 PCVD 强化后，普通提高寿命 2 ~8 倍，最高可达 20 多倍。其中包括：滚齿刀、插齿刀、剃齿刀、推刀、拉刀、成形铣刀、钻头、丝锥、镗刀和硬质合金刀具等各类刀具。高速钢刀具强化后，切削性能显著提高，可切削硬度达 42 ~46HRC 的硬化材料。

表 5-3 列出了 PVD 法、CVD 法及 PCVD 法的特性与应用比较。

表 5-3　PVD 法、CVD 法及 PCVD 法的特性与应用比较

特点 \ 沉积方法		PVD 法			CVD 法	PCVD 法
		真空蒸镀	真空溅射	离子镀		
薄膜特点	光洁程度	好	好	好	好	一般
	密度	较低	高	高	高	高
	附着	一般	良好	很好	很好	很好
	均匀度	一般	好	好	好	好
主要用途	耐腐蚀	镀 Al、Ni、Cu、Au 膜	镀 Al、Ti、Ni、Au、TiN 膜	镀 Al、Ti、TiN 膜，防潮、防酸、防碱、海洋气候	可镀多种金属及化合物防腐蚀膜	镀 TiN、W、Mo、Ni、Cr 防腐蚀膜
	润滑	镀 Ag、Au、Pb 膜	镀 MoS_2、Ag、Au、Pb、C 膜	镀 MoS_2、Ag、Au、Pb、C 膜		
	耐磨			机械零件、刀具、模具上镀 TiN、TiC、BN、TiAlN	镀 TiN、TiC、BN、金刚石	镀 TiN、TiC、BN、金刚石
	装饰	金属、塑料、玻璃上镀多种金属膜	金属、塑料、玻璃、陶瓷镀上多种金属及化合物膜	塑料、金属、玻璃上镀多种金属及化合物膜		

问题7　热喷涂、喷丸以及最新的激光表面处理技术在工业上有何应用？

5.7　其他表面处理技术

5.7.1　热喷涂

　　热喷涂是利用专用设备产生的热源将金属或非金属涂层材料加热到熔化或半熔化状态，然后用高速气流将其分散细化并高速撞击到工件表面形成涂层的工艺过程。其原理如图5-13所示。

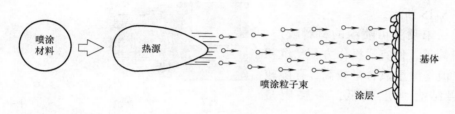

图 5-13　热喷涂技术原理示意图

　　基体表面的涂层由不断飞向基本表面的粒子撞击其表面或撞击已形成的涂层表面而堆积成一定厚度的涂层，即在基体或已形成的涂层表面不断地发生着粒子的碰撞—变形—冷凝收缩的过程，变形的颗粒与基体或涂层之间互相交错而结合在一起。涂层的形成过程如图5-14所示。

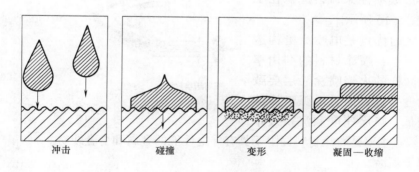

图 5-14　涂层的形成过程

　　热喷涂工艺过程通常分为喷前表面预处理、喷涂、喷后处理、精加工等过程。

　　喷涂前预处理是热喷涂作业中非常重要的一步。涂层的结合质量直接与基体表面的清洁度和表面粗糙度有关。预处理包括对工件进行清洗及表面粗糙化处理。

　　喷涂时涂层形成的大致过程是：涂层材料经加热熔化和加速→撞击基体→冷却凝固→形成涂层。其中涂层材料的加热、加速和凝固过程是三个最主要的方面。

　　喷涂后处理包括两个方面，一个是封孔处理，一个是致密化处理。多孔隙是热喷涂层的固有缺陷，封孔处理的目的就是填充这些孔隙。

热喷涂层表面一般较粗糙，涂层表面一般需要进行机加工以达到所要求的精度和表面粗糙度。另外，为了改善涂层的质量（如提高结合力、气密性等），有时在喷涂后还要进行机械的、化学的处理以及热处理。

目前常用的方法主要有火焰粉末喷涂、电弧喷涂、等离子喷涂。

1. 火焰粉末喷涂

火焰粉末喷涂尤其是氧乙炔火焰粉末喷涂是目前应用面较广、数量较多的一种喷涂方法，是通过采用粉末火焰喷枪来实现的。工作时，用少量气体将喷涂粉末输送到喷枪前端，通过燃气加热、熔化并加速喷涂到基体表面形成涂层。在喷嘴前端加上空气帽，可以压缩燃烧焰流并提高喷流速度。如图 5-15 所示。

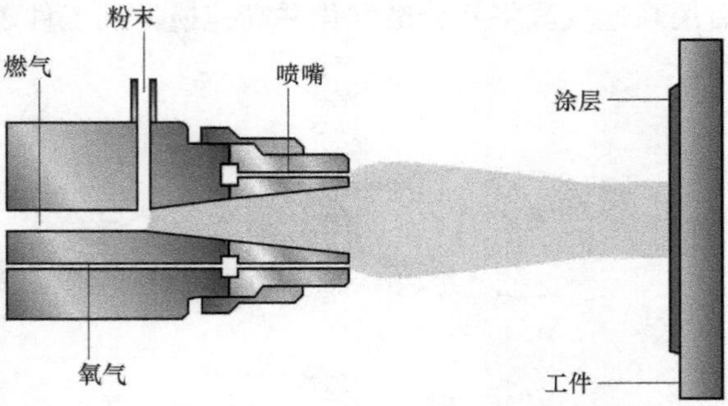

火焰粉末喷涂可喷涂的材料较广，而且设备简单、便宜，操作方便，沉积效率高。但是涂层氧含量较高，孔隙较多，涂层结合强度偏低，涂层质量不高。

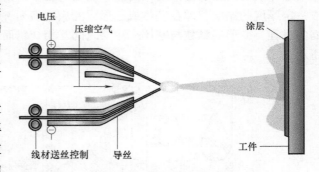

图 5-15　火焰粉末喷涂示意图

2. 电弧喷涂

电弧喷涂是将两根被喷涂的金属丝作为自耗性电极，彼此绝缘并加有 18～40V 直流电压，由送丝机构向前输送，当两极靠近时，在两丝顶端产生电弧并使顶端熔化，同时吹入的压缩空气使熔融的液滴雾化并形成喷涂束流，沉积在工件表面。如图 5-16 所示。

电弧喷涂的优点是电喷涂枪构造简单，操作灵活；喷涂材料的利用率高；涂层比同样的火焰喷涂涂层要致密，结合强度要高；而且电弧喷涂的运行费用较低，喷涂速度和沉积效率

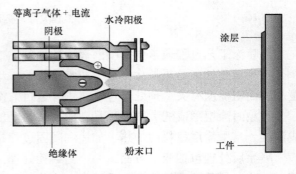

图 5-16　电弧喷涂示意图

都很高。其缺点主要是喷涂材料局限于具有导电性能的金属和合金线材。

3. 等离子喷涂

等离子喷涂是以电弧放电产生等离子体作为高温热源，以喷涂粉末材料为主，将喷涂粉末加热到熔化或熔融状态，在等离子射流加速下以很高的速度喷射到基材表面形成涂层的工艺方法。如图 5-17 所示。

用于等离子喷涂的等离子体通常由下列一种或几种气体混合产生：氩、氦、氮、氢。等离子火焰温度可达到 20000K，

图 5-17　等离子喷涂示意图

可熔化目前所有固体材料。喷射出的微料的温度和速度都很高，故形成的喷射涂层结合强度高，质量好。

总之，热喷涂技术的特点主要体现在如下几个方面。

（1）适应性广　热喷涂可在各种基体上制备各种材质的涂层。金属、陶瓷、金属陶瓷以及工程塑料等都可以用作喷涂的材料，而金属、陶瓷、金属陶瓷、工程塑料、玻璃、木材、布、纸等几乎所有固体材料都可以作为热喷涂的基材。

（2）基体温度低　一般在 $30 \sim 200 ℃$ 之间，因此变形小，热影响区浅。

（3）操作灵活　可喷涂各种规格和形状的物体，特别适合于大面积涂层，并可在野外作业。

（4）涂层厚度范围宽　从几十微米到几毫米的涂层都能制备，且容易控制；喷涂效率高，成本低，喷涂时生产效率为每小时数公斤到数十公斤。

热喷涂技术的局限性主要体现在热效率低，材料利用率低，浪费大和涂层与基材结合强度较低三个方面。尽管如此，热喷涂技术仍然以其独特的优点获得了广泛的应用。

5.7.2　喷丸强化

喷丸强化是当前国内外广泛应用的一种表面强化方法，即利用高速弹丸强烈冲击零件表面，使之产生形变硬化层并引起残留压应力。可显著提高金属的抗疲劳、拉应力腐蚀破裂、抗腐蚀疲劳、抗微动磨损、耐点蚀等能力。

喷丸强化能用于：

（1）延长构件寿命（使疲劳强度提高 $20\% \sim 70\%$ ）。

（2）在寿命等同的条件下增加承载能力。

（3）允许减小工件的尺寸和质量。

（4）减少对精加工的需求。

（5）降低成本。

（6）在使用高强度钢时，不必担心出现缺口敏感性。

（7）能够用于对疲劳性有损害的工艺过程，例如放电加工、电解加工以及镀硬铬等过程。

喷丸强化所用设备简单，成本低，耗能少，并且在零件的截面变化处、圆角、沟槽、危险断面以及焊缝区等都可进行，故在工业生产中获得了广泛应用。常用的喷丸设备类型主要有两类，一类为机械离心式喷丸机，适用于要求喷丸强度高，品种少，批量大，形状简单，尺寸较大的零件；另一类是压缩空气式的气动式喷丸机，适用于要求喷丸强度较低，品种多，批量小，形状复杂，尺寸较小的零件。

喷丸强化用的弹丸，常用的有三种：

（1）铸铁弹丸　碳质量分数 w_C 为 $2.75\% \sim 3.60\%$ ，硬度约为 $58 \sim 65HRC$ 。为提高弹丸的韧性，往往采用退火处理提高韧性，硬度降低约 $30 \sim 57HRC$ 。铸铁弹丸的尺寸为 $d = 0.2 \sim 1.5mm$ 。使用中，铸铁弹丸易于破碎，损耗较大，要及时将破碎弹丸分离排除，否则将会影响零件的喷丸强化质量。但由于铸铁弹丸的价格低廉，故获得大量应用。

（2）钢弹丸　当前使用的钢弹丸一般是将 w_C 为 0.7% 的弹簧钢丝（或不锈钢丝），切制成段，经磨圆加工制成，直径为 $d = 0.4 \sim 1.2mm$ 。硬度 $45 \sim 50HRC$ 为最适宜。钢弹丸的组织最好为回火马氏体或贝氏体。

（3）玻璃弹丸 其应用是在近十几年发展起来的，已在国防工业中获得应用。玻璃弹丸的直径在 $d = 0.05 \sim 0.40\text{mm}$ 范围，硬度 $46 \sim 50\text{HRC}$。

强化用的弹丸与清理、成形、校形用的弹丸不同，必须是圆球形，切忌有棱角，以免损伤零件表面。一般来说，黑色金属制作可以用铸铁丸、钢丸和玻璃丸。有色金属和不锈钢制件则需采用不锈钢或玻璃丸。

喷丸强化工艺适应性较广；工艺简单，操作方便；生产成本低，经济效益好；强化效果明显。近年来，随着计算机技术发展，带有信息反馈监控的喷丸技术已在实际生产中得到应用，使强化的质量得到了进一步提高。

目前喷丸强化不仅用于汽车工业领域的弹簧、连杆、曲轴、齿轮、摇臂、凸轮轴等承受交变载荷的部件，还广泛用于其他工业领域。如喷丸强化可以提高电镀零件的疲劳强度和结合力。各种合金钢经过任何一种电镀处理后，一般均会导致疲劳强度下降 $10\% \sim 60\%$，而喷丸强化则可有效提高疲劳强度，同时还可以增加电镀层的结合力，防止起泡。

5.7.3　激光表面强化处理

由于大功率激光器的研制成功和日臻完善，在工业生产中激光表面强化技术的应用已很广泛。激光表面强化是利用高功率密度的激光束以一定的扫描速度照射待处理的工件表面，在很短的时间内使被处理表面由于吸收激光的能量而产生高温，当激光束移开时，被处理表面由自身传导而迅速冷却，从而形成具有一定性能的表面强化层。

工业所用激光器需满足以下要求：照射功率具有高的稳定性和可靠性，结构简单，易于控制，操作安全且价格适宜。按照激活介质的不同，激光器包括固体激光器和气体激光器。由于二氧化碳气体激光器可长时间稳定地连续发射激光束，易于得到大功率，故在工件表面强化中得到了最广泛的应用。

1. 激光相变硬化

激光相变硬化热处理是将规律的强激光束照射到工件表面，迅速将工件表面温度提高到奥氏体转变温度以上、熔点以下的范围之内，通过激光束的快速移动，被加热的部位与工件内部进行快速的热交换，使工件表面的冷却速度极快来实现马氏体的转变，得到极细的马氏体结构组织。由于激光相变硬化是采用快速加热与快速冷却的工作方式，它在工件表面上产生的压应力可以达到 750MPa 以上，从而增强了材料的疲劳强度。

一些用传统热处理不易处理或效果不佳的材料，如铸铁、低碳钢等，均可采用激光相变硬化的方式进行热处理，并且效果良好。在相同的激光强化条件下，激光强化层的显微硬度和厚度取决于钢的含碳量，随着含碳量的增加，激光强化层的厚度和硬度有所增加。

各种材料经激光相变硬化处理后，可以得到晶粒非常细小的表层组织，它不但有良好的强度、硬度，而且在许多情况下不发生脆性破坏，使材料表面性能得到改善，耐磨性显著提高。而且因为相变硬化层体积膨胀受到基体限制，故而表层产生数百兆帕的残留压应力，提高了材料的疲劳强度。

2. 激光熔化—凝固处理（熔凝处理）

激光熔化—凝固处理是利用高能量密度的激光束对金属表层进行熔融和激冷处理，使金属表层形成一层液体金属的激冷组织，但并不改变表层的化学成分。由于表层金属的加热和冷却都异常迅速，故所得的组织非常细小。若通过外部介质使表层熔液冷却速度达到 10^6℃/s，则可抑制结晶过程的进行而凝固成非晶态，称为激光熔化—非晶态处理，又称激光上釉。

　　熔凝处理可以用来改善材料表面的耐磨性、疲劳强度和耐蚀性。某些合金钢在高速冷却结晶后，可以提高碳化物弥散度，改善合金元素及碳化物分布，因而表面硬度和热稳定性都有提高，可延长模具的寿命。如 Cr12 莱氏体钢和 4Cr5MoSiV 钢表面熔化，然后超高速冷却，形成很细的铸态组织，使合金元素和碳化物分布更均匀，提高了表面硬度。

　　3. 激光表面合金化

　　激光表面合金化是一种既改变材料表面的物理状态，又改变其化学成分的激光表面强化技术。这种表面处理工艺先是采用电镀、涂覆粉末、填加粉末等方法把所需要的合金元素涂敷到金属表面，然后在激光束的照射下，使其与基体表面的一薄层快速熔化，通过控制熔化深度来改善表面组织与性能。

　　激光表面合金化处理仅在熔化区的薄层内有成分的改变及组织性能的变化，热效应也只发生在 1 ~ 2mm 的范围内，因此对基体材料的影响很小，工件变形小，工件合金化层性能稳定，与基体结合强度远高于 CVD 和 PVD。这种处理方法过程简单，效率高，可以通过表面合金化处理替代合金而节省大量贵重稀有元素，在技术上和经济上有重要意义。

　　【提示与拓展】

　　激光是一门高新技术，应用领域很广。激光热处理的技术关键有三：高功率的激光器；多自由度的加工设备并与计算机配套；不同应用的激光热处理工艺。经过我国激光科技人员十几年的努力，这三个方面都有了很快的发展，为激光热处理技术的推广创造了条件。近几年来，激光产业以两位数的速度增长，高于国际激光产业发展的速度，也高于全国工业增长的速度，可见其前景是远大的。

　　激光热处理技术的应用在我国尚不普遍，主要是人们对激光技术的应用，还存在不同程度的神秘化和偏见。激光技术、激光热处理应用推广宣传不够，缺乏实践。因此应尽快把激光技术的科研成果，特别是激光热处理技术面向经济、面向市场、面向全社会，主要是为工业企业服务，不断推广，扩大其应用。

📖 课题实验

实验 1　高频感应淬火

　　1. 实验目的

　　➢ 了解感应加热的原理。

　　➢ 了解电流透入深度与材料电阻率及电流频率之间的关系。

　　➢ 了解淬硬层深度的测定方法。

　　➢ 掌握高频感应淬火的方法。

　　2. 实验设备及材料

　　➢ 高频感应加热设备 10kW 一台。

　　➢ 淬火机床一台。

　　➢ φ8mm × 100mm 45 钢及 T12 钢棒。

　　➢ 洛氏硬度计。

　　➢ 通用型金相显微镜。

3. 实验步骤

➢ 全班分成 10 组，每组一个试样，通过加热时改变各种参数来改变硬化层深度以及加热温度高低对淬硬层组织的影响，经淬火后测定 45 钢和 T12 钢工件表面硬度及硬化组织，并做出硬度分布曲线。

➢ 听取指导老师讲解设备。

➢ 接通高频感应加热设备电源，接通冷却水，按规定进行不同的参数选择。

➢ 将工件放入不同的感应器中加热（加热温度由加热时间进行控制），加热完毕后喷水冷却。

➢ 将高频感应淬火后的工件用砂纸打磨光亮。

➢ 测定工件不同参数条件下的表面硬度值并记录。

➢ 用金相显微镜观察不同淬火条件下的金相组织并测定工件不同参数条件下的硬化层深度。

➢ 做出 45 钢和 T12 钢工件的硬度分布曲线。

4. 实验报告内容

（1）本次实验目的。

（2）实验材料与实验内容。

（3）实验步骤。

（4）分析加热温度与钢种（$w_C\%$）对硬化层深度的影响并加以讨论。

（5）分别绘制出 45 钢和 T12 钢硬度分布曲线并加以讨论。

（6）实验结论。

5. 实验注意事项

➢ 取放试件时注意不要碰伤感应器。

➢ 控制加热时间（温度）不能过长，试件淬火时，动作要迅速，以免试件表面过热，影响淬火质量。

➢ 淬火或回火后的试样均要用砂纸打磨表面，去掉氧化皮后再测定硬度值。

➢ 硬度测量一般取 3 点以上的平均值作为该点硬度值。

实验 2　金属发蓝实验

1. 实验目的

➢ 了解发蓝工艺原理及主要应用。

➢ 掌握发蓝工艺的基本流程和步骤。

➢ 掌握发蓝工艺的基本操作方法及注意事项。

2. 实验设备及材料

➢ 烧杯。

➢ 铁片或铁钉。

➢ 发蓝试剂：氢氧化钠、亚硝酸钠、硝酸钠、盐酸、肥皂、锭子油、铁粉、硫酸铜。

3. 实验步骤

➢ 配制发蓝溶液：先把 30g 氢氧化钠溶于 30mL 水的烧杯中，再慢慢地加入 9g 亚硝酸钠和 5g 硝酸钠，使之溶解，再加水到 50mL。

➢ 然后再入一些纯净的铁粉，并加热至沸，这时温度约可达到 138～150℃。

➢ 钢铁制品表面的预处理：把几枚缝衣针（或铁钉、铁片）表面上的油污、锈斑处理干净。一般用 10% 的碱液在 80℃ 浸 10min 取出，用清水洗涤即可除油，然后再用盐酸除锈。

➢ 发蓝：把缝衣针（或铁钉、铁片）浸入煮沸的发蓝液中约 0.5h 取出后，在表面上即有一层蓝黑色的氧化膜。

➢ 后处理：把经过发蓝处理的缝衣针（或铁钉、铁片），浸入冷水中漂洗，再浸入热水中漂洗，以洗去表面沾有的发蓝液。

➢ 取出后，浸入 3% ~5% 的热肥皂水中（80 ~90℃）5min 左右，然后再用冷水和热水分别冲洗一次，最后浸在 105 ~110℃ 的锭子油处理 5 ~10min，取出后放置 10min，使沾着的油液流净后再擦干表面即可。

➢ 经这样处理的钢铁制品表面呈蓝黑色而且均匀致密。

4. 实验报告内容

（1）本次实验目的。

（2）实验材料与实验内容。

（3）发蓝工艺的基本原理。

（4）实验基本步骤和注意事项。

（5）分析发蓝温度与时间对表面质量的影响。

5. 注意事项：

➢ 在发蓝处理前，钢铁制品的表面一定要洗净。

➢ 如要检验发蓝是否有防护作用，可把经发蓝处理过的制品浸入 2% 硫酸铜溶液中，在室温下浸半分钟后取出，观察表面是否有红色的铜析出，如没有铜析出，则发蓝有效。

➢ 普通碳素钢发蓝的最佳温度不可超出 150℃，而且发蓝的时间 30min 左右就够了，温度太高或时间太长，表面颜色会变成褐色和花斑，而且容易生锈。

📖 思考与练习

5.1　思考题

1. 表面处理的主要作用有哪些？
2. 金属材料有哪些常用的表面处理工艺方法？
3. 火焰淬火与感应淬火各自有什么应用特点？
4. 什么是表面化学热处理？它的基本原理与过程是怎样的？
5. 渗氮的原理是什么？常用的渗氮方法有哪些？
6. 氮碳共渗与渗氮有何区别？常用的氮碳共渗方法有哪些？
7. 用 20 钢进行表面淬火和用 45 钢进行渗碳处理是否合适？为什么？
8. 根据工艺目的不同，磷化工艺有哪些分类？各自有何应用特点？
9. 化学气相沉积主要有哪些方法？主要应用于哪些方面？
10. 比较热喷涂与喷丸强化的原理及应用特点？

5.2　练习题

1. 填空题

（1）_____、_____和断裂是机械零部件、工程构件的三大主要失效形式。

（2）火焰淬火一般采用_____气体作为燃料。火焰淬火根据喷嘴与零件相对运动的情况分为_____、_____、_____和_____。

（3）感应电流频率越高，电流透入深度_____，工件加热层_____，淬硬层_____。

（4）感应淬火主要用于中碳钢和中碳合金结构钢制造的_____和_____零件等。

（5）化学热处理中活性原子渗入工件表面都包括_____、_____和_____三个基本过程。

（6）固体渗碳工艺中一般以_____为渗碳剂，_____为催渗剂。

（7）为了使渗氮工件心部具有良好的力学性能，在渗氮之前有必要将工件进行_____处理，以获得_____组织。

（8）钢铁发蓝处理后氧化膜的组成主要是_____。

（9）镀铬按其用途主要可分为_____镀铬和_____镀铬两大类。

（10）物理气相沉积（PVD）是在_____条件下，将金属、合金或非金属及化合物等用物理方法汽化为原子、分子或离子，然后直接沉积在基体表面形成薄膜的技术。

（11）喷丸强化是利用高速弹丸强冲击零件表面，使之产生_____层并引起残余_____。

2. 选择题

（1）适用于大型长轴类和冷轧辊的火焰淬火是_____。

A. 固定法　　　　　B. 前进法　　　　　C. 旋转法　　　　　D. 联合法

（2）下列感应淬火方法中，获得的表面淬硬层深度最薄的是_____。

A. 工频感应淬火　　B. 中频感应淬火　　C. 高频感应淬火　　D. 低频感应淬火

（3）生产上所采用的渗碳深度一般在_____mm 范围内。

A. 0.5 ~ 2.5　　　　B. 0.1 ~ 0.5　　　　C. 0.2 ~ 1.5　　　　D. 2 ~ 5

（4）生产中最常用的气体碳氮共渗是_____碳氮共渗。

A. 固体　　　　　　B. 液体　　　　　　C. 高温气体　　　　D. 低温气体

（5）在工作中受冲击的零件不宜作_____表面处理。

A. 表面淬火　　　　B. 渗碳　　　　　　C. 碳氮共渗　　　　D. 镀铬

3. 判断题

（1）感应淬火不适于单件小批量生产，主要适用于大批量生产。　　　　　　（　　）

（2）在表面淬火前零件一般应进行退火处理，以保证零件心部的强度和韧性。（　　）

（3）渗氮比渗碳后的工件变形小，而且具有较高硬度和耐蚀性，但工艺周期较长。
　　　　　　　　　　　　　　　　　　　　　　　　　　　　　　　　　　（　　）

（4）当氮化温度过低时，氮化物将沿晶界分布，形成网状或波纹状，使渗氮层的组织粗大，硬度降低，还将使心部组织变粗，硬度下降。　　　　　　　　　　　（　　）

（5）发蓝工艺很适用于处理 Cr12MoV 模具零件及高速钢刀具。　　　　　（　　）

（6）锰系磷化膜具有较高的硬度和热稳定性，能耐磨损；磷化膜具有较好的减摩润滑作用。因此，广泛应用于活塞环、轴承支座、压缩机等零部件。　　　　　（　　）

（7）镀铬时，将被镀的零件和直流电源的正极相连，将铬棒和直流电源的负极相连，并放在镀槽中。   （   ）

（8）经气相沉积的薄膜中，碳化钛硬度及韧性都比氮化钛好。   （   ）

（9）经电镀后的零件，再进行喷丸强化可以提高其疲劳强度和镀层结合力。   （   ）

（10）在相同的激光强化条件下，激光强化层的显微硬度和厚度取决于钢的含碳量，随着含碳量的增加，激光强化层的厚度和硬度有所增加。   （   ）

5.3   应用拓展题

在图书馆和网上搜集当前我国材料表面工程技术应用现状和进展情况的相关资料，结合本项目所学知识，写一篇综述论文。

课题 6　金属材料的工程选用

🕐 **课题引入**

首先请大家思考以下几个问题：

➤ 如何在品种繁多的金属材料中选择适合机械零部件要求的材料？

➤ 选择材料时要考虑哪些方面的因素？

➤ 选好材料后如何确定合理的加工及热处理工艺路线？

➤ 在不同类型的机械零部件中常用的金属材料有哪些？

🕐 **课题说明**

学习金属材料和热处理的主要目的是为了在工业上能正确地选择材料和应用材料。工程机械都是由各种零件组合而成，所以，零件的制造是生产出合格机械产品的基础，而要生产出一个合格的零件，必须解决三个关键问题：合理的零件结构设计；恰当的材料选择以及正确的加工工艺。这三个关键环节相互依存缺一不可，其中任何一个环节出了差错，都将严重影响零件的质量，甚至使零件不能使用而报废。

当零件有了合理的结构设计后，那么选材及材料的后续加工就是至关重要的了，它将直接关系到产品的质量及生产效益。因此，掌握各种工程材料的性能，合理的选择材料和使用材料，正确的制定热处理工艺，是从事机械设计与制造的工程技术人员必须具备的知识。

🕐 **课题目标**

知识目标：

◇ 了解机械零件的常见失效形式。

◇ 掌握金属材料工程选用的一般原则。

◇ 掌握轴类零件常用的金属材料及选用方法。

◇ 掌握齿轮类零件常用的金属材料及选用方法。

◇ 掌握各类模具常用的金属材料及选用方法。

◇ 掌握刀具常用的金属材料及选用方法。

◇ 了解典型机械零件的一般加工工艺路线。

◇ 独立完成课后练习题。

技能目标：

◇ 初步具备对各类典型零件工作条件及失效形式进行正确分析的能力。

◇ 具备机械工程各类典型零件的正确选材及对比分析的能力。

◇ 能编制典型机械零件的一般加工工艺路线。

📖 理论知识

问题1　机械零件的选材主要考虑哪些方面的因素？

6.1　机械零件的选材原则

在机械制造工业中，要获得质量高且成本低的零部件，首先在机械设计过程中要科学合理，其中机械零部件材料及热处理工艺的设计是一个重要的环节。选用的材料必须保证使用过程中具有良好的工作能力，必须保证零件便于加工制造，必须保证零件总成本最低。即要综合考虑选用材料的使用性能、工艺性能和经济性能这三个方面。

6.1.1　零件的失效

1. 失效的概念

零件质量的重要评价标准即为零件的服役时间的长短。要合理正确地选材，必须首先了解各类零件的主要失效形式。机械零件的失效是指零件由于某种原因丧失了正常的工作能力。具体表现为：①零件完全破坏，不能继续工作；②零件严重损伤，继续工作不安全；③不能满意地达到预期的作用。零件的失效，特别是没有预兆的提前失效，往往会带来巨大的损失，甚至导致严重事故。因此，对零件的失效进行分析，找出失效的原因，是零件设计和选材的基础。

2. 失效形式

金属零部件常见的失效形式有变形失效、断裂失效、表面损伤失效等。

（1）弹性变形失效　一些细长的轴、杆件或薄壁筒零部件，在外力作用下将发生弹性变形，如果弹性变形过量，会使零部件失去有效工作能力。例如镗床的镗杆，如果工作中产生过量弹性变形，不仅会使镗床产生振动，造成零部件加工精度下降，而且还会使轴与轴承的配合不良，甚至会引起弯曲塑性变形或断裂。引起弹性变形失效的原因，主要是零部件的刚度不足。因此，要预防弹性变形失效，应选用弹性模量大的材料。

（2）塑性变形失效　零部件承受的静载荷超过材料的屈服强度时，将产生塑性变形。塑性变形会造成零部件间相对位置变化，致使整个机械运转不良而失效。例如压力容器上的紧固螺栓，如果拧得过紧，或因过载引起螺栓塑性伸长，便会降低预紧力，致使配合面松动，导致螺栓失效。

（3）韧性断裂失效　材料在断裂之前有明显的宏观塑性变形或能吸收较大的能量的断裂形式称为韧性断裂失效。工程上使用的金属材料的韧性断口多呈韧窝状，如图6-1所示。韧窝是由于空洞的形成、长大并连接而导致韧性断裂产生的。

（4）脆性断裂失效　材料在断裂之前没有塑性变形或塑性变形很小（<2%~5%）的断裂称为脆性断裂。脆性断裂失效的原因较多，主要包括疲劳断裂、应力腐蚀断裂、腐蚀疲劳断裂和蠕

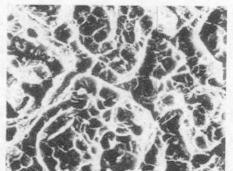

图6-1　韧窝状断口

变断裂等。

1）疲劳断裂失效　零部件在交变应力作用下，在比屈服应力低很多的应力下发生的突然脆断，称为疲劳断裂。由于疲劳断裂是在低应力、无先兆情况下发生的，因而具有很大的危险性和破坏性。据统计，80%以上的断裂失效属于疲劳断裂。疲劳断裂最明显的特征是断口上的疲劳裂纹扩展区比较平滑，并通常存在疲劳休止线或疲劳纹。

疲劳断裂的断裂源多发生在零部件表面的缺陷或应力集中部位。提高零部件表面加工质量，减少应力集中，对材料表面进行表面强化处理，都可以有效地提高疲劳断裂抗力。

2）低应力脆性断裂失效　石油化工容器、锅炉等一些大型锻件或焊接件，在远远低于材料屈服应力的工作应力作用下，由于材料自身固有的裂纹扩展导致的无明显塑性变形的突然断裂，称为低应力脆性断裂。对于含裂纹的构件，要用抵抗裂纹失稳扩展能力的力学性能指标——断裂韧度（K1C）来衡量，以确保安全。

低应力脆性断裂按其断口的形貌可分为解理断裂和沿晶断裂。金属在正应力作用下，因原子间的结合键被破坏而造成的穿晶断裂称为解理断裂。解理断裂的主要特征是其断口上存在河流花样，如图6-2所示，它是由于不同高度解理面之间产生的台阶逐渐汇聚而形成的。沿晶断裂的断口呈冰糖状，如图6-3所示。

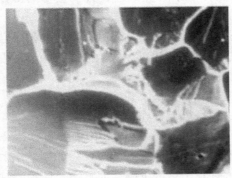 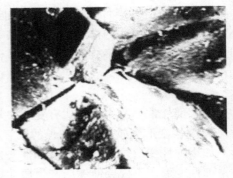

图6-2　解理断口图　　　　　　　　　　图6-3　沿晶断口

（5）表面损伤失效　由于磨损、疲劳、腐蚀等原因，使零部件表面失去正常工作所必需的形状、尺寸和表面粗糙度造成的失效，称为表面损伤失效。

1）磨损失效　磨损失效是工程上量大面广的一种失效形式。任何两个相互接触的零部件发生相对运动时，其表面会发生磨损，造成零部件尺寸变化、精度降低而不能继续工作，这种现象称为磨损失效。例如轴与轴承，齿轮与齿轮、活塞环与汽缸套等摩擦副在服役时表面产生的损伤。

工程上主要是通过提高材料的硬度来提高零部件的耐磨性。另外，增加材料组织中硬质相的数量并让其均匀、细小地分布，选择合理的磨擦副硬度配比，提高零部件表面加工质量，改善润滑条件等都能有效地提高零部件的抗磨损能力。提高材料耐磨性的主要途径是进行表面强化。

2）表面腐蚀失效　由于化学或电化学腐蚀而造成零部件尺寸和性能的改变而导致的失效称为腐蚀失效。合理地选用耐腐蚀材料，在材料表面涂覆防护层，采用电化学保护及采用缓蚀剂等可有效提高材料的抗腐蚀能力。

3）表面疲劳失效　表面疲劳失效是指两个相互接触的零部件相对运动时，在交变接触应力作用下，零部件表面层材料发生疲劳而脱落所造成的失效。

一个零部件失效，总是以一种形式起主导作用。但是，各种失效因素相互交叉作用，可以组合成更复杂的失效形式。例如应力腐蚀、腐蚀疲劳、腐蚀磨损、蠕变疲劳交互作用等。

3. 失效原因

造成零部件失效的原因很多，主要有设计、选材、加工、装配使用等因素。

（1）设计不合理　零部件设计不合理主要表现在零部件尺寸和结构设计上，例如过渡圆角太小，尖锐的切口、尖角等会造成较大的应力集中而导致失效。另外，对零部件的工作条件及过载情况估计不足，所设计的零部件承载能力不够；对环境的恶劣程度估计不足，忽略或低估了温度、介质等因素的影响等，都会造成零部件过早失效。

（2）选材错误　选材所依据的性能指标，不能反映材料对实际失效形式的抗力，不能满足工作条件的要求，错误地选择了材料。另外，材料的冶金质量太差，如存在夹杂物、偏析等缺陷，这些缺陷通常是零部件失效的发源地。

（3）加工工艺不当　零部件在加工或成形过程中，由于采用的工艺不当而产生的各种质量缺陷。例如较深的切削刀痕、磨削裂纹等，都可能成为引发零部件失效的危险源。零部件热处理时，冷却速度不够、表面脱碳、淬火变形和开裂等，都是产生失效的重要原因。

（4）装配使用不当　在将零部件装配成机器或装置的过程中，由于装配不当、对中不好、过紧或过松都会使零部件产生附加应力或振动，使零部件不能正常工作，造成零部件的失效。使用维护不良，不按工艺规程操作，也可使零部件在不正常的条件下运转，造成零部件过早失效。

【提示与拓展】

零件的失效，特别是那些没有明显征兆的失效，往往会带来巨大的损失，甚至导致严重事故。例如高压容器的坚固螺栓，若发生过量变形而伸长，就会使容器渗漏；又如变速器中的齿轮，若产生了过量塑性变形，就会使轮齿啮合不良，甚至卡死、断齿，引起设备事故。

6.1.2 零件选材的基本原则

在掌握各种工程材料性能的基础上，正确、合理地选择和使用材料是从事工程构件和机械零件设计与制造的工程技术人员的一项重要任务。

选材的基本原则是所选材料的使用性能应能满足零部件使用要求、经久耐用、易于加工、成本低，即从材料的使用性能、工艺性能和经济性三个方面进行考虑。

1. 使用性能原则

使用性能是保证零部件完成指定功能的必要条件。使用性能是指零部件在工作过程中应具备的力学性能、物理性能和化学性能，它是选材的最主要依据。对于机械零件，最重要的使用性能是力学性能。对零部件力学性能的要求，一般是在分析零部件的工作条件（温度、受力状态、环境介质等）和失效形式的基础上提出来的。根据使用性能选材的步骤如下。

（1）分析零部件的工作条件，确定使用性能　零部件的工作条件是复杂的。工作条件分析包括受力状态（拉、压、弯、剪切）、载荷性质（静载、动载、交变载荷）、载荷大小及分布、工作温度（低温、室温、高温、变温）、环境介质（润滑剂、海水、酸、碱、盐等）、对零部件的特殊性能要求（电、磁、热）等。在对工作条件进行全面分析的基础上确定零部件的使用性能。

（2）分析零部件的失效原因，确定主要使用性能　对零部件使用性能的要求，往往是多项的。例如传动轴，要求其具有高的疲劳强度、韧性和轴颈的耐磨性。因此，需要通过对零部件失效原因的分析，找出导致失效的主导因素，准确确定出零部件所必需的主要使用性能。例如，曲轴在工作时承受冲击、交变载荷等作用，失效分析表明，曲轴的主要失效形式是疲劳断裂，而不是冲击断裂，因此应以疲劳抗力作为主要使用性能要求来进行曲轴的设计。制造曲轴的材料也可由锻钢改为价格便宜、工艺简单的球墨铸铁。表6-1列出了几种常用零部件的工作条件、失效形式及对性能的要求。

表6-1　几种常用零部件的工作条件、失效形式及对性能的要求

零部件	工作条件		失效形式	主要力学性能
	承受应力	载荷性质		
紧固螺栓	拉、剪	静	过量变形、断裂	强度、塑性
传动齿轮	压、弯	循环、冲击	磨损、麻点剥落、疲劳断裂	表面硬度、疲劳强度、心部韧性
传动轴	弯、剪	循环、冲击	疲劳断裂、过量变形、轴颈磨损	综合力学性能
弹簧	弯、剪	循环、冲击	疲劳断裂	屈强比、疲劳强度
连杆	拉、压	循环、冲击	断裂	综合力学性能
轴承	压	循环、冲击	磨损、麻点剥落、疲劳断裂	硬度、按触疲劳强度
冷作模具	复杂	循环、冲击	磨损、断裂	硬度、足够的强度和韧性

（3）将对零部件的使用性能要求转化为对材料性能指标的要求　有了对零部件使用性能的要求，还不能马上进行选材。还需要通过分析、计算或模拟试验将使用性能要求指标化和量化。例如"高硬度"这一使用性能要求，需转化为" > 60HRC"或"62 ~ 65HRC"等。这是选材最关键、最困难的一步。需根据零部件的尺寸及工作时所承受的载荷，计算出应力分布，再由工作应力、使用寿命或安全性与材料性能指标的关系，确定性能指标的具体数值。

（4）材料的预选　根据对零部件材料性能指标数据的要求查阅有关手册，找到合适的材料，根据这些材料的大致应用范围进行判断、选材。对用预选材料设计的零部件，其危险截面在考虑安全系数后的工作应力，必须小于所确定的性能指标数据值。然后再比较加工工艺的可行性和制造成本的高低、以最优方案的材料作为所选定的材料。

2. 工艺性能原则

材料的工艺性能表示材料加工的难易程度。任何零部件都要通过一定的加工工艺才能制造出来。因此在满足使用性能选材的同时，必须兼顾材料的工艺性能。工艺性能的好坏，直接影响零部件的质量、生产效率和成本。当工艺性能与使用性能相矛盾时，有时正是从工艺性能考虑，使得某些使用性能合格的材料不得不被放弃。工艺性能经常成为选择材料的主导因素，对大批量生产的零部件尤其如此，因为在大批量生产时，工艺周期的长短和加工费用的高低，常常是生产的关键。

金属材料的工艺性能是指金属适应某种加工工艺的能力。主要是切削加工性能、材料的成形性能（铸造、锻造、焊接）和热处理性能（淬透性、变形、氧化和脱碳倾向等）。

铸造性能主要指流动性、收缩性、热裂倾向性、偏析和吸气性等。接近共晶成分合金的铸造性能最好。铸铁、铝硅合金等一般都接近共晶成分。铸造铝合金和铜合金的铸造性能优于铸铁，铸铁又优于铸钢。

锻造性能主要指冷、热压力加工时的塑性变形能力以及可热压力加工的温度范围，抗氧化性和对加热、冷却的要求等。低碳钢的锻造性最好，中碳钢次之，高碳钢则较差。低合金钢的锻造性接近中碳钢。高碳高合金钢（高速钢、高镍铬钢等）由于导热性差、变形抗力大、锻造温度范围小，其锻造性能较差，不能进行冷压力加工。变形铝合金和铜合金的塑性好，其锻造性较好。铸铁、铸造铝合金不能进行冷热压力加工。

切削加工性能是指材料接受切削加工的能力。一般用切削硬度、被加工表面的粗糙度、排除切屑的难易程度以及对刃具的磨损程度来衡量。材料硬度在 160～230HBW 范围内时，切削加工性能好。硬度太高，切削抗力大，刃具磨损严重，切削加工性下降；硬度太低，则不易断屑，表面粗糙度加大，切削加工性也差。高碳钢具有球状碳化物组织时，其切削加工性优于层片状组织。马氏体和奥氏体的切削加工性差。高碳高合金钢（高速钢、高镍铬钢等）切削加工性也差。

焊接性能是指金属接受焊接的能力。一般以焊接接头形成冷裂或热裂以及气孔等缺陷的倾向大小来衡量。碳的质量分数大于 0.45% 的碳钢和碳的质量分数大于 0.38% 的合金钢，其焊接性能较差，碳含量和合金元素含量越高，焊接性能越差，铸铁则很难焊接。铝合金和铜合金，由于易吸气、散热快，其焊接性比碳钢差。

热处理工艺性能主要指淬透性、变形开裂倾向及氧化、脱碳倾向等。钢和铝合金、钛合金都可以进行热处理强化。合金钢的热处理工艺性能优于碳钢。形状复杂或尺寸大、承载高的重要零部件要用合金钢制作。碳钢含碳量越高，其淬火变形和开裂倾向越大。选渗碳用钢时，要注意钢的过热敏感性；选调质钢时，要注意钢的高温回火脆性；选弹簧钢时，要注意钢的氧化、脱碳倾向。

3. 经济性原则

选材的经济性原则是在满足使用性能要求的前提下，采用便宜的材料，使零部件的总成本，包括材料的价格、加工费、试验研究费、维修管理费等达到最低，以取得最大的经济效益。为此，材料选用应充分利用资源优势，尽可能采用标准化、通用化的材料，以降低原材料成本，减少运输、实验研究费用。选用一般碳钢和铸铁能满足要求的，就不应选用合金钢。在满足使用要求的条件下，可以铁代钢，以铸代锻，以焊代锻，有效地降低材料成本、简化加工工艺。例如用球墨铸铁代替锻钢制造中、低速柴油机曲轴、铣床主轴，其经济效益非常显著。对于要求表面性能高的零部件，可选用低廉的钢种进行表面强化处理来达到要求。

当然，选材的经济性原则并不仅是指选择价格最便宜的材料，或是生产成本最低的产品，而是指运用价值分析、成本分析等方法，综合考虑材料对产品功能和成本的影响，从而获得最优化的技术效果和经济效益。例如，一些能影响整体生产装置的关键零部件，如果选用便宜材料制造，则需经常更换，其换件时停车所造成的损失可能大得多，这时选用性能好、价格高的材料，其总成本仍可能是最低的。

【提示与拓展】

判断零件选材是否合理的基本标志是：好用——即满足必需的使用性能；好做——具有良好的工艺性能；便宜——能实现较低成本。选材的任务就是了解我国的资源和生产情况，结合企业的实际情况，求得三者之间的统一，以保证产品性能优良、成本低廉、经济效益最佳，此外还要考虑节能减排和环境保护。

问题2　制造传动轴的材料如何进行选择?

6.2　轴类零件的选材

轴是机械工业中最基础的零部件之一，主要用以支承传动零部件并传递运动和动力。

1. 轴的工作条件

（1）传递扭矩，承受交变扭转载荷作用。同时也往往承受交变弯曲载荷或拉、压载荷的作用。

（2）轴颈承受较大的摩擦。

（3）承受一定的过载或冲击载荷。

2. 轴的主要失效形式

（1）疲劳断裂　由于受交变的扭转载荷和弯曲疲劳载荷的长期作用，造成轴的疲劳断裂，这是最主要的失效形式。

（2）断裂失效　由于受过载或冲击载荷的作用，造成轴折断或扭断。

（3）磨损失效　轴颈或花键处的过度磨损使形状、尺寸发生变化。

3. 对轴用材料的性能要求

（1）高的疲劳强度，以防止疲劳断裂。

（2）良好的综合力学性能，以防止冲击或过载断裂。

（3）良好的耐磨性，以防止轴颈磨损。

【提示与拓展】

2004年，广西柳州市城中区柳侯公园内架空浏览车载16名游客在运行到进站口时，浏览车（滑车）龙头出现偏斜事故，造成直接经济损失17万元。事故原因分析表明，后轴断裂是直接原因。造成断裂的原因有：①主轴和销材质为45钢，焊接后未经热处理，销的材质内应力产生脆性变化。设备在运行过程中由于轨道不平而上下跳动所产生的应力和在轨道上各个方向所产生的力，使轴与销的焊接部位受到剪切、弯曲，材质疲劳产生脆性断裂。②滑车轨道的安装较粗糙，使滑车跳动、摆动幅度过大。该事故的原因是设备在制造过程中对部件未进行热处理，安装过程又较粗糙，给设备运行留下了隐患。

4. 典型轴的选材

对轴类零部件进行选材时，应根据工作条件和技术要求来决定。承受中等载荷，转速又不高的轴，大多选用中碳钢（例如45钢）进行调质或正火处理。对于要求高一些的轴，可选用合金调质钢（例如40Cr）并进行调质处理。对要求耐磨的轴颈和锥孔部位，在调质处理后需进行表面淬火。当轴承受重载荷、高转速、大冲击时，应选用合金渗碳钢（例如20CrMnTi）进行渗碳淬火处理。

（1）机床主轴　机床主轴是机床上带动工件或刀具旋转的轴，通常由主轴、轴承和传动件（齿轮或带轮）等组成主轴部件。除了刨床、拉床等主运动为直线运动的机床外，大多数机床都有主轴部件。主轴部件的运动精度和结构刚度是决定加工质量和切削效率的重要因素。而主轴是主轴部件中的主要零件，如图6-4所示。机床主轴的质量直接决定了机床的寿命、精度，从而决定了生产出来的最终产品的质量以及总体生产率和机床本身的效率。

图 6-4　机床主轴

图 6-5 为 C620 车床主轴简图。该主轴承受交变扭转和弯曲载荷。但载荷和转速不高，冲击载荷也不大，轴颈和锥孔处有摩擦。按以上分析，C620 车床主轴可选用 45 钢，经调质处理后，硬度为 220~250HBW，轴颈和锥孔需进行表面淬火，硬度为 48~56HRC。

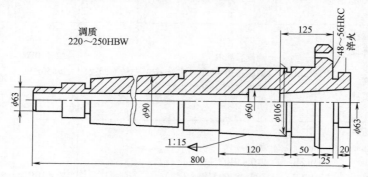

图 6-5　C620 车床主轴简图

其工艺路线为：备料→锻造→正火→粗机械加工→调质→精机械加工→表面淬火 + 低温回火→磨削→装配。正火可改善组织、消除锻造缺陷、调整硬度便于机械加工，并为调质做好组织准备。调质可获得回火索氏体，具有较高的综合力学性能，提高疲劳强度和抗冲击能力。表面淬火 + 低温回火可获得高硬度和高耐磨性。机床主轴的选材及其热处理工艺如表6-2 所示。

表 6-2　机床主轴的选材及其热处理工艺

工作条件	选用钢号	热处理工艺	硬度要求	应用举例
（1）在滚动轴承内运转 （2）低速、轻或中等载荷 （3）精度要求不高 （4）稍有冲击载荷	45	调质：820~840℃淬火，550~580℃回火	220~250HBW	一般简易机床主轴
（1）在滚动轴承内运转 （2）转速稍高、轻或中载荷 （3）精度要求不太高 （4）有一定冲击交变载荷	45	整体淬硬：820~840℃水淬，350~400℃回火	40~45HRC	龙门铣床、立式铣床、小型立式车床的主轴
		正火或调质后局部淬火 正火：840~860℃空冷 调质：820~840℃水淬，550~580℃回火 局部淬火：820~840℃水淬，240~280℃回火	≤229HBW 220~250HBW 46~51HRC	

（续）

工作条件	选用钢号	热处理工艺	硬度要求	应用举例
（1）在滑动轴承内运转 （2）中或重载荷、转速略高 （3）精度要求较高 （4）有较高的交变、冲击载荷	40Cr 40MnB 40MnV	调质后轴颈表面淬火 调质：840～860℃油淬，540～620℃回火 轴颈淬火：860～880℃高频淬火，乳化液冷，160～280℃回火	220～280 HBW 46～55HRC	铣床、C6132 等重车床主轴，M7475B 磨床砂轮主轴
（1）在滑动轴承内运转 （2）中等或重载荷 （3）要求轴颈部分有更高的耐磨性、精度要求很高 （4）有较高的交变应力，冲击载荷较小	65Mn	调质后轴颈和方头处局部淬火 调质：790～820℃油淬，580～620℃回火 轴颈淬火 820～840℃高频淬火，200～220℃回火 头部淬火：790～820℃油淬，260～300℃回火	250～280 HBW 56～61HRC 50～55HRC	M1450 磨床主轴、MQ1420 MB1432A 磨床砂轮主轴
（1）在滑动轴承内运转 （2）中等载荷、转速很高 （3）精度要求不很高 （4）有很高的交变、冲击载荷	38CrMoAlA	调质后渗氮 调质：930～950℃油淬，630～650℃回火 渗氮：510～560℃渗氮	≤260HBW ≥850HV （表面）	高精度磨床砂轮主轴、坐标镗床主轴、多轴自动车床中心轴、T68 镗杆
（1）在滑动轴承内运转 （2）中等载荷、转速很高 （3）精度要求不很高 （4）冲击载荷不大，但交变应力较高	20Cr 20Mn2B 20MnVB	渗碳淬火 910～940℃渗碳 790～8200℃淬火（油） 160～2000℃回火	表面 ≥59HRC	Y236 刨齿机、Y58 插齿机主轴、外圆磨床头架主轴和内圆磨床主轴
（1）在滑动轴承内运转 （2）重载荷，转速很高 （3）高的冲击载荷 （4）很高的交变应力	20CrMnTi 12CrNi3	渗碳淬火 910～9400℃渗碳 320～3400℃油淬 160～2000℃回火	表面 ≥59HRC	Y7163 齿轮磨床、CG1107 车床、SG8030 精密车床主轴

  （2）汽轮机主轴　汽轮机主轴尺寸大，工作负荷大，承受弯曲、扭转载荷及离心力和温度的联合作用，如图 6-6 所示。汽轮机主轴的主要失效方式是蠕变变形和由白点、夹杂、焊接裂纹等缺陷引起的低应力脆断、疲劳断裂或应力腐蚀开裂。因此对汽轮机主轴材料除要求其在性能上具有高的强度和足够的塑韧性外，还要求其锻件中不出现较大的夹杂、白点、焊接裂纹等缺陷。对于在 500℃以上工作的主轴还要求其材料具有一定的高温强度。根据汽轮机的功率和主轴工作温度的不同，所选用的材料也不同。对于工作在 450℃以下的材料，可不必考虑高温强度。如果汽轮机功率较小（＜12000kW），且主轴尺寸较小，可选用 45 钢；如果汽轮机功率较大（＞12000kW），且

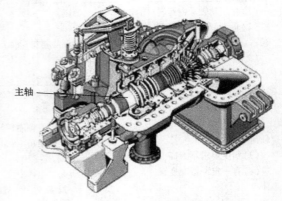

主轴

图 6-6　汽轮机主轴

主轴尺寸较大，则须选用 35CrMo 钢，以提高淬透性。对于工作在 500℃ 以上的主轴，由于汽轮机功率大（>125000kW），要求高温强度高，需选用珠光体耐热钢。通常高中压主轴选用 25CrMoVA 或 27Cr2MoVA 钢，低压主轴选用 15CrMo 或 17CrMoV 钢。对于工作温度更高，要求更高高温强度的主轴，可选用珠光体耐热钢 20Cr3MoWV（<540℃）或铁基耐热合金 Cr14Ni26MoTi（<650℃）、Cr14Ni35MoWTiAl（<680℃）制造。

　　汽轮机主轴的工艺路线为：备料→锻造→第一次正火→去氢处理→第二次正火→高温回火→机械加工→成品。第一次正火可消除锻造内应力；去氢处理的目的是使氢从锻件中扩散出去，防止产生白点；第二次正火是为了细化组织，提高高温强度；高温回火是为了消除正火产生的内应力，使合金元素分布更趋合理（钒、钛充分进入碳化物，钼充分溶入铁素体），从而进一步提高高温强度。

　　（3）内燃机曲轴　曲轴是内燃机的脊梁骨，工作时受交变的扭转、弯曲载荷以及振动和冲击力的作用。内燃机曲轴如图 6-7 所示。曲轴按内燃机的转速不同可选用不同的材料。通常低速内燃机曲轴选用正火态的 45 钢或球墨铸铁；中速内燃机曲轴选用调质态的 45 钢、调质态的中碳合金钢（例如 40Cr）或球墨铸铁；高速内燃机曲轴选用强度级别再高一些的合金钢（例如 42CrMo 等）。内燃机曲轴的工艺路线为：备料→锻造→正火→粗机械加工→调质→精机械加工→轴颈表面淬火 + 低温回火→磨削→装配。各热处理工序的作用与机床主轴的相同。

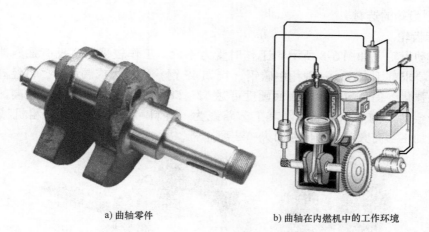

a) 曲轴零件　　　　　　　　　b) 曲轴在内燃机中的工作环境

图 6-7　内燃机曲轴

　　近年来常采用球墨铸铁代替 45 钢制作曲轴，其工艺路线为：备料→熔炼→铸造→正火→高温回火→机械加工→轴颈表面淬火 + 低温回火→装配。铸造质量是球墨铸铁的关键，首先要保证铸铁的球化良好、无铸造缺陷，然后再经风冷正火，以增加组织中的珠光体含量并细化珠光体，提高其强度、硬度和耐磨性，高温回火的目的是消除正火所造成的内应力。

问题3　各类齿轮常用什么金属材料制造？

6.3　齿轮类零件的选材

　　齿轮是机械工业中应用广泛的重要零件之一，主要用于传递动力、调节速度或方向。

6.3.1　齿轮的工作条件、主要失效形式及性能要求

1. 齿轮的工作条件

（1）啮合齿表面承受较大的既有滚动又有滑动的强烈摩擦和接触疲劳压应力。

（2）传递动力时，轮齿类似于悬臂梁，轮齿根部承受较大的弯曲疲劳应力。

（3）换挡、起动、制动或啮合不均匀时，承受冲击载荷。

2. 齿轮的主要失效形式

（1）断齿　除因过载（主要是冲击载荷过大）产生断齿外，大多数情况下的断齿，是由于传递动力时，在齿根部产生的弯曲疲劳应力造成的。

（2）齿面磨损　由于齿面接触区的摩擦，使齿厚变小、齿隙加大。

（3）接触疲劳　在交变接触应力作用下，齿面产生微裂纹，逐渐剥落，形成麻点。

3. 对齿轮材料的性能要求

（1）高的弯曲疲劳强度。

（2）高的耐磨性和接触疲劳强度。

（3）轮齿心部要有足够的强度和韧性。

【提示与拓展】

在我国航空发动机所发生的各类重大机械断裂失效事件中，转动部件（主要是转子系统中的叶片、盘、轴和轴承以及传动系统中的齿轮等）的断裂失效高达80%以上。

6.3.2　典型齿轮的选材

1. 机床齿轮

机床传动齿轮（如图6-8所示）工作时受力不大，工作较平稳，没有强烈冲击，对强度和韧性的要求都不太高。一般用中碳钢（例如45钢）经正火或调质后，再经高频感应加热表面淬火强化，提高耐磨性，表面硬度可达52~58HRC。对于性能要求较高的齿轮，可选用中碳合金钢（例如40Cr等）。其工艺路线为：备料→锻造→正火→粗机械加工→调质→精机械加工→高频淬火+低温回火→装配。

图6-8　机床传动齿轮

正火工序作为预备热处理，可改善组织，消除锻造应力，调整硬度便于机械加工，并为后续的调质工序做好组织准备。正火后硬度一般为180~207HBW，其切削加工性能好。经调质处理后可获得较高的综合力学性能，提高齿轮心部的强度和韧性，以承受较大的弯曲应力和冲击载荷。调质后的硬度为33~48HRC。高频淬火+低温回火可提高齿轮表面的硬度和耐磨性，提高齿轮表面接触疲劳强度。高频加热表面淬火加热速度快，淬火后脱碳倾向和淬火变形小，同时齿面硬度比普通淬火高约2HRC，表面形成压应力层，从而提高齿轮的疲劳强度。齿轮使用状态下的显微组织为：表面是回火马氏体+残留奥氏体，心部是回火索

氏体。

　　机床齿轮的选材是依其工作条件（圆周速度、载荷性质与大小、精度要求等）而定的。表6-3列出了机床齿轮的选材及热处理。

表6-3　机床齿轮的选材及热处理

序号	齿轮工作条件	钢种	热处理工艺	硬度要求
1	在低载荷下工作,要求耐磨性好的齿轮	15	900~950℃渗碳,直接淬火,或780~800℃水冷,180~200℃回火	58~63HRC
2	低速(<0.1m/s)、低载荷下工作的不重要的变速器齿轮和挂轮架齿轮	45	840~860℃正火	156~217HBW
3	中速、中载荷或大载荷下工作的齿轮(如车床变速箱中的次要齿轮)	45	高频加热,水冷,300~340℃回火	45~50HRC
4	高速、中等载荷,要求齿面硬度高的齿轮(如磨床砂轮箱齿轮)	45	高频加热,水冷,180~200℃回火	54~60HRC
5	速度不大,中等载荷,断面较大的齿轮(如铣床工作面变速器齿轮、立车齿轮)	40Cr 42SiMn 45MnB	840~860℃油冷,600~650℃回火	200~230HBW
6	中等速度(2~4m/s)、中等载荷下工作的高速机床走刀箱、变速器齿轮	40Cr 42SiMn	调质后高频加热,乳化液冷却,260~300℃回火	50~55HRC
7	高速、高载荷、齿部要求高硬度的齿轮	40Cr 42SiMn	调质后高频加热,乳化液冷却,180~200℃回火	54~60HRC
8	高速、中载荷、受冲击、模数<5的齿轮(如机床变速器齿轮、龙门铣床的电动机齿轮)	20Cr 20Mn2B	900~950℃渗碳,直接淬火,或800~820℃油淬,180~200℃回火	58~63HRC
9	高速、重载荷、受冲击、模数>6的齿轮(如立式车床上的重要齿轮)	20SiMnVB 20CrMnTi	900~950℃渗碳,降温至820~850℃淬火,180~200℃回火	58~63HRC
10	传动精度高,要求具有一定耐磨性的大齿轮	35CrMo	850~870℃空冷,600~650℃回火(热处理后精切齿形)	255~302HBW

2. 汽车、拖拉机齿轮

　　与机床齿轮比较,汽车、拖拉机齿轮工作时受力较大,受冲击频繁,因而对性能的要求较高。这类齿轮通常使用合金渗碳钢（如20CrMnTi、20MnVB）制造,如图6-9所示。

图6-9　汽车、拖拉机齿轮

　　其工艺路线为：备料→锻造→正火→机械加工→渗碳→淬火+低温回火→喷丸→磨削→装配。正火处理的作用与机床齿轮相同。经渗碳、淬火+低温回火后,齿面硬度可达58~

62HRC，心部硬度为 35~45HRC。齿轮的耐冲击能力、弯曲疲劳强度和接触疲劳强度均相应提高。喷丸处理能使齿面硬度提高约 2~3HRC，并提高齿面的压应力，进一步提高接触疲劳强度。齿轮在使用状态下的显微组织为：表面是回火马氏体 + 残留奥氏体 + 碳化物颗粒，心部淬透时是低碳回火马氏体（ + 铁素体），未淬透时，是索氏体 + 铁素体。

汽车、拖拉机齿轮常用钢种及热处理详见表 6-4。

表 6-4　汽车、拖拉机齿轮常用钢种及热处理

序号	齿轮类型	常用钢种	热处理	
			主要工序	技术条件
1	汽车变速箱和分动箱齿轮	20CrMnTi 20CrMo 等	渗碳	层深：0.6~1.5mm 齿面硬度：58~64HRC 心部硬度：30~45HRC
		40Cr	（浅层）碳氮共渗	层深：>0.2mm 表面硬度：51~61HRC
2	汽车驱动桥主动及从动圆柱及锥齿轮	20CrMnTi、20CrMnMo	渗碳	层深：0.9~1.6mm 齿面硬度：58~64HRC 心部硬度：30~45HRC
3	汽车驱动桥差速器行星及半轴齿轮	20CrMnTi、20CrMo 20CrMnMo	渗碳	同序号 1 渗碳的技术条件
4	汽车发动机凸轮轴齿轮	灰铸铁 HT180 HT200		170~229HBW
5	汽车曲轴正时齿轮	35、40、45 40Cr	正火	149~179HBW
			调质	207~241HBW
6	汽车起动机齿轮	20Cr、20CrMo、15CrMnM、20CrMnTi	渗碳	层深：0.7~1.1mm 表面硬度：58~63HRC 心部硬度：33~43HRC
7	汽车里程表齿轮	20	（浅层）碳氮共渗	层深：0.2~0.35mm
8	拖拉机传动齿轮，动力传动装置中的圆柱齿轮，锥齿轮及轴齿轮	20Cr、20CrMo、20CrMnMo、20CrMnTi	渗碳	层深：≮模数的 0.18 倍，但≯2.1mm 各种齿轮渗层深度的上下限≥0.5mm，硬度要求同序号 1、2
		40Cr	（浅层）碳氮共渗	同序号 1 中碳氮共渗的技术条件
9	拖拉机曲轴正时齿轮，凸轮轴齿轮，喷油泵驱动齿轮	45	正火	156~217HBW
			调质	217~255HBW
		HT180		170~229HBW
10	汽车拖拉机油泵齿轮	40、45	调质	28~35HRC

问题4　常用的模具材料有哪些？如何选材？

6.4　模具的选材

工业上常用的模具有冷作模、热作模和塑料模。模具的结构一般包括工作零件（如凸模、凹模、凸凹模、型芯、型腔等）和结构零部件。工作零件是直接与成形的制件相接触的零件，所以它是模具中的核心零件，它的质量直接决定了模具的质量与寿命。所以，模具材料主要是指模具工作零件所用的材料。在模具的设计过程中，能否合理选用模具材料是模具制造成功的关键问题。模具材料是模具制造业的物质基础和技术基础，其品种、规格、质量对模具的性能、使用寿命起着决定性作用。

6.4.1　冷作模具材料的种类

冷作模具是指在冷态下完成对金属或非金属材料进行塑性变形的模具，广泛应用于机械、轻工、电器、仪表、汽车等行业。冷作模具材料是目前应用量最大、使用面最广、种类最多的模具材料，主要用于制造冲压、剪切、冷镦、冷挤压、弯曲、拉深等模具。由于各类模具的工作条件、失效形式不同，因而所用材料也不同。目前用于制造冷作模具的材料主要有冷作模具钢、硬质合金、铸铁、陶瓷材料等，但冷作模具钢应用最多。主要包括碳素工具钢、合金工具钢、轴承钢、高速钢、基体钢（指具有高速钢正常淬火后基体成分的钢，碳的质量分数在 0.5% 左右，合金元素的质量分数在 10% ~ 20% 之间）。常用冷作模具材料的牌号及性能比较如表 6-5 所示。

表 6-5　常用冷作模具材料的牌号及性能比较

类别	牌号	使用性能		工艺性能			经济性
		耐磨性	韧 性	切削加工性	热处理变形性	回火稳定性	
碳素工具钢	T7、T8	差	较好	好	较差	差	便宜
	T10、T12	较差	中等	好	较差	差	
轴承钢	GCr15	中等	中等	较好	中等	较差	较便宜
合金工具钢	9SiCr	中等	中等	较好	中等	较差	较便宜
	9Mn2V	中等	中等	较好	较好	差	
	CrWMn	中等	中等	中等	中等	较差	
	Cr12、Cr12MoV、Cr12MoV（D2）	62 ~ 64	差	较差	好	较好	较贵
	Cr4W2MoV	较好	较差	中等	中等	中等	
	6CrNiSiMnMoV	好	好	较差	较好	较好	
高速钢	W18Cr4V	较好	较差	较差	中等	好	贵
	W6Mo5Cr4V2	较好	中等	较差	中等	好	
降碳高速钢	6W6Mo5Cr4V	较好	较好	中等	中等	中等	
基体钢	65Nb、LD、012Al	较好	较好	中等	较好	中等	
普通硬质合金	YG8、YG15、YG20、YG25	最好	差	差	不能热处理，无变形	最好	贵
钢结硬质合金	YE65（GT35）YE50（GW50）	好	较差	可机械加工	可热处理，几乎不变形	好	很贵

其中，Cr12 型钢（Cr12、Cr12MoV）属于高碳高铬钢，是目前应用最广泛、数量最大的冷作模具钢，几乎在所有冷作模具中均有应用。其显著特点是高硬度和高耐磨（因为高碳）、高的淬透性（因为高铬），淬火变形小，不足之处是脆性倾向大。

6.4.2 冷作模具材料选用

1. 冷作模具材料选用原则

选择冷作模具材料时，应遵循的基本原则是：首先考虑满足模具的使用性能要求，同时兼顾材料的工艺性和经济性。冷作模具材料具体选用原则及要求见表6-6。

表6-6 冷作模具材料具体选用原则及要求

选用原则	具 体 要 求
使用性能	(1) 形状复杂、尺寸精度要求高的模具，选用微变形材料 (2) 承受大负荷的重载模具，选用高强度材料 (3) 承受强烈摩擦和磨损的模具，选用高硬度、耐磨性好的材料 (4) 承受冲击负荷大的模具，选用韧性高的材料
工艺性能	(1) 选用优良的锻造性和切削加工性的材料 (2) 尺寸大、精度高的模具，选用淬透性好、淬火变形开裂倾向小的材料 (3) 需焊接加工的模具，选用焊接性好的材料
经济性	(1) 尽可能选用价格低廉的一般材料，少用特殊材料 (2) 多用货源丰富、供应方便的材料，少用或不用稀缺和贵重材料

2. 冷冲裁模材料选用

冲裁模主要用于各种板料的冲切成形，如落料、冲孔、剪裁、切边等。图6-10为一副多工位级进冲裁模。冲裁模的工作部位是凸、凹模的刃口工作时承受冲击力、剪切力、弯曲力及摩擦力，其主要失效形式是刃口磨损。因此对冲裁模的主要性能要求是高硬度、高耐磨及足够的抗压、抗弯和韧性。对于薄板冲裁模（板厚≤1.5mm），以高耐磨、高精度为主；对于厚板冲裁模（板厚>1.5mm），除高耐磨外，还应具有高的强韧性。

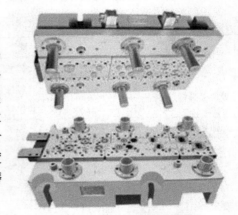

图6-10 多工位级进冲裁模

冲裁模具材料的选用主要根据模具寿命、形状、尺寸、材料性能、工作载荷、生产批量、成本价格等方面考虑。

（1）首先考虑模具寿命的长短 但寿命的长短不是唯一的选用依据。

（2）考虑模具形状、尺寸及载荷 形状简单、载荷轻，尽量选用成本低的碳素工具钢；形状较复杂、尺寸大、载荷轻，则选用低合金工具钢制造。

（3）考虑冲压件的材质 不同材质的冲压件，其冲压难易程度相差很大。

（4）考虑冲压件的产量 如批量不大，就没有必要选用高性能的模具材料。

（5）考虑材料价格及模具材料费占模具总费用的份额 如模具形状复杂、加工较难，加工费占模具总费用的比例很高，而模具材料费只占模具总费用很小比例（10%~18%），就应选用高性能的模具材料。

冲裁模具材料的选用见表6-7。

需要注意的是，为进一步延长厚板冲裁模具寿命，研制了多种新型模具钢如 CG-2、LD、GD、6W6、012Al，火焰淬火模具钢 7CrSiMnMoV 及马氏体时效钢等代替老钢种具有良好的效果，可大幅提高模具寿命。

表 6-7　冲裁模具材料的选用

类　型	工　作　条　件	材　料　钢　号
薄板冲裁模	形状简单、尺寸小、批量小	T10A
	形状较复杂、批量小	9Mn2V、CrWMn、8Cr2S、Cr5Mo1V
	形状复杂、批量大	Cr12、Cr12MoV、D2、W6Mo5Cr4V2
	冲制强度高、变形抗力大	Cr12、D2、Cr4W2MoV、GD、GM、ER5
厚板冲裁模	批量较小	T8A
	批量较大	W6Mo5Cr4V2、012Al、6W6
		Cr12MoV、LD、GM、ER5
剪切刀（切断模）	剪薄板的厚剪刀	T10A、T12A、GCr15
	薄剪刀	9SiCr、CrWMn、GCr15
	剪厚板的剪刀	5CrW2Si、Cr4W2MoV

对于冲裁模结构零件的材料选用及对热处理的硬度要求见表 6-8。

表 6-8　冲裁模结构零件的材料选用及对热处理的硬度要求

模具零件名称	材　料　钢　号	热处理硬度 HRC
上、下模板	HT200、ZG45、Q235	
导柱、导套	T8A、T10A、20	60~62（20 钢渗碳淬火）
垫板、定位板、挡板、挡料钉	45	43~47
导板、导正钉	T10A	50~55
侧刃、侧刃挡板	T8A、T10A、CrWMn	58~62
斜锲、滑块	T8A、T10A	58~62
弹簧、簧片	65、65Mn、60Si2Mn	43~47
顶杆、顶料杆（板）	45	43~47
模柄、固定把	Q235	—

3. 拉深模材料选用

拉深模主要用于板材的冷拉深成形。拉深时，冲击力很小，凹模承受强烈的摩擦和径向应力，凸模主要承受轴向压缩力和摩擦力，其主要失效是拉深过程中的粘附造成"冷焊"咬合失效。所以对拉深模的主要性能要求是高的强度、高的耐磨性，在工作时不发生粘附和划伤，同时具有一定的韧性和较好的切削加工性，且热处理变形小。

拉深模具材料的选用主要根据被拉深材料种类、厚度、变形率、生产批量、成本价格等因素进行考虑。

（1）对于小批量生产，可选用表面淬火钢或铸铁。

（2）对于大批量生产的拉深模，则要求其有很高的磨损寿命，应对模具进行渗氮、渗硼、渗钒、镀铬，对中碳合金钢模具进行渗碳等表面处理。

（3）轻载拉深模（拉深材料较薄、强度较低），可选用 T10A、CrWMn、GD、9Mn2V、65Nb 等钢。

（4）重载拉深模（拉深材料较厚、强度较高），可选用强度较高的 Cr12、Cr12MoV、

D2、Cr5Mo1V、GM、ER5 等钢。当用硬质合金镶嵌模具时，所用硬质合金随型腔尺寸而定，型腔尺寸小于 10mm 时，采用 YG6 合金；型腔尺寸为 10～30mm 时，用 YG8 合金。

4. 冷镦模材料选用

冷镦模是在冲击力的作用下将金属棒状坯料镦成一定形状和尺寸产品的冷作模具。冷镦模工作时，要承受很大的冲击力，最大可超 2500MPa，凹模的型腔表面和冲头（凸模）的工作表面要承受强烈的冲击摩擦等，因此其主要失效形式是擦伤和脆性开裂。对冷镦模的主要性能要求是高强度、高硬度、高耐磨和高的冲击韧度。冷镦成形工艺主要用于紧固件（螺钉、螺母等）、滚动轴承、滚子链条及汽车零件的加工。

冷镦模材料的具体选用方法

（1）一般载荷冷镦模用材　一般载荷冷镦模主要用于形状简单、负荷较小、变形量不大、冷镦速度不很高的低碳钢或中碳钢冷镦件。对于凸模可选用 T10A、60Si2Mn、9SiCr、GCr15、6W6 等钢；对于凹模可选用 T10A、GCr15、Cr12MoV、GD、65Nb 等钢。

（2）重载荷冷镦模用材　重载荷冷镦模主要用于形状较复杂、生产变形量大、强度较高的合金钢或中、高碳钢冷镦件。对于这类冷镦模具通常选用 Cr12 型钢，高速钢及新开发的新型冷作模具钢，如 012Al、65Nb、LD、RM2、LM1、LM2、ER5、GM 等。

（3）切裁工具和顶出杆用材　切裁工具必须硬而耐磨，并需要一定的热硬性，可选用 T10A、Cr4W2MoV 等；顶出杆既要韧性好，又要耐磨，可视具体情况选用 CrWMn、9CrWMn、6W6Mo5Cr4V 等。

冷镦模材料的选用及工作硬度见表 6-9。

表 6-9　冷镦模材料的选用及工作硬度

模具类型及零件名称			工作条件	推荐选用的材料钢号		工作硬度 HRC
				中、小批量生产（<10 万件）	大批量生产（>20 万件）	
冷镦凹模	开口模整体模块		轻载荷、小尺寸	T10A、MnSi	T10A、MnSi	表面 59～62，芯部 40～50
			轻载荷、较大尺寸	CrWMn、GCr15	CrWMn、GCr15	表面 >62，芯部 <55
	闭合模	整体模块	轻载荷、小尺寸	T10A、MnSi	—	表面 59～62，芯部 40～50
			轻载荷、较大尺寸	CrWMn、GCr15	—	表面 >62，芯部 <55
		嵌镶模块模芯	重载荷、形状复杂的大、中型模具	Cr6WV、Cr4W2MoV	YG15、YG20、YG25、GT35、GJW50、DT	58～62
				Cr5Mo1V、Cr12MoV		58～62
				W18Cr4V		>62
				W6Mo5Cr4V2、7Cr7Mo2V2Si、基体钢		58～64
		嵌镶模块模套	重载荷、形状复杂的大、中型模具	40CrMnMo、4Cr5W2VSi、4Cr5MoSiV	六角螺母冷镦模 T7A、T10A 钢球、滚子冷镦模 CrWMn、GCr15	48～52
冷镦冲头（凸模）			轻载荷、小尺寸	T10A	—	58～60
			轻载荷、较大尺寸	CrWMn、GCr15		60～61
			重载荷	Cr4W2MoV、Cr12MoV	YG15、YG20、YG25、GT35、GJW50、DT	56～64
				W18Cr4V、W6Mo5Cr4V2		63～64
				7CrSiMnMoV、基体钢		56～64

（续）

模具类型及零件名称	工作条件	推荐选用的材料钢号		工作硬度 HRC	
		中、小批量生产（<10 万件）	大批量生产（>20 万件）		
切裁工具	—	T10A、Cr4W2MoV、Cr12MoVCr4W2MoV	—	切断刀具	滚刀具
				60~65	61~64
顶出杆	较大冲击负荷	6W6Mo5Cr4V、T7A		57~59	
	中等冲击负荷、要求韧性、耐磨性都好	CrWMn、9CrWMn		<60	
	冲击负荷不大，要求高耐磨性	W6Mo5Cr4V2		62~63	

5. 冷挤压模材料选用

冷挤压是在常温下，利用模具在压力机上对金属以一定的速度施加相当大的压力，使金属产生塑性变形，从而获得所需形状和尺寸的零件。由于模具在挤压过程中，承受极大的挤压力，且模具表面反复与被挤压件剧烈摩擦等，因此其主要失效形式是磨损和断裂。所以对冷挤压模的主要性能要求是高强韧性、高耐磨性及较高的热疲劳性和足够的回火稳定性。

冷挤压模材料的选用方法

（1）碳素工具钢（如 T10A）和低合金工具钢（如 CrWMn）的淬硬性、强韧性和耐磨性较差，只宜作挤压应力较小，批量不大的正挤压模具。

（2）Cr12 型钢是正挤压模具普遍采用的钢材，由于韧性低，碳化物偏析严重，脆性大，因而正逐步被新型冷作模具钢替代。

（3）高速钢因高的抗压强度、耐磨性，适宜制作承受高挤压负荷的反挤压凸模，但与 Cr12 型钢类似，韧性低、脆性大，生产中常用低温淬火来提高钢的断裂抗力。

（4）降碳型高速钢（如 6W6Mo5Cr4V）、基体钢（如 LD、65Nb）用于冷挤压模具效果十分显著，降碳型高速钢主要用于冷挤压冲头，但对于大批量生产的模具，这两类钢的耐磨性欠缺。

（5）对于大批量生产的冷挤压模具，应选用硬质合金。钢结硬质合金，常用来做冷挤压凹模。

冷挤压模材料的选用及工作硬度见表 6-10。

表 6-10　冷挤压模材料的选用及工作硬度

模具类型及零件名称	工作条件	推荐选用的材料钢号		工作硬度 HRC
		中、小批量生产（<5 万件）	大批量生产（>10 万件）	
冲头（凸模）	冷挤压纯铜、软铝或锌合金	60Si2Mn、CrWMn、Cr6WV、Cr5Mo1V、Cr4W2MoV、W18Cr4V	Cr4W2MoV（渗氮）、Cr12MoV（渗氮）、W6Mo5Cr4V2（渗氮）、基体钢(渗氮)、钢结硬质合金	60~64
	冷挤压硬铝、黄铜或钢件	Cr4W2MoV、Cr12MoV、W18Cr4V、W6Mo5Cr4V2、6W6Mo5Cr4V、6CrNiMnSiMoV、基体钢	W6Mo5Cr4V2（渗氮）、基体钢（渗氮）、钢结硬质合金、YG15、YG20、YG25	60~64

（续）

模具类型及 零件名称	工作条件	推荐选用的材料钢号		工作硬度 HRC
		中、小批量生产（<5 万件）	大批量生产（>10 万件）	
凹模	冷挤压纯铜、 软铝或锌合金	T10A、9Mn2V、9SiCr、CrWMn、GCr15、 Cr6WV、Cr5Mo1V、Cr4W2MoV	Cr4W2MoV、Cr12MoV、W18Cr4V、 钢结硬质合金、YG15、YG20、YG25	60~64
	冷挤压硬铝、 黄铜或钢件	CrW4Mn、Cr4W2MoV、Cr12MoV、 6W6Mo5Cr4V、7Cr7Mo2V2Si	Cr4W2MoV（渗氮）、Cr12MoV （渗氮）、W18Cr4V（渗氮）、基体钢 （渗氮）、硬质合金	58~60
顶出器 （顶杆）		CrWMn、Cr6WV、Cr5Mo1V、 7Cr7Mo2V2Si	Cr4W2MoV、Cr12MoV、6W6Mo- 5Cr4V、基体钢	58~62

6.4.3　塑料模具选材

　　塑料模具是模塑成型塑料制品的模具。塑料模具成型是将塑料材料在一定的温度和压力作用下，借助于模具使其成为具有一定使用价值塑料制件的过程。常用模具成型的方法有注射、压缩、压注、挤压、吹塑、发泡等。塑料制品广泛用于家用电器及各个生产行业。图 6-11 为一副典型结构的注塑模。

　　在我国，目前还没有形成独立的塑料模具钢系列。在实际生产中，用于制造塑料模具的钢材广泛采用传统的结构钢和工具钢，这些钢难以满

图 6-11　典型结构的注塑模

足塑料模具越来越高的多方面的性能要求。为此，我国研制了一些新型塑料模具钢，并引进了一些在国外已通用的钢种。其分类方法多种多样，一般按照塑料模具用钢特征和使用时热处理状态分类，可分为渗碳型塑料模具用钢、调质型塑料模具用钢、淬硬型塑料模具用钢、预硬型塑料模具用钢、耐蚀型塑料模具用钢、时效硬化型塑料模具用钢。此外，用于简易塑料模具材料的铝及铝合金、锌基合金、铍铜合金以及环氧树脂等使用逐渐增多。塑料模具材料的使用因塑料制品的材料、结构、形状、成型方法等不同而不同。塑料模具钢的分类及常用钢种见表 6-11。

表 6-11　塑料模具钢的分类及常用钢种

类别	牌　种	类别	牌　种
渗碳型	20、20Cr、20Mn、12CrNi3A、12CrNi4A、 20CrNiMo、0Cr4NiMoV	预硬型	3Cr2Mo、Y20CrNi3ALMnMo（SM2）、5NiSCa、 Y55CrNiMnMoV（SM1）、4Cr5MoSiV、8Cr2MnW- MoVS(8Cr2S)
调质型	45、50、55、40Cr、40Mn、50Mn、4Cr5MoSiV、 38CrMoAlA	耐蚀型	3Cr12、2Cr13、Cr16Ni4Cu3Nb（PCR）、 1Cr18Ni9、3Cr17Mo
淬硬型	T8A、T10A、9SiCr、CrWMn、GCr15、3Cr2W- 8V、Cr12MoV、6CrNiSiMnMoV（GD）	时效硬化型	18Ni 类钢、10Ni3MnCuAl（PMS）、18Ni9Co、 06Ni16MoVTiAl、25CrNi3MoAl

　　1. 塑料模成型零件的材料选用

　　（1）生产批量不大，没有特殊要求的小型塑料成型模具　可采用价格便宜，加工性能

好，来源方便的碳素结构钢（如 45 钢、50 钢、55 钢和 20 钢、15 钢）、碳素工具钢（如 T8 钢、T10 钢）制造。为了保证塑料模具具有较低的表面粗糙度，有时对制造塑料模具的碳素结构钢和碳素工具钢的冶金质量提出一些特殊要求，有时对钢材的有害杂质含量、低倍组织等提出较为严格的要求。

其中碳素工具钢主要用于制造要求耐磨性较高的小型热固性塑料成型模具，由于碳素工具钢的淬透性低，淬火回火后，模具表面硬度很高，具有良好的耐磨性，而中心区域硬度较低，具有良好的韧性。

碳素结构钢中的低碳钢，则经过渗碳淬火回火后使用，表面渗碳层淬回火硬度高、耐磨性好，中心部分仍具有良好韧性。也多用于制造热固性塑料成型小型模具。

中碳碳素结构钢多在锻轧退火或正火状态下使用，用于制造小型的、要求耐模性和耐蚀性不高、生产批量不大的通用型热塑性塑料制件的成型模具。

（2）型腔表面要求耐磨，心部要求较高韧性的模具　这类模具一般选用渗碳钢，碳的质量分数一般为 0.1% ~0.2% 左右，硬度低，切削加工性好，塑性好。可以采用冷挤压方法用淬硬的凸模在渗碳模具钢制件上直接压制出型腔来，省去型腔的切削加工，这对于成批生产一种模具是十分经济的工艺方法。模具加工后经过渗碳、淬火、低温回火后，具有高硬度、高耐磨性的表面和韧性良好的心部组织，可用于制造各种要求耐磨性良好的模具。

但是上述热处理工艺比较复杂，有可能产生较大的热处理变形，所以一般用于制造小型的、形状比较简单的模具。

这类钢常用的有 15 钢、20 钢。但由于其淬透性低、心部的强度低，不得不采用水等冷却能力很强的淬火介质淬火，容易产生严重的热处理变形等缺陷。为了解决这一问题，采用各种合金渗碳钢，如 20Cr、12CrNi2、12CrNi3、20CrMnTi 等钢种，这些钢淬透性较低碳钢好，渗碳后可以采用油淬火，避免严重的淬火变形，热处理后的心部也具有较高的硬度和强度。可以用于制造形状较复杂、承受载荷较高的塑料件成型模具。

（3）形状复杂的大、中型精密塑料制件成型模具　一般选用预硬型塑料模具用材料的选用。预硬型塑料模具钢由冶金厂在供货时即将模具钢材或模块预先进行了调质处理，得到模具要求的硬度和性能。用户不必在模具加工后再进行淬火回火处理就可以直接使用，可以避免在模具加工后再进行淬火回火处理时造成的变形、开裂、脱碳等缺陷。

预硬型塑料模具钢的使用硬度一般在 30 ~40HRC 范围内，过高的硬度，将使预硬钢的可加工性变坏。

常用的预硬型塑料模具钢可分为两类，一类是借用合金结构钢和一些低合金热作模具钢的成熟钢号，如 35CrMo、40CrMo、45CrMo、5CrNiMo、5CrMnMo 等钢种；另一类是结合塑料模具钢单独开发的钢种，常用的如 3Cr2Mo（P20）、3Cr2NiMnMo、5CrNiMnMoVSCa、8Cr2MnWMoVS 等钢种。当预硬的硬度较高时，为了改善其切削性，往往在这类钢中加入易切削元素如硫、铅、钙等，可以使钢在高硬度下的可加工性得到显著地改善。

（4）复杂、精密、长寿命的塑料模具　为了避免在淬火热处理中产生的变形，发展了一系列的时效硬化塑料模具钢。

时效硬化塑料模具钢在固溶处理后硬度很低（一般≤30HRC），可以很容易的进行切削加工，待加工完成后再进行较低温的时效处理，获得要求的综合力学性能和耐磨性。由于时效热处理的变形量很小，且有规律性，时效处理后不再进行加工，即可得到硬度很高的模具成品。

时效硬化塑料模具钢主要靠在时效过程中析出的金属化合物进行强化，所以碳含量较低，一般焊接性良好，可以采用堆焊工艺对失效的模具进行修复。为了进一步提高模具的耐磨性，对模具进行渗氮处理。

时效硬化塑料模具钢又可以分为两种类型，一种是低合金时效硬化模具钢，如我国自行开发的 25CrNi3MoAl 钢、美国的 P21 钢（20CrNi4AlV）、日本大同特殊钢公司的 NAK55（15Ni3MnMoAlCuS）等。这类钢固溶处理后，硬度为 30HRC 左右，时效处理后，由于金属化合物镍铝（Ni3Al）脱溶析出而强化，硬度可以上升到 38 ~ 42HRC。如果进行渗氮处理，可以使表面硬度达到 1100HV 左右，主要用于制造精密复杂的热塑性塑料制件的模具。另一种类型为合金含量较高的马氏体时效钢。该类钢借用一些超高强度马氏体时效钢，最典型的如 18Ni 钢，主要用于制造使用寿命要求很长的高精度、高表面质量的中、小型复杂的塑料模具。尽管材料费用比一般模具钢高几倍，但是由于模具寿命长，压制的塑料制品精度好，表面粗糙度低，仍在一定的范围内得到应用。典型的高合金马氏体时效钢有 18Ni（250）（00Ni18Co8Mo5TiAl）、18Ni（350）（00Ni18Co13Mo4TiAl）等（括号内数字表示钢种的强度级别）。这些钢在固溶后形成超低碳马氏体，硬度为 30 ~ 32HRC，时效处理后，由于各种类型间金属化合物的脱溶析出得到时效硬化，硬度可上升到 50HRC 以上，其在高强度、高韧性的条件下仍具有良好的塑性、韧性和高的断裂韧度。

为了降低材料费用，近年来开发了一些低钴、无钴、低镍的马氏体时效钢，其中专门设计用于制造塑料模具的钢种是 06Ni6MoVAl 钢。此钢含镍量大幅度下降，固溶处理后硬度为 25 ~ 28HRC，时效处理后硬度可上升到 45HRC 左右。由于时效时析出相的数量较高合金马氏体时效钢少，所以时效时尺寸变形也较小（一般为 ≈0.02%）（18Ni250 钢为 ≈0.06%，18Ni350 钢为 ≈0.08%）。这对于控制模具的变形是有利的。这种贵重元素含量较低、价格较低的马氏体时效塑料模具钢，既具有一般高合金马氏体时效钢的特性，可以适应高精度、复杂、高寿命塑料模具的要求，又有较低的价格，是一种有发展前景的钢。

（5）成型含氯、氟等元素塑料的模具　生产过程中产生化学腐蚀介质的塑料制品（如聚氯乙烯、含氟塑料、阻燃塑料等）时，模具材料必须具有较好的抗蚀性能。当塑料制品的产量不大，要求不高时，可以采用对模具工作表面镀铬防护，大多的情况下采用相应的耐蚀钢制造塑料模具。由于模具材料要求有较高的强度、硬度和耐磨性，所以一般采用中碳或高碳的高铬马氏体不锈钢制造塑料模具，如 3Cr13、4Cr13、4Cr13Mo、9Cr18、Cr18MoV 等钢种。

为了得到满意的综合力学性能和较好的抗蚀性、耐磨性，要对这类钢制成的模具淬火回火处理。其中对高碳高铬型耐蚀塑料模具钢如 9Cr18 钢，一般采用 200℃ 左右低温回火处理，以防回火温度过高，形成过多的铬碳化物，降低基体组织中铬含量，影响其抗腐蚀性。而对中碳的铬不锈钢，如 4Cr13 钢，由于存在回火脆性倾向，则常采用在 650℃ ~ 700℃ 的高温回火处理，通过高温回火还可以使钢中的铬碳化物向（Cr、Fe）$_{23}$C$_6$ 转变，改善钢中的贫铬区现象，使钢得到较高的耐蚀性和较好的综合力学性能。

其中高碳高铬的钢号属于莱氏体钢，在铸态组织中常存在着分布不均匀的粗大的一次和二次合金碳化物，必须通过锻轧将其破碎，使其分布均匀，并严格控制终锻和终轧温度，避免钢中沿晶界析出链状碳化物，影响钢的韧性和塑性。

（6）成型热固性塑料制品的压缩模或成型以玻璃纤维为添加剂的热塑性塑料注塑模　这类模具要求所选材料具有高硬度、高耐磨性、高的高压强度和较高韧性，以防止塑料把模具型腔面过早磨毛。用于压制热固性塑料，特别是一些增强塑料（如添加玻璃纤维、金属粉、云母等的增强塑料）的模具，以及生产批量很大，要求使用寿命很长的模具，一般采用对模具进行整体淬硬，在高硬度下使用。塑料模具材料一般选用高淬透性的冷作模具钢或热作模具钢。制造这类模具常用的模具钢有冷作模具钢 9CrWMN、CrWMn、Cr12、Cr12MoV、CrMo1V、Cr12Mo1V1 等。热作模具钢则选用 5CrMnMo、5CrNiMo、4Cr5MoSiV、4Cr5MoSiV1 等。

（7）成型透明塑料的模具　这类模具要求所选材料具有良好的镜面抛光性能和高的耐磨性。一般采用时效硬化型钢制造，如 18Ni 类、10Ni3CuAlMoS（PMS）钢、0Cr16Ni4Cu3Nb（PCR）钢等。也可用预硬型钢，如 3Cr2Mo（P20）系列钢、8CrMn、5NiSCa 等。

常用塑料成型模具钢的选用见表 6-12。

表 6-12　常用塑料成型模具钢的选用

塑料类别	塑料名称	生产批量/件			
		$< 10^5$	$10^5 \sim 5 \times 10^5$	$5 \times 10^5 \sim 1 \times 10^6$	$> 1 \times 10^6$
热固性塑料	通用型塑料酚醛、密胺、聚酯等	45、50、55 钢渗碳钢渗碳淬火	渗碳合金钢（渗碳+淬火）4Cr5MoSiV1S	Cr5MoSiV1 Cr12 Cr12MoV	Cr12MoV Cr12Mo1V1 7Cr7Mo2V2Si
	增强型塑料（加入纤维或金属粉）	渗碳合金钢渗碳淬火	渗碳合金钢（渗碳淬火）、4Cr5MoSiV1、Cr5Mo1V	Cr5Mo1V Cr12 Cr12MoV	Cr12MoV Cr12Mo1V1 7Cr7Mo2V2Si
	通用型塑料聚乙烯聚丙烯ABS 等	45、55 钢渗碳合金钢渗碳淬火3Cr2Mo	3Cr2Mo 3Cr2NiMnMo 渗碳合金钢（渗碳淬火）3Cr2M	4Cr5MoSiV1 + S 5NiCrMnMoVCaS 时效硬化钢3Cr2M	4Cr5MoSiV1 + S 时效硬化钢Cr5Mo1V
	工程塑料（尼龙，聚碳酸酯等）	45、55 钢、3Cr2Mo、3Cr2NiMnMo、渗碳合金钢（渗碳淬火）	3Cr2Mo、3Cr2NiMnMo、时效硬化钢渗碳合金钢（渗碳淬火）Cr5Mo1V	4Cr5MoSiV1 + S、5CrNiMnMoVCaS Cr5Mo1V	Cr5Mo1V、Cr12、Cr12MoV、Cr12Mo1V1、7Cr7Mo2V2Si
	增强工程塑料	3Cr2Mo、3Cr2NiMnMo、渗碳合金钢（渗碳淬火）	4Cr5MoSiV1 + S、Cr5Mo1V、Cr12MoV	4Cr5MoSiV1 + S、Cr5Mo1V、Cr12MoV	Cr12、Cr12MoV、Cr12Mo1V1、7Cr7Mo2V2Si
	阻燃塑料	3Cr2Mo（镀层）	3Cr13、Cr14Mo	9Cr18、Cr18MoV	Cr18MoV + 镀层
	聚氧乙烯	3Cr2Mo（镀层）	3Cr13、Cr14Mo	9Cr18、Cr18MoV	Cr18MoV + 镀层
	氟化塑料	Cr14MO、Cr18MoV	Cr14Mo、Cr18MoV	Cr18MoV	Cr18MoV + 镀层

2. 辅助零件的材料选用

塑料模具的辅助零件，因其抛光性、耐蚀性等要求较低，所以可选用常用的塑料模具钢材，经过合理的热处理，使用性能完全能达到要求，因此降低了模具造价。部分模具零件的材料选用举例及热处理要求见表 6-13。

6.4.4　热作模具的选材

热作模具主要是指用于热变形加工和压力铸造的模具。其工作特点是，在外力作用下，使加

表 6-13　部分模具零件的材料选用举例及热处理要求

零件种类	主要性能要求	选用牌号	热　处　理	使用硬度
导柱,导套	表面耐磨,心部有较好韧性	20、20Cr、20CrMnTi	渗碳、淬火回火	54～58HRC
		T8A、T10A	淬火回火	54～58HRC
主流道衬套	表面耐磨,有时还要耐腐蚀和热硬性	20	渗碳淬火	55HRC 以上
		T8A、T10A	淬火回火	55HRC 以上
		9Mn2V、CrWMn、9SiCr、Cr12	淬火、中低温回火	55HRC 以上
		3Cr2W8V、35CrMo	淬火,加高温回火并氮化	42～44HRC
顶杆、拉料杆、复位杆	有一定强度和比较耐磨	T7A、T8A	淬火回火	52～55HRC
		45	端部淬火杆部调质	端:54～58HRC杆:225HBW
各种模板、顶出板、固定板支架等	较好的综合力学性能	45、40MnB、40MnVB	调质处理	225～240HBW
		Q235、Q255、Q275		
		球墨铸铁	正火	205HBW 以上
		HT200	退火	

热的固体金属材料产生一定的塑性变形,或者使高温的液态金属铸造成形,从而获得各种所需形状的零件或精密毛坯。典型的热作模具有锤锻模、压力机锻模、热挤压模、热冲裁模、压铸模等。由于被加工材料的不同和使用的成形设备不同,模具的工作条件有较大差别,因此,在选择模具材料及热处理工艺时应根据模具的工作条件、失效形式、选用性能合适的钢种才能保证模具具有较长的工作寿命。

同一模具可用多种材料制作,同一种材料亦可制作多种模具。热作模具材料的选用,应充分考虑模具工作中的受力、受热、冷却情况以及模具的尺寸大小、成形件的材质、生产批量等因素对模具寿命的影响,还要考虑模具的特点与热处理的关系,同时应符合加工工艺性与经济性要求。

1. 压铸模材料的选用

压铸生产可以将熔化的金属液直接压铸成各种结构复杂、尺寸精确、表面光洁、组织致密以及用其他方法难以加工的零件,如薄壁、小孔、凸缘、花纹、齿轮、螺纹、字体以及镶衬组合等零件。近年来,压铸成形已广泛应用于汽车、拖拉机、仪器仪表、航海航空、电机制造、日用五金等行业。图 6-12 为一副典型结构的压铸模。

压铸模是在高的压应力 (30～150MPa) 下将 400～1600℃的熔融金属压铸成形用的模具。根据被压铸材料的性质,压铸模可分为锌合金压铸模、铝合金压铸模、铜合金压铸模。压铸成形过程中,模具周期性地与炽热的金属接触,反复经受加热和冷却作用,且受到高速喷入的金属液的冲刷和腐蚀。因此,要求压铸模材料具有较高的热疲劳抗力、良好的抗氧化性和耐腐蚀性、高的导热性和耐热性、良好的高温力学性能和耐磨性、高的淬透性等。

常用的压铸模用钢以钨系、铬系、铬钼系和铬钨钼系热作模具钢为主,也有一些其他的合金工具钢或合金结构钢,用于工作温度较低的压铸模,如 40Cr、30CrMnSi、4CrSi、4CrW2Si、5CrW2Si、5CrNiMo、5CrMnMo、4Cr5MoSiV、4Cr5MoSiV1、3Cr2W8V、3Cr3Mo3W2V 等。其中

图 6-12　典型结构的压铸模

3Cr2W8V 钢是制造压铸模的典型钢种，常用于制造压铸铝合金和铜合金的压铸模，与其性能和用途相类似的还有 3Cr3Mo3W2V 钢。

由于压铸金属材料不同，它们的熔点、压铸温度、模具工作温度和硬度要求各不相同，故用于不同材料的压铸模其工作条件的苛刻程度和使用寿命有很大区别。压铸金属的压铸温度越高，压铸模的磨损和损坏就越快。因此，在选择压铸模材料时，首先要根据压铸金属的种类及其压铸温度的高低来决定，其次还要考虑生产批量的大小和压铸件的形状、重量以及精度要求等。

（1）锌合金压铸模　锌合金的熔点为 400 ~ 430℃，锌合金压铸模型腔的表层温度不会超过 400℃。由于工作温度低，除常用模具钢外，也可以采用合金结构钢 40Cr，30CrMnSi，40CrMo 等淬火后中温（400 ~ 430℃）回火处理，模具寿命可达 20 ~ 30 万次/模。甚至可采用低碳钢经中温碳氮共渗、淬火、低温回火处理，使用效果也很好。常用的模具钢有 5CrNiMo、4Cr5MoSiV、4Cr5MoSiV1、3Cr2W8V，CrWMn 等，经淬火、400℃回火后，寿命可达 100 万次/模。

（2）铝合金压铸模　铝合金压铸模的工作条件较为苛刻，铝合金溶液的温度通常在 650 ~ 700℃左右，以 40 ~ 180m/s 的速度压入模具型腔。模具型腔表面受到高温高速铝液的反复冲刷，会产生较大的内应力。铝合金压铸模的寿命取决于两个因素，即是否发生粘模和型腔表面是否因热疲劳而出现龟裂。

铝合金压铸模常用钢为：4Cr5MoSiV1（H13）、4Cr5MoSiV（H11）、3Cr2W8V 及新钢种 4Cr5Mo2MnVSi（Y10）和 3Cr3Mo3VNb（HM-3）等。

（3）铜合金压铸模　铜合金压铸模工作条件极为苛刻，铜液温度通常高达 870 ~ 940℃，以 0.3 ~ 4.5m/s 的速度压入铜合金压铸模型腔。由于铜液温度较高，且热导性极好，工件传递给模具的热量多且快，常使模具型腔在极短时间即可升到较高温度，然后又很快降温，产生很大的热应力。这种热应力的反复作用，促使模具型腔表面产生冷热疲劳裂纹，并会造成模具型腔的早期开裂。因此，要求铜合金压铸模材料具有高的热强性、热导性、韧性、塑性，高的抗氧化性、耐金属侵蚀性及良好的加工工艺性能。

国内目前仍大量采用 3Cr2W8V 钢制造铜合金的压铸模具，也有的用铬钼系热作模具钢。近年来，我国研制成功的新型热作模具钢 Y4（4Cr3Mo2MnVNbB），其抗热疲劳性能明显优于 3Cr2W8V 钢；3Cr3Mo3V 钢模具的使用寿命也比 3Cr2W8V 钢模具高。铜合金压铸模可进行离子氮化表面处理，Y4 钢氮化后，表面硬度可达 990HV，能避免铜合金的粘模现象。

（4）钢铁材料压铸模　钢的熔点为 1450 ~ 1540℃，使钢铁材料压铸模的工作温度高达

1000℃，致使模具型腔表面受到严重的氧化、腐蚀及冲刷，模具寿命很低。模具一般只压铸几十件或几百件即产生严重的塑性变形和网状裂纹而失效。

黑色金属压铸模具材料最常用的仍为 3Cr2W8V 钢，但因该钢的热疲劳抗力差，因此使用寿命很低。目前国内外均趋向于使用高熔点的钼基合金及钨基合金制造铜合金及钢铁材料压铸模，其中 TZM 及 Anviloy1150 两种合金受到普遍重视。采用热导性好的合金，如铜合金制造钢铁材料压铸模，也收到了满意的效果。使用的铜合金主要有铍青铜合金、铬锆钒铜合金和铬锆镁铜合金等。成形部分零件主要包括：型腔（整体式或镶块式）、型芯、分流锥、浇口套、特殊要求的顶杆等。型腔、型芯的热处理，也可先调质到 30 ~ 35HRC，试模后，进行碳氮共渗至表面硬度≥600HV。

压铸模成形部分零件的材料选用举例见表6-14，供使用时参考。

表6-14　压铸模成形部分零件的材料选用举例

工作条件	推荐选用的材料		可代用材料	硬度要求 HRC
	简单工作条件	复杂工作条件		
压铸铅或铅合金（压铸温度 <100℃）	45	40Cr	T8A、T10A	16 ~ 20
压铸锌合金（压铸温度 400 ~ 450℃）	4CrW2Si 5CrNiMo	3Cr2W8V、4Cr5MoSiV 4Cr5MoSiV1	Crl2、T10A、4Cr-Si、30CrMnSi	48 ~ 52
压铸铝合金、镁合金（压铸温度 650 ~ 700℃）	4CrW2Si、5CrW2Si 6CrW2Si	3Cr2W8V、4Cr5MoSiV、4Cr5MoSiV1、3Cr3Mo3W2V、4Cr5W2VSi	3Cr13、4Cr13	40 ~ 48
压铸铜合金（压铸温度 850 ~ 1000℃）	3Cr2W8V、4Cr5MoSiV、4Cr5MoSiV1、3Cr3Mo3W2V、4Cr5W2VSi、3Cr3Mo3Co3V、YG30 硬质合金、TZM 钼合金、钨基粉末冶金材料		37 ~ 45	
压铸钢、铁材料（压铸温度 1450 ~ 1650℃）	3Cr2W8V（表面渗铝）、钨基粉末冶金材料、钼基难熔合金（TZM）、铬锆钒铜合金、铬锆镁铜合金、钴铍铜合金		—	42 ~ 44

2. 热锤锻模材料的选用

锤锻模是在模锻锤上使用的热作模具，工作时不仅要承受冲击力和摩擦力的作用，还要承受很大的压应力、拉应力和弯曲应力的作用。模具型腔与高温金属坯料（钢铁坯料约1000 ~ 1200℃）相接触并强烈摩擦，使模具本身温度升高。锻造钢件时，模具型腔的瞬时温度可高达600℃以上。如此的高温会造成模具材料的塑性变形抗力和耐磨性下降，同时也会造成模具型腔壁的塌陷及加剧磨损等。锻完一个零件后还要用水、油或压缩空气进行冷却，从而对模具产生急冷急热作用，使模具表面产生较大的热应力及热疲劳裂纹。锤锻模在机械载荷与热载荷的共同作用下，会在其型腔表面形成复杂的磨损过程，其中包括粘着磨损、热疲劳磨损、氧化磨损等。另外，当锻件的氧化皮未清除或未很好清除时，也会产生磨粒磨损。锤锻模模块尾部呈燕尾状，易引起应力集中。因而在燕尾的凹槽底部，容易产生裂纹，造成燕尾开裂。

锤锻模的主要失效形式有：磨损失效、断裂失效、热疲劳开裂失效及塑性变形失效等。所以对锤锻模材料的性能要求是高的冲击韧度和断裂韧度、高的热硬性与热强性、高的淬透性与回火稳定性、高的冷热疲劳抗力以延缓疲劳裂纹的产生、良好的导热性及加工工艺性能。

目前我国锤锻模用钢主要有 5CrNiMo、5CrMnMo、4CrMnSiMoV、3Cr2MoWVNi、5Cr2NiMoVSi 及 45Cr2NiMoVSi。重型机械厂或钢厂生产的其他锻模钢有 5CrNiTi、4SiMnMoV 及 5SiMnMoV、5CrNiW、5CrNiMoV 等。国外进口锻模钢有 55CrNiMoV6 等。

机械压力机模块用钢有 4Cr5MoSiV1，4Cr5MoSiV，4Cr3W2VSi，3Cr3Mo3W2V，5Cr4W5Mo2V。应用较好的其他钢号有 4Cr3Mo3W4VNb，2Cr3Mo3VNb，2Cr3Mo2NiVSi。国外进口锻模钢有 YHD3 等。

在选择锤锻模材料和确定其工作硬度时，主要根据锤锻模的种类、大小、形状复杂程度、生产批量要求以及受力和受热等情况来决定。表 6-15 列举了锤锻模材料选用举例及硬度要求，以供参考。

表 6-15　锤锻模材料选用举例及硬度要求

锤锻模种类		工作条件	选用的材料牌号		热处理后的硬度要求	
			简单	复杂	模腔表面 硬度 HRC	燕尾部分 硬度 HRC
整体锤锻模或嵌镶模块		小型锤锻模（高度 <275mm）	5CrMnMo、 5SiMnMoV	4Cr5MoSiV、 4Cr5MoSiV1、 4Cr5W2VSi	42~47	35~39
		中型锤锻模（高度 275~325mm）			39~44	32~37
		大型锤锻模（高度 323~375mm）	4CrMnSiMoV 5CrNiMo 5Cr2NiMoVSi		35~39	30~35
		特型锤锻模（高度 375~500mm）			32~37	28~35
嵌镶模块		高度 375~500mm	ZG50Cr、ZG40Cr			28~35
堆焊锻模	模体	高度 375~500mm	ZG45Mn2			28~35
	堆焊材料	高度 375~500mm	5Cr4Mo、5Cr2MnMo		32~37	

3. 热挤压模材料的选用

热挤压模是使被加热的金属在高温压应力状态下成形的一种模具。挤压时凸模承受巨大的压力，且由于金属坯料的偏斜等原因，使模具还承受很大的附加弯矩，脱模时还要承受一定的拉应力。凹模型腔表面承受变形坯料很大的接触压力，沿模壁存在很大的切向拉应力，而且大都分布不均匀，再加上热应力的作用，使凹模的受力极为复杂。另一方面，模具与炽热金属坯料接触时间较长，受热温度比锤锻模高。在挤压铜合金和结构钢时，模具的型腔工作温度高达 600~800℃，若挤压不锈钢或耐热钢坯料，模具型腔温度会更高。其次，为防止模具的温度升高，工件脱模后，每次用润滑剂和冷却介质涂抹模具的工作表面，而使挤压模具经常受到急冷、急热的交替作用。

热挤压模的失效形式主要有断裂失效、冷热疲劳失效、模腔过量塑性变形失效、磨损失效以及模具型腔表面的氧化失效等。因此，热挤压模材料应具有①高强度、冲击韧度及断裂韧度，以保证模具钢具有较高的断裂抗力，防止模具发生脆性断裂；②室温及高温硬度高，耐磨性能好，以减缓模具的磨损失效发生；③高温强度及回火抗力高，拉伸及压缩屈服点高，防止模具产生塑性变形及堆塌；④模具钢的相变点及高温强度高，并具有高的导热性及较低的热胀系数，有利于热疲劳抗力的提高，推迟热疲劳开裂的发生；⑤较高的抗氧化能力，以减少氧化物对磨损及热疲劳的不利影响。

常用热挤压模具钢有 3Cr2W8V、4Cr5MoSiV1。应用较多的标准钢号有 3Cr3Mo3W2V（HM1）、5Cr4W5Mo2V（RM2）、5Cr4Mo3SiMnVAl（012Al），4Cr5MoSiV，4Cr5W2VSi 等。应用较多的其他钢号有 4Cr3Mo3W4VTiNb（GR）、3Cr3Mo3VNb、6Cr4Mo3Ni2WV（CG2）等。

在特殊情况下，有时应用奥氏体型耐热钢、镍基合金以及硬质合金和钢结硬质合金等。选择热挤压模具材料时，主要应根据被挤压金属的种类及其挤压温度来决定，其次也应考虑到挤压比、挤压速度和润滑条件等因素对模具使用寿命的影响。热挤压模具的材料选用及硬度要求可参照表 6-16。

表 6-16　热挤压模具的材料选用及硬度要求

加工金属 零件名称	钢、钛及镍合金（挤压温度 1100～1260℃）	铜及铜合金（挤压温度 650～1000℃）	铝、镁及其合金（挤压温度 350～510℃）
挤压凹模（整体模块或嵌镶模块）	4Cr5MoSiV1、3Cr2W8V、4Cr5W2VSi、高温合金（43～51HRC）	4Cr5MoSiV1、3Cr2W8V、Cr5W2VSi、高温合金（40～48HRC）	4Cr5MoSiV1、4Cr5W2VSi（46～50HRC）
挤压模垫	4Cr5MoSiV1、4Cr5W2VSi（42～46HRC）	5CrMnMo、4Cr5MoSiV1、4Cr5W2VSi（45～48HRC）	5CrMnMo、4Cr5MoSiV1、4Cr5W2VSi（48～52HRC）
挤压模座	4Cr5MoSiV、4Cr5MoSiV1（42～46HRC）	5CrMnMo、4Cr5MoSiV（42～46HRC）	5CrMnMo、4Cr5MoSiV（44～50HRC）
挤压内衬套	4Cr5MoSiV1、3Cr2W8V、4Cr5W2VSi、高温合金（400～475HBW）	4Cr5MoSiV1、3Cr2W8V、4Cr5W2VSi、高温合金（400～475HBW）	4Cr5MoSiV1、4Cr5W2VSi、（400～475HBW）
外套筒	5CrMnMo、4Cr5MoSiV（300～350HBW）		
挤压垫	4Cr5MoSiV1、4Cr5W2VSi、3Cr2W8V、4Cr4Mo2WVSi、5Cr4W5Mo2V、4Cr3W4Mo2VTiNb、高温合金（40～44HRC）		4Cr5MoSiV1、4Cr5W2VSi（44～48HRC）
挤压杆	5CrMnMo、4Cr5MoSiV、4Cr5MoSiV1（450～500HBS）		
挤压芯棒（挤压管材用）	4Cr5MoSiV1、3Cr2W8V、4Cr5W2VSi（42～50HRC）	4Cr5MoSiV1、4Cr5W2VSi、3Cr2W8V（40～48HRC）	4Cr5MoSiV1、4Cr5W2VSi（48～52HRC）

问题5　常用的刃具材料有哪些？如何选材？

6.5　刃具的选材

6.5.1　刃具的工作条件、主要失效形式及性能要求

切削加工使用的车刀、铣刀、钻头、锯条、丝锥、板牙等工具统称为刃具，图 6-13 所示为机械加工常用的刃具。

1. 刃具的工作条件

（1）刃具切削材料时，受到被切削材料的强烈挤压，刃部受到很大的弯曲。某些刃具（如钻头、铰刀）还会受到较大的扭转。

（2）刃具刃部与被切削材料强烈摩擦，刃部温度可升到 500～600℃。

（3）机用刃具往往承受较大的冲击与震动。

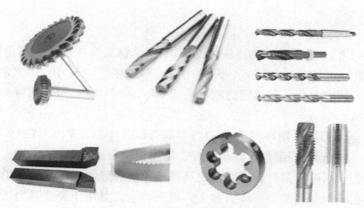

图 6-13　机械加工常用的刃具

2. 刃具的失效形式

（1）磨损　由于摩擦，刃具刃部易磨损，这不但增加了切削抗力，降低被加工零件表面质量，也由于刃部形状变化，使被加工零件的形状和尺寸精度降低。

（2）断裂　刃具在冲击力及震动的作用下折断或崩刃。

（3）刃部软化　由于刃部温度升高，若刃具材料的热硬性低或高温性能不足，使刃部硬度显著下降，丧失切削加工能力。

3. 刃具材料的性能要求

（1）高硬度　刀具材料的硬度必须高于工作材料的硬度，否则切削难以进行，在常温下，一般要求其硬度在 60HRC 以上。

（2）高耐磨性　为承受切削时的剧烈摩擦，刀具材料应具有较强的抵抗磨损的能力，以提高加工精度及使用寿命。

（3）高热硬性　切削时由于金属的塑性变形、弹性变形和强烈摩擦，会产生大量的切削热，造成较高的切削温度，因此刀具材料必须具有高的热硬性，在高温下仍能保持高的硬度、耐磨性和足够的坚韧性。

（4）良好的强韧性　为了承受切削力、冲击和振动，刃具材料必须具备足够的强度和韧性才不致被破坏。

刃具材料除应有以上优良的切削性能外，一般还应具有良好的工艺性和经济性。

6.5.2　刃具的选材

制造刃具的材料有碳素工具钢、低合金刃具钢、高速钢、硬质合金和陶瓷等，根据刃具的使用条件和性能要求不同进行选用。

1. 简单的手用刃具

手锯锯条、锉刀、木工用刨刀、錾子等简单、低速的手用刃具，热硬性和强韧性要求不高，主要的使用性能是高硬度、高耐磨性。因此可用碳素工具钢制造。如 T8 钢、T10 钢、T12 钢等。碳素工具钢价格较低，但淬透性差，如用于制作形状较复杂的刃具，会出现淬不透或者由于淬火应力过大而变形甚至开裂。

2. 低速切削、形状较复杂的刃具

丝锥、板牙、拉刀等可用低合金刃具钢 9SiCr、CrWMn 制造。因钢中加入了铬、钨、锰等元素，使钢的淬透性和耐磨性大大提高，耐热性和韧性也有所改善，可在 <300℃ 的温度下

使用。

　　3. 高速切削用的刃具

　　（1）高速钢（W18Cr4V、W6Mo5Cr4V2 等）　高速钢具有高硬度、高耐磨性、高的热硬性、好的强韧性和高的淬透性的特点，因此在刃具制造中广泛使用，用来制造车刀、铣刀、钻头和其他复杂、精密刀具。高速钢的硬度为 62HRC～68HRC，切削温度可达 500～550℃，价格较贵。

　　（2）硬质合金　刃具常用硬质合金的牌号有 YG6、YG8、YT6、YT15 等。硬质合金的硬度很高（89～94HRA），耐磨性、耐热性好，使用温度可达 1000℃。它的切削速度比高速钢高几倍。硬质合金制造刃具时的工艺性比高速钢差。一般制成形状简单的刀头，用钎焊的方法将刀头焊接在碳钢制造的刀杆或刀盘上。硬质合金刃具用于高速强力切削和难加工材料的切削。硬质合金的抗弯强度较低，冲击韧度较差，价格贵。

　　（3）陶瓷　陶瓷硬度极高、耐磨性好、热硬性极高，也用来制造刃具。热压氮化硅（Si_3N_4）陶瓷显微硬度为 5000HV，耐热温度可达 1400℃。立方氮化硼的显微硬度可达 8000～9000HV，允许的工作温度达 1400～1500℃。陶瓷刃具一般为正方形、等边三角形的形状，制成不重磨刀片，装夹在夹具中使用，用于各种淬火钢、冷硬铸铁等高硬度难加工材料的精加工和半精加工。陶瓷刃具抗冲击能力较低，易崩刃。

问题6　常用的弹簧材料有哪些？如何选材？

6.6　弹簧的选材

　　弹簧是一种重要的机械零件。它的基本作用是利用材料的弹性和弹簧本身的结构特点，在载荷作用产生下变形时，把机械功或动能转变为形变能，在恢复变形时，把形变能转变为动能或机械功。

6.6.1　弹簧的类型及用途

　　弹簧按形状分主要有螺旋弹簧（压缩、拉伸、扭转弹簧）、板弹簧、片弹簧和蜗卷弹簧几种，如图 6-14 所示。

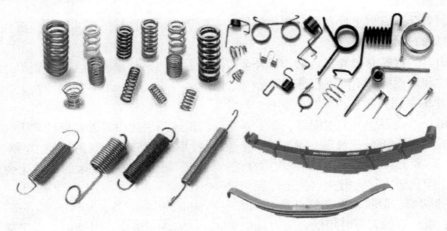

图 6-14　各类弹簧

弹簧有下列用途：

（1）缓冲或减振　如汽车、拖拉机、火车中使用的悬挂弹簧。

（2）定位　如机床及其夹具中利用弹簧将定位销（或滚珠）压在定位孔（或槽）中。

（3）复原　外力去除后自动恢复到原来位置，如汽车发动机中的气门弹簧。

（4）储存和释放能量　如钟表、玩具中的发条。

（5）测力　如弹簧称、测力计中使用的弹簧。

6.6.2　弹簧的工作条件及失效形式

1. 弹簧的工作条件

（1）弹簧在外力作用下压缩、拉伸、扭转时，材料将承受弯曲或扭转作用。

（2）缓冲、减振或复原用的弹簧承受交变应力和冲击载荷的作用。

（3）某些弹簧受到腐蚀介质和高温的作用。

2. 弹簧的失效形式

（1）塑性变形　在外载荷作用下，材料内部产生的正应力或切应力超过材料本身的屈服应力后，弹簧发生塑性变形。外载荷去掉后，弹簧不能恢复到原始尺寸和形状。

（2）疲劳断裂　在交变应力作用下，弹簧表面缺陷（裂纹、折叠、刻痕、夹杂物）处产生疲劳源，裂纹扩展后造成断裂失效。

（3）快速脆性断裂　某些弹簧存在材料缺陷（如粗大夹杂物，过多脆性相）、加工缺陷（如折叠、划痕）、热处理缺陷（淬火温度过高导致晶粒粗大，回火温度不足使材料韧性不够）等，当受到过大的冲击载荷时，发生突然脆性断裂。

（4）腐蚀断裂及永久变形　在腐蚀性介质中使用的弹簧易产生应力腐蚀断裂失效。高温使弹簧材料的弹性模量和承载能力下降，高温下使用的弹簧易出现蠕变和应力松弛，产生永久变形。

6.6.3　弹簧材料的性能要求

1. 高的弹性极限 σ_e 和高的屈强比 σ_s / σ_b

弹簧工作时不允许有永久变形，因此要求弹簧的工作应力不超过材料的弹性极限。弹性极限越大，弹簧可承受的外载荷越大。对于承受重载荷的弹簧，如汽车用板簧、火车用螺旋弹簧等，其材料需要高的弹性极限。

当材料直径相同时，碳素弹簧钢丝和合金弹簧钢丝的抗拉强度相差很小，但屈强比差别较大。65 钢为 0.7，60Si2Mn 钢为 0.75、50CrVA 钢为 0.9。屈强比高，弹簧可承受更高的应力。

2. 高的疲劳强度

材料的弯曲疲劳强度 σ_{-1} 和扭转疲劳强度 τ_{-1} 越大，则弹簧的抗疲劳性能越好。

3. 好的材质和表面质量

材料夹杂物含量少，晶粒细小，表面质量好，缺陷少，对于提高弹簧的疲劳寿命和抗脆性断裂十分重要。

4. 某些弹簧需要材料有良好的耐蚀性和耐热性

保证在腐蚀性介质和高温条件下的弹簧具备良好的使用性能。

6.6.4　弹簧的成形方法

弹簧的成形方法根据生产特点的不同，分为两大类：

（1）热轧弹簧　通过热轧方法加工成圆钢、方钢、盘条、扁钢，制造尺寸较大，承载较重的螺旋弹簧或板簧。弹簧热成形后要进行淬火及回火处理。

（2）冷轧（拔）弹簧　以盘条、钢丝或薄钢带（片）供应，用来制作小型冷成形螺旋弹簧、片簧、蜗卷弹簧等。

6.6.5　弹簧的选材

弹簧的选材根据不同的工作条件主要以碳素弹簧钢和合金弹簧钢为主，特殊工作条件下的也可选用不锈钢或铜合金。

1. 弹簧钢

常用弹簧钢的牌号、特点及应用如表 6-17 所示。

表 6-17　常用弹簧钢的牌号、特点及应用

钢类	代表钢号	主要特点	应用举例
碳素弹簧钢	65、70 75、80	经热处理或冷拔硬化后，得到较高的强度和适当的塑性、韧性；在相同表面状态和完全淬透情况下，疲劳极限不比合金弹簧钢差，但淬透性低	制作直径在 10mm 的小尺寸弹簧,如普通的圆、方螺旋弹簧或拉成钢丝作小型机械的弹簧、调压调速弹簧、柱塞弹簧、测力弹簧
锰弹簧钢	65Mn	锰提高淬透性，表面脱碳倾向比硅钢小，经热处理后的综合力学性能略优于碳钢，缺点是有过热敏感性和回火脆性	小尺寸扁、圆弹簧、坐垫弹簧、弹簧发条,也适于制造弹簧环、气门簧、离合器簧片、制动弹簧
铬钒弹簧钢	50CrVA	良好的工艺性能和力学性能，淬透性比较高，加入钒，使钢的晶粒细化，降低过热敏感性，提高强度和韧性	制造蒸汽机机车汽缸的弹簧、内燃机气阀和安全阀用的弹簧及其他较高温度工作的弹簧
硅锰弹簧钢	55Si2Mn 55Si2MnB 60Si2Mn	硅和锰提高弹性极限和屈强比，提高淬透性以及回火稳定性和抗松弛稳定性，过热敏感性也较小，但脱碳倾向较大	汽车、拖拉机、火车车厢下部承受重力和振动用的减震板簧和螺旋弹簧及其他承受较高应力的弹簧
铬锰弹簧钢	50CrMn	较高强度、塑性和韧性，过热敏感性比锰钢低，比硅锰钢高，对回火脆性较敏感，回火后宜快冷	制造车辆、拖拉机和炮车上和较重要板簧和圆弹簧

2. 不锈钢

0Cr18Ni9、1Cr18Ni9、1Cr18Ni9Ti 通过冷轧（拔）加工成带或丝材，制造在腐蚀性介质中使用的弹簧。

3. 黄铜、锡青铜、铝青铜、铍青铜

具有良好的导电性、非磁性、耐蚀性、耐低温性及弹性，用于制造电器、仪表弹簧及在腐蚀性介质中工作的弹性元件。

6.7　热处理工艺位置安排及方案选择

在零件的生产加工过程中，热处理被穿插在各个冷热加工工序之间，起着承上启下的作用。热处理方案的正确选择以及工艺位置的合理安排，是制造出合格零件的重要保证。

6.7.1　热处理工艺的位置安排

根据热处理的目的和各机械加工工序的特点，热处理工艺位置一般安排如下。

1. 预先热处理的工艺位置

　　预先热处理包括退火、正火、调质等，其工艺位置一般安排在毛坯生产（铸、锻、焊）之后，半精加工之前。

　　（1）退火、正火的工艺位置　退火、正火一般用于改善毛坯组织，消除内应力，为最终热处理作准备，其工艺位置一般安排在毛坯生产之后，机械加工之前。即：毛坯生产（铸、锻、焊、冲压等）→ 退火或正火 →机械加工。另外，还可在各切削加工之间安排去应力退火，用于消除切削加工的残余应力。

　　（2）调质的工艺位置　调质主要是用来提高零件的综合力学性能，或为以后的最终热处理作好组织准备。其工艺位置一般安排在机械粗加工之后，精加工或半精加工之前。即：毛坯生产→退火或正火→机械粗加工→调质→机械半精加工或精加工。另外，调质前须留一定加工余量，调质后工件变形如较大则需增加校正工序。

　　2. 最终热处理工艺位置

　　最终热处理包括淬火、回火及化学热处理等。零件经这类热处理之后硬度一般较高，难以切削加工，故其工艺位置应尽量靠后，一般安排在机械半精加工之后，磨削之前。

　　（1）淬火、回火的工艺位置　淬火的作用是充分发挥材料潜力，极大幅度地提高材料硬度和强度。淬火后及时回火获得稳定回火组织，从而得到材料最终使用时的组织和性能，故一般安排在机械半精加工之后，磨削之前。即：下料→毛坯生产→退火或正火→机械粗加工→调质→机械半精加工→淬火、回火→磨削。另外，整体淬火前一般不进行调质处理，而表面淬火前则一般须进行调质，用以改善工件心部力学性能。

　　（2）渗碳的工艺位置　渗碳是最常用的化学热处理方法，当工作某些部位不需渗碳时，应在设计图样上注明，采取防渗措施，并在渗碳后淬火前去掉该部位的渗碳层。其工艺位置安排为：下料→毛坯生产退火或正火→机械粗加工→调质→机械半精加工→去应力退火→粗磨→渗碳→研磨或精磨。另外，零件不需渗碳的部位也应采取防护措施或预留防渗余量。

6.7.2　常用热处理方案的选择

　　每一种热处理方法都有它的特点，而每一种材料也有它适宜的热处理方法。另外，实际工作中的零件的结构形状、尺寸大小、性能要求不一样，这些对热处理方案的选择都有较大的影响。

　　1. 确定预备热处理

　　常用预备热处理方法有三大类：退火、正火、调质、钢材通过预备热处理可以使晶粒细化，成分、组织均匀，内应力得到消除，为最终热处理作好组织准备。因此，它是减少应力，防止变形和开裂的有效措施。

　　一般地，零件预先热处理大都采用正火。但对成分偏析较严重，毛坯生产后内应力较大以及正火后硬度偏高时，应采用退火工艺。共析钢及过共析钢多采用球化退火；亚共析钢则应采用完全退火（现一般用等温退火来代替）；对毛坯中成分偏析严重的应采用均匀化高温扩散退火；消除内应力较彻底的应采用去应力退火。如果对零件综合力学性能要求较高时，预先热处理则应采用调质。

　　2. 采用合理的最终热处理

　　最终热处理的方法很多，主要包括淬火、回火、表面淬火及化学热处理等。工件通过最终热处理，获得最终所需的组织及性能，满足工件使用要求。因此，它是热处理中保证质量的最后一道关口。

一般地，根据工件的材料类型，形状尺寸，淬透性大小及硬度要求等选择合适的淬火方法。如对于形状简单的碳钢件可采用单液水中淬火；对于合金钢制工件多采用单液油中淬火。为了有效地减小淬火内应力，防止工件变形、开裂，可采用预冷、双液、分级、等温淬火方法。对于某些只需局部硬化的工件可针对相应部位进行局部淬火。对于精密零件和量具等，为稳定尺寸，提高耐磨性可采用冷处理或长时间的低温时效处理。

淬火后的工件应及时回火，而且回火应充分。对于要求高硬度的耐磨工件应采用低温回火；对于高韧性，较高强度的工件则进行中温回火；而对于要求具备较高综合力学性能的工件应进行高温回火。

有时，工作条件要求零件表层与心部具有不同性能，这时可根据材料化学成分和具体使用性能的不同，选择相应的表面热处理方法。如对于表层具有高硬度、高强度、耐磨性及疲劳极限，而心部具有足够塑性及韧性的中碳钢或中碳合金钢工件，可采用表面淬火法；对于低碳钢或低碳合金钢工件，可采用渗碳法；而对于承载力不大但精度要求较高的合金钢，多采用渗氮。为了提高化学热处理的效率，生产中还可采用低温气体碳氮共渗及中温气体碳氮共渗。另外，还可根据需要对工件进行其他渗金属或非金属的处理。如为提高工件高温抗氧化性可渗铝；为提高工件耐磨性和热硬性可渗硼等。还有，为了提高零件表面硬度，耐磨性，减缓材料的腐蚀，可在零件表面涂覆其他超硬、耐蚀材料。

当然，在实际生产过程中，由于零件毛坯的类型及加工工艺过程的不同，在具体安排热处理方法及工艺位置时并不一定要完全按照上述原则，而应根据实际情况进行灵活调整。如：对于精密零件，为消除机械加工造成的残留应力，可在粗加工，半精加工及精加工后安排去应力退火工艺。另外，对于淬火、回火后残留奥氏体较多的高合金钢，可在淬火或第一次回火后进行深冷处理，以尽量减少残留奥氏体量并稳定工件形状及尺寸。

6.7.3　零件热处理技术条件的标注

设计者应根据零件性能要求，在零件图相应位置标示出热处理技术条件，其主要内容应包括最终热处理方法及热处理后应达到的主要力学性能指标等，供热处理生产及检验时参考。热处理条件一般标注在零件图标题栏的上方。

1. 文字和数字说明

零件经热处理后应达到的力学性能指标，一般只需标出硬度值，且标定的硬度值可允许有一个波动范围，一般布氏硬度范围为 30 ~ 40 单位左右；洛氏硬度范围在 5 个单位左右。如：淬火、回火 48 ~ 53HRC；调质 220 ~ 250HBW。

但对于某些力学性能要求较高的重要零件，如重型零件、关键零件等则还需根据需要标出强度、塑性、韧性等指标，有的还对显微组织有相应要求。如连杆，其热处理技术条件为：调质 260 ~ 315HBW；组织为回火索氏体，不允许有块状铁素体。

另外，对于表面淬火零件应标明淬硬层硬度、深度及淬硬部位，有的对表面淬火后的变形量有要求。对渗碳、渗氮零件则应标明化学热处理后的硬度，渗碳或氮的部位及渗层深度，有的还对显微组织有要求。

2. 热处理代号

在图样上标注热处理技术条件时，可用文字也可采用国标规定的热处理工艺代号。GB/T 12603—2005 规定的热处理工艺代号如下所示：

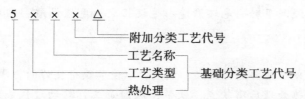

热处理工艺代号由两部分组成，即基础分类工艺代号 + 附加分类工艺代号。基础分类代号由三位数字组成。第一位数字 "5" 表示热处理工艺代号；第二、三位数字分别表示工艺类型、工艺名称、工艺方法的代号（见附录 C）。当某个层次不需进行分类时，该层次就用 "0" 表示。附加分类工艺代号连在基础分类代号之后，用数字或英文字母表示某些热处理工艺具体的实施条件（详见 GB/T 12603—2005）。

📖 课题实例

实例 1　凸轮轴的选材及热处理

1. 工作条件及失效形式分析

凸轮轴是发动机配气系统中的重要部件（如图 6-15 所示），用来保证气门按一定的时间开启和关闭。凸轮轴与气门挺杆为一摩擦副，在工作过程中承受连杆压应力，其次受弯曲和转矩的作用。

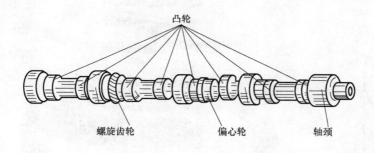

图 6-15　凸轮轴

凸轮轴的主要失效形式为接触疲劳破坏、凸轮磨损、麻点和剥落。因此凸轮轴必须具有良好的接触疲劳强度、耐磨性和一定的强度和刚度。

2. 材料的选用

凸轮的材料要根据挺杆的材料而定，同时要考虑到设计和使用的要求。

一般的凸轮轴采用渗碳钢，如 15 钢、20 钢、15Cr 钢、20Cr 钢等，经渗碳处理后表面耐磨性较好，而心部有较好的韧性。也可采用中碳钢，如 40 钢、45 钢、50 钢等，整体的调质处理再加表面淬火，可使零件内部有良好的强韧性，表面有高的硬度和耐磨性。对于大功率的高速发动机，可以用 Ni-Cr-Mo 合金铸铁、Cu-V-Mo 合金铸铁制造。

通常可采用 45 钢制作凸轮轴，毛坯晶粒度为 6～8 级。

3. 凸轮轴的热处理工艺

（1）技术要求　45 钢凸轮轴的质量要求：凸轮、支承轴径和偏心轮的表面硬度为 55～63HRC，硬化层深 2～5mm；齿轮的硬度 45～58HRC，硬化层深度 2～5mm。

（2）加工工艺路线　下料→毛坯锻造→毛坯正火→毛坯调质→粗加工→高频感应淬火及回火→精加工。

4. 工艺说明

（1）凸轮在表面处理前要进行正火、调质，以使其获得良好的力学性能。

（2）缺陷分析：热处理后有软点、软带，原因是工作转动过快或加热温度低；凸轮的尖部淬硬层剥落，原因是尖部过热或淬硬层过厚。

实例2　复合冲裁模的选材及热处理

1. 工作条件和要求

图6-16所示为止动片零件图，零件材料为Q235-A钢，厚度为2mm，属于大批量生产，采用复合冲裁模，模具结构如图6-17所示。在冲裁过程中工作零件（即凸模、凸凹模、凹模）的刃口要承受反复巨大的剪切力、压力、冲击力和摩擦力的综合作用。所以，冷冲模所有的工作零件硬度要高，以保证刃口的锋利，以此提高其使用寿命。

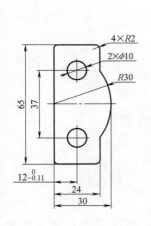

图6-16　止动片零件

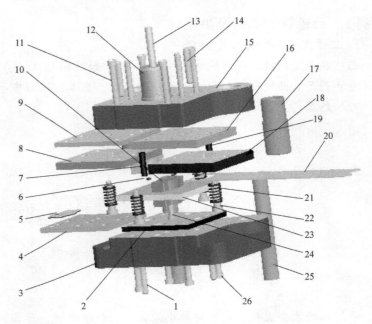

图6-17　止动片复合冲裁模

1—下模销钉　2—凸凹模固定板　3—下模座　4—下模垫板　5—零件　6—挡料销
7—推件块　8—空心垫板　9—上模垫板　10—凸凹模　11—上模固定螺钉　12—模柄
13—打杆　14—上模销钉　15—上模座　16—凸模固定板　17—导套　18—凹模板
19—凸模　20—条料　21—卸料弹簧　22—卸料螺钉　23—卸料板　24—凸凹模
固定螺钉　25—导柱　26—下模固定螺钉

2. 材料的选用

分析止动片冷冲裁模的工作特点，所使用的材料要具有高的硬度、强度、耐磨性，同时热处理后的变形要小，即要求材料具有很好的淬透性。高硬度和高耐磨对应所选材料的成分应该为高碳；高的淬透性对应所选材料的成分应该为高合金，特别是高铬（因为铬是有效提高合金钢淬透性的主要合金元素）。

根据性能要求及成分分析，可选择高碳高铬的 Cr12 型钢，主要为 Cr12 钢和 Cr12MoV 钢。因为 Cr12MoV 相比 Cr12 钢，成分中加入了钼（Mo）和钒（V），能起细化晶粒的作用，明显改善了材料的韧性，并提高了回火稳定性和淬透性。所以，选择 Cr12MoV 钢作为凸模、凸凹模和凹模板的制作材料。

3. 制造及热处理工艺

（1）机械加工工艺流程

下料→锻造→球化退火→切削加工或电加工→淬火→回火→精加工→钳修和装配。

（2）热处理工艺

复合冲裁模工作零件的热处理工艺如图 6-18 所示。

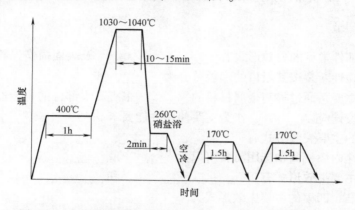

图 6-18　复合冲裁模工作零件（Cr12MoV 钢）的热处理工艺

Cr12MoV 钢的最佳淬火温度范围为 1020 ~ 1050℃。预热在普通箱式电阻炉中进行，然后在高温盐浴炉中加热。在硝盐中冷却，停留一段时间可使模具各截面的温度一致，减少了淬火热应力，同时残留奥氏体量较多，组织为残留奥氏体＋马氏体＋粒状碳化物。该模具要求有高硬度及耐磨性，采用低温回火以消除淬火内应力，而并不降低基体的硬度和耐磨性能，硬度大于 60HRC。两次低温回火可防止模具在使用过程中过早开裂，对提高使用寿命有一定的作用。

4. 失效形式

（1）刃口磨损　原因在于刃口的硬度不足，加热温度低或时间短。

（2）刃口剥落　原因在于回火不充分而造成模具工作零件脆性大。

（3）镦粗和折断　一般发生在冲孔凸模，同碳化物的不均匀性有关，原因在于锻造或球化处理工艺有欠缺。

📖 思考与练习

6.1　思考题

1. 在选材时要考虑哪些原则？注意哪些问题？

2. 零件常见失效形式有哪几种？他们要求材料的主要性能指标分别是什么？

3. 已知直径为 φ60mm 的轴，要求心部硬度为 30 ~ 40HRC，轴颈表面硬度为 50 ~ 55HRC，现库存 45 钢、20CrMnTi 钢、40CrNi 钢、40Cr 钢四种钢材，宜选用那种材料制造为好？其工艺路线如何安排？

4. 欲做下列零件：小弹簧、錾子、手锯条、齿轮、螺钉，试为其各选一材料（待选材料：Q195 钢、45 钢、65Mn 钢、T10 钢、T8 钢）。

5. 有 20CrMnTi 钢、38CrMoAl 钢、T12 钢、45 钢等四种钢材，请选择一种钢材制作汽车变速器齿轮（高速中载受冲击），并写出工艺路线，说明各热处理工序的作用。

6. 比较冷作模具和热作模具的工作条件和常用材料的性能有何区别？

7. 成型各类不同的塑料，塑料模具材料的选择有何侧重？

8. 作为刀具材料，比较高速钢与硬质合金的使用性能、工艺性能及经济性能。

9. 结合课题 1，分析常用典型钢种的牌号、成分、性能及应用有何内在联系？

6.2　练习题

1. 填空题

（1）金属零部件常见的失效形式有_____、_____及表面损伤失效。

（2）低应力脆性断裂按其断口的形貌可分为_____和_____。

（3）工程上主要是通过提高金属材料的_____来提高零部件的耐磨性。

（4）曲轴的设计应以_____作为主要使用性能要求。

（5）传动轴的主要失效形式有_____、_____、_____。

（6）通常低速内燃机曲轴选用材料可以为_____或_____。

（7）齿轮的主要失效形式有_____、_____、和_____。

（8）冲裁模凸、凹模的主要失效形式为_____。

（9）拉深模工作零件的主要失效是拉深过程中的粘附造成_____失效。

（10）成型透明塑料的模具要求所选材料具有良好的_____性能和高的耐磨性。

（11）高速钢用于制作高速切削的刀具是因为其高硬度和高耐磨性以及高的_____性。

2. 选择题

（1）材料断裂之前发生明显的宏观塑性变形的断裂叫做_____。

A. 脆性断裂　　　　B. 韧性断裂　　　　C. 疲劳断裂　　　　D. 快速断裂

（2）对大部分的机器零件和工程构件，材料的使用性能主要是指_____。

A. 物理性能　　　　B. 化学性能　　　　C. 力学性能　　　　D. 热学性能

（3）在外力作用下，零件截面积越大，材料的弹性模量越高，越不容易发生_____失效。

A. 腐蚀　　　　B. 磨损　　　　C. 脆性断裂　　　　D. 弹性变形

（4）用 20 钢制成弹簧，会出现_____问题；把 20 钢当成大锤，会出现_____问题。

A. 弹性和强度不够　　　　　　　　B. 弹性够，强度不够

C. 弹性不够，强度够　　　　　　　D. 硬度和耐磨性不够

（5）下列零件与构件中选材不正确的是_____。

A. 机床床身用灰口铸铁制造　　　B. 桥梁用 Q235（16Mn）钢制造

C. 热作模具用 CrWMn 钢制造　　　D. 钻头用 W18Cr4V 钢制造

（6）下列工具或零件中选材正确的是_____。

A. 机用锯条用 1Cr13 钢制造　　　　　B. 汽车后桥齿轮用 Q345（16Mn）钢制造

C. 汽车板簧用 20CrMnTi 钢制造　　　D. 车床主轴用 40Cr 钢制造

（7）形状复杂、生产批量大的厚板冲裁模适宜采用的钢是_____。

A. T8A　　　　　B. T10A　　　　　C. 9SiCr　　　　　D. Cr12MoV

（8）成型以玻璃纤维为添加剂的热塑性塑料注塑模具宜采用_____钢。

A. 12CrNi3A　　　B. 9CrWMn　　　C. 2Cr13　　　　D. 5NiSCa

（9）目前应用最广泛的压铸模具钢是_____。

A. 3Cr2W8V　　　B. 30CrMnSi　　　C. 1Cr18Ni9　　　D. W18Cr4V

（10）用 W6Mo5Cr4V2 钢制作厚钢板小孔冲裁模的冲头主要是利用其_____。

A. 高淬透性　　　B. 高韧性　　　　C. 高热硬性　　　D. 高抗压强度

（11）制造汽车及火车车厢下部承受重力和振动用的减震板簧宜采用_____钢。

A. 65　　　　　　B. 65Mn　　　　　C. 60Si2Mn　　　　D. 9SiCr

3. 判断题

（1）对于机械零件，最重要的是加工工艺性能，它是选材的最主要依据。　　　　（　　）

（2）因为弹性变形是临时的变形，它不会引起零件的失效。　　　　　　　　　　（　　）

（3）普通轴类零件一般可选用 45 钢经调质处理获得良好的综合力学性能。　　　（　　）

（4）齿轮要求高硬度和高耐磨性，所以普通齿轮一般都选用高碳钢制造。　　　　（　　）

（5）20CrMnTi 作为渗碳合金钢是制造汽车各种齿轮的常用钢种。　　　　　　　（　　）

（6）可采用球墨铸铁铸代替 45 钢通过铸造成形制造内燃机曲轴，节约成本。　　（　　）

（7）采用预硬型塑料模具钢制造的模具，在切削加工后不需要淬火和回火，可以避免变形、开裂、脱碳等缺陷。　　　　　　　　　　　　　　　　　　　　　　　　　（　　）

（8）高速钢具有很好的热硬性，是各类压铸模的常用钢种之一。　　　　　　　　（　　）

（9）用于减振和复原的弹簧承受交变应力和冲击载荷的作用，所选材料应该具有较好的塑性和韧性。　　　　　　　　　　　　　　　　　　　　　　　　　　　　　　　（　　）

（10）高速钢具有高硬度、高耐磨性、高的热硬性、好的强韧性和高的淬透性的特点，因此在刃具制造中广泛使用。　　　　　　　　　　　　　　　　　　　　　　　　（　　）

6.3　应用拓展题

在实习车间观察机床设备、各类刃具和工具一般由什么材料制成？如不能确定，可上网搜查。再尝试给这些机械零件选择备用材料及编制合理的加工工艺路线。

附　　录

附录 A　压痕直径与布氏硬度对照表

钢球直径：10mm　试验力：4900N（注：试验力为 9800N 时硬度值为表中 2 倍，以此类推）

压痕直径/mm	布氏硬度值	压痕直径/mm	布氏硬度值	压痕直径/mm	布氏硬度值
2.00	158	3.55	48.9	5.15	22.3
2.05	150	3.60	47.5	5.20	21.8
2.10	143	3.65	46.1	5.25	21.4
2.15	136	3.70	44.9	5.30	20.9
2.20	130	3.75	43.6	5.35	20.5
2.25	124	3.80	42.4	5.40	20.1
2.30	119	3.85	41.3	5.45	19.7
2.35	114	3.90	40.2	5.50	19.3
2.40	109	3.95	39.1	5.55	18.9
2.45	104	4.00	38.1	5.60	18.6
2.50	100	4.05	37.1	5.65	18.2
2.55	96.3	4.10	36.2	5.70	17.8
2.60	92.6	4.15	35.3	5.75	17.5
2.65	89.0	4.20	34.4	5.80	17.2
2.70	85.7	4.25	33.6	5.85	16.8
2.75	82.6	4.30	32.8	5.90	16.5
2.80	79.6	4.35	32.0	5.95	16.2
2.85	76.8	4.40	31.2	6.00	15.9
2.90	74.1	4.45	30.5	6.05	15.6
2.95	71.5	4.50	29.8	6.10	15.3
3.00	69.1	4.55	29.1	6.15	15.1
3.05	66.8	4.60	28.4	6.20	14.8
3.10	64.6	4.65	27.8	6.25	14.5
3.15	62.5	4.70	27.1	6.30	14.2
3.20	60.5	4.75	26.5	6.35	14.0
3.25	58.6	4.80	25.9	6.40	13.7
3.30	56.8	4.85	25.4	6.45	13.5
3.35	55.1	4.90	24.8		
3.40	53.4	4.95	24.3		
3.45	51.8	5.00	23.8		
3.50	50.3	5.05	23.3		

附录 B　钢铁材料硬度与强度换算表

维氏硬度 HV	布氏硬度 HBW	洛氏硬度 HRA	洛氏硬度 HRC	表面洛氏 15-N	表面洛氏 30-N	抗拉强度	维氏硬度 HV	布氏硬度 HBW	洛氏硬度 HRA	洛氏硬度 HRB	洛氏硬度 HRC	表面洛氏 15-N	表面洛氏 30-N	抗拉强度
940		85.6	68.0	93.2	84.4		410	388	71.4		41.8	81.4	61.1	137
920		85.3	67.5	93.0	84.0		400	379	70.8		40.8	81.0	60.2	134
900		85.0	67.0	92.9	83.6		390	369	70.3		39.8	80.3	59.3	130
880		84.7	66.4	92.7	83.1		380	360	69.8	110.0	38.8	79.8	58.4	127
860		84.4	65.9	92.5	82.7		370	350	69.2		37.7	79.2	57.4	123
840		84.1	65.3	92.3	82.2		360	341	68.7	109.0	36.6	78.6	56.4	120
820		83.8	64.7	92.1	81.7		350	331	68.1		35.5	78.0	55.4	117
800		83.4	64.0	91.8	81.1		340	322	67.6	108.0	34.4	77.4	54.4	113
760		83.0	63.3	91.5	80.4		330	313	67.0		33.3	76.8	53.6	110
760		82.6	62.5	91.2	79.7		320	303	66.4	107.0	32.2	76.2	52.3	106
740		82.2	61.9	91.0	79.1		310	294	65.8		31.0	75.6	51.0	103
720		81.8	61.0	90.7	78.4		300	284	65.2	105.5	29.8	74.9	50.2	99
700		81.3	60.1	90.3	77.6		295	280	64.8		29.2	74.6	49.7	98
690		81.1	59.7	90.1	77.2		290	275	64.5	104.5	28.5	74.2	49.0	96
680		80.8	59.2	89.8	76.6	232	285	270	64.2		27.8	73.8	48.4	94
670		80.6	58.8	89.7	76.4	228	280	265	63.8	103.5	27.1	73.4	47.8	92
660		80.3	58.3	89.5	75.9	224	275	261	63.5		26.4	73.0	47.2	91
650		80.0	57.8	89.2	75.5	221	270	256	63.1	102.0	25.6	72.6	46.4	89
640		79.8	57.3	89.0	75.1	217	265	252	62.7		24.8	72.1	45.7	87
630		79.5	56.8	88.8	74.6	214	260	247	62.4	101.0	24.0	71.6	45.0	85
620		79.2	56.3	88.5	74.2	210	255	243	62.0		23.1	71.1	44.2	83
610		78.9	55.7	88.2	73.6	207	250	238	61.6	99.5	22.2	70.6	43.4	82
600		78.7	55.2	88.0	73.2	203	245	233	61.2		21.3	70.1	42.5	80
590		78.4	54.7	87.8	72.7	200	240	228	60.7	98.1	20.3	69.6	41.7	78
580		78.0	54.1	87.5	72.1	196	230	219		96.7	18.0			75
570		77.8	53.6	87.2	71.7	193	220	209		95.0	15.7			71
560		77.4	53.0	86.9	71.2	189	210	200		93.4	13.4			68
550	505	77.0	52.3	86.6	70.5	186	200	190		91.4	11.0			65
540	496	76.7	51.7	86.3	70.0	183	190	181		89.0	8.5			61
530	488	76.4	51.1	86.0	69.5	179	180	171		87.1	6.0			59
520	480	76.1	50.5	85.7	69.0	176	170	162		85.0	3.0			55
510	473	75.7	49.8	85.4	68.3	173	160	152		81.7	0.0			51
500	465	75.3	49.1	85.0	67.7	169	150	143		78.7				50
490	456	74.9	48.4	84.7	67.1	165	140	133		75.0				48
480	449	74.5	47.7	84.3	66.4	162	130	124		71.2				44
470	441	74.1	46.9	83.9	65.7	158	120	114		66.7				40
460	433	73.6	46.1	83.6	64.9	155	110	105		62.0				
450	425	73.3	45.3	83.2	64.3	151	100	95		54.2				
440	415	72.8	44.5	82.8	63.5	148	95	90		52.0				
430	405	72.3	43.6	82.3	62.7	144	90	86		48.0				
420	397	71.8	42.7	81.8	61.9	141	85	81		41.0				

附录 C　常用热处理工艺及代号（GB/T 12603—2005）

工艺	代号	工艺	代号	工艺	代号
热处理	500	形变淬火	513-Af	离子渗碳	531-08
整体热处理	510	气冷淬火	513-G	碳氮共渗	532
可控气氛热处理	500-01	淬火及冷处理	513-C	渗氮	533
真空热处理	500-02	可控气氛加热淬火	513-01	气体渗氮	533-01
盐浴热处理	500-03	真空加热淬火	513-02	液体渗氮	533-03
感应热处理	500-04	盐浴加热淬火	513-03	离子渗氮	533-08
火焰热处理	500-05	感应加热淬火	513-04	流态床渗氮	533-10
激光热处理	500-06	流态床加热淬火	513-10	氮碳共渗	534
电子束热处理	500-07	盐浴加热分级淬火	513-10M	渗其他非金属	535
离子轰击热处理	500-08	盐浴加热盐浴分级淬火	513-10H + M	渗硼	535（B）
流态床热处理	500-10	淬火和回火	514	气体渗硼	535-01（B）
退火	511	调质	515	液体渗硼	535-03（B）
去应力退火	511-St	稳定化处理	516	离子渗硼	535-08（B）
均匀化退火	511-H	固溶处理，水韧化处理	517	固体渗硼	535-09（B）
再结晶退火	511-R	固溶处理 + 时效	518	渗硅	535（Si）
石墨化退火	511-G	表面热处理	520	渗硫	535（S）
脱氢处理	511-D	表面淬火和回火	521	渗金属	536
球化退火	511-Sp	感应淬火和回火	521-04	渗铝	536（Al）
等温退火	511-l	火焰淬火和回火	521-05	渗铬	536（Cr）
完全退火	511-F	激光淬火和回火	521-06	渗锌	536（Zn）
不完全退火	511-P	电子束淬火和回火	521-07	渗钒	536（V）
正火	512	电接触淬火和回火	521-11	多元共渗	537
淬火	513	物理气相沉积	522	硫氮共渗	537（S-N）
空冷淬火	513-A	化学气相沉积	523	氧氮共渗	537（O-N）
油冷淬火	513-O	等离子体增强化学气相沉积	524	铬硼共渗	537（Cr-B）
水冷淬火	513-W	离子注入	525	钒硼共渗	537（V-B）
盐水淬火	513-B	化学热处理	530	铬硅共渗	537（Cr-Si）
有机水溶液淬火	513-Po	渗碳	531	铬铝共渗	537（Cr-Al）
盐浴淬火	513-H	可控气氛渗碳	531-01	硫氮碳共渗	537（S-N-C）
加压淬火	513-Pr	真空渗碳	531-02	氧氮碳共渗	537（O-N-C）
双介质淬火	513-l	盐浴渗碳	531-03	铬铝硅共渗	537（Cr-Al-Si）
分级淬火 .	513-M	固体渗碳	531-09		
等温淬火	513-At	流态床渗碳	531-10		

附录 D　国内外常用钢号的对照表

中国	前苏联	美国	英国	日本	法国	德国
GB	ГОСТ	ASTM	BS	JIS	NF	DIN
08F	08КП	1006	040A04	S09CK		C10
08	08	1008	045M10	S9CK		C10
10F		1010	040A10		XC10	
10	10	1010,1012	045M10	S10C	XC10	C10,CK10
15	15	1015	095M15	S15C	XC12	C15,CK15
20	20	1020	050A20	S20C	XC18	C22,CK22
25	25	1025		S25C		CK25
30	30	1030	060A30	S30C	XC32	
35	35	1035	060A35	S35C	XC38TS	C35,CK35
40	40	1040	080A40	S40C	XC38H1	
45	45	1045	080M46	S45C	XC45	C45,CK45
50	50	1050	060A52	S50C	XC48TS	CK53
55	55	1055	070M55	S55C	XC55	
60	60	1060	080A62	S58C	XC55	C60,CK60
85	85	C1085/1084	080A86	SUP3		
15Mn	15Г	1016,1115	080A17	SB46	XC12	14Mn4
40Mn	40Г	1036,1040	080A40	S40C	40M5	40Mn4
65Mn	65Г	1566				
15Cr	15X	5115	523M15	SCr415(H)	12C3	15Cr3
20Cr	20X	5120	527A19	SCr420H	18C3	20Cr4
30Cr	30X	5130	530A30	SCr430		28Cr4
35Cr	35X	5132	530A36	SCr430(H)	32C4	34Cr4
40Cr	40X	5140	520M40	SCr440	42C4	41Cr4
45Cr	45X	5145,5147	534A99	SCr445	45C4	
15CrMo	15XM	A-387Cr·B	1653	STC42	12CD4	16CrMo44
20CrMo	20XM	4119,4118	CDS12/CDS110	STC42	18CD4	20CrMo44
30CrMo	30XM	4130	1717COS110	SCM420	30CD4	
35CrMo	35XM	4135	708A37	SCM3	35CD4	34CrMo4
50CrVA	50XФА	6150	735A30	SUP10	50CV4	50CrV4
20CrMn	20XГСА	5152	527A60	SUP9		
40CrNi	40XH	3140H	640M40	SNC236		40NiCr6
20CrNi3A	20XH3A	3316			20NC11	20NiCr14
30CrNi3A	30XH3A	3325/3330	653M31	SNC631		28NiCr10
38CrMoAlA	38XMIOA		905M39	SACM645	40CAD6.12	41CrAlMo07
40CrNiMoA	40XHMA	4340	871M40	SNCM439		40NiCrMo22

（续）

中国	前苏联	美国	英国	日本	法国	德国
55Si2Mn	55С2Г	9255	250A53	SUP6	55S6	55Si7
60Si2MnA	60С2ГА	9260/9260H	250A61	SUP7	61S7	65Si7
50CrVA	50ХФА	6150	735A50	SUP10	50CV4	50CrV4
GCr9	ШХ9	E51100/51100		SUJ1	100C5	105Cr4
GCr15	ШХ15	E52100/52100	534A99	SUJ2	100C6	100Cr6
Y12	А12	C1109		SUM12		
Y15	B1113		220M07	SUM22		10S20
Y20	А20	C1120		SUM32	20F2	22S20
Y40Mn	А40Г	C1144	225M36		45MF2	40S20
ZGMn13	116Г13Ю			SCMnH11	Z120M12	X120Mn12
T7	у7	W1-7		SK7,SK6		C70W1
T8	у8			SK6,SK5		
T8A	у8А	W1-0.8C			1104Y₁75	C80W1
T10	у10	W1-1.0C	D1	SK3		
T12	у12	W1-1.2C	D1	SK2	Y2 120	C125W
T12A	у12А	W1-1.2C			XC 120	C125W2
T13	у13			SK1	Y2 140	C135W
9SiCr	9ХС		BH21			90CrSi5
Cr12	Х12	D3	BD3	SKD1	Z200C12	X210Cr12
Cr12MoV	Х12М	D2	BD2	SKD11	Z200C12	X165CrMoV46
9Mn2V	9Г2Ф	02			80M80	90MnV8
9CrWMn	9ХВГ	01		SKS3	80M8	
CrWMn	ХВГ	07		SKS31	105WC13	105WCr6
3Cr2W8V	3Х2В8Ф	H21	BH21	SKD5	X30WC9V	X30WCrV93
5CrMnMo	5ХГМ			SKT5		40CrMnMo7
5CrNiMo	5ХНМ	L6		SKT4	55NCDV7	55NiCrMoV6
4Cr5MoSiV	4Х5МФС	H11	BH11	SKD61	Z38CDV5	X38CrMoV51
4CrW2Si	4ХВ2С			SKS41	40WCDS35-12	35WCrV7
5CrW2Si	5ХВ2С	S1	BSi			45WCrV7
W18Cr4V	Р18	T1	BT1	SKH2	Z80WCV/18-04-01	S18-0-1
W6Mo5Cr4V2	Р6М3	N2	BM2	SKH9	Z85WDCV/06-05-04-02	S6-5-2
1Cr18Ni9	12Х18Н9	302/S30200	302S25	SUS302	Z10CN18.09	X12CrNi188
0Cr19Ni9	08Х18Н10	304/S30400	304S15	SUS304	Z6CN18.09	X5CrNi189
00Cr19Ni11	03Х18Н11	304L/S30403	304S12	SUS304L	Z2CN18.09	X2CrNi189
0Cr18Ni11Ti	08Х18Н10Т	321/S32100	321S12/321S20	SUS321	Z6CNT18.10	X10CrNiTi189
0Cr13Al		405/S40500	405S17	SUS405	Z6CA13	X7CrAl13

（续）

中国	前苏联	美国	英国	日本	法国	德国
1Cr17	12X17	430/S43000	430S15	SUS430	Z8C17	X8Cr17
1Cr13	12X13	410/S41000	410S21	SUS410	Z12C13	X10Cr13
2Cr13	20X13	420/S42000	420S37	SUS420J1	Z20C13	X20Cr13
3Cr13	30X13		420S45	SUS420J2		
0Cr17Ni7Al	09X17H7Ю	631/S17700		SUS631	Z8CNA17.7	X7CrNiAl177
0Cr17Ni12Mo2	08X17H13M2T	316/S31600	316S16	SUS316	Z6CND17.12	X5CrNiMo1810
0Cr18Ni11Nb	08X18H12E	347/S34700	347S17	SUS347	Z6CNNb18.10	X10CrNiNb189
1Cr17Ni2	14X17H2	431/S43100	431S29	SUS431	Z15CN16-02	X22CrNi17
0Cr17Ni7Al	09X17H7Ю	631/S17700		SUS631	Z8CNA17.7	X7CrNiAl177

参 考 文 献

[1] 郑明新. 工程材料 [M]. 2 版. 北京：清华大学出版社，1991.

[2] 王纪安. 工程材料与材料成形工艺 [M]. 2 版. 北京：高等教育出版社，2004.

[3] 刘劲松. 金属工艺基础与实践 [M]. 北京：高等教育出版社，2009.

[4] 崔忠圻. 金属学与热处理 [M]. 北京：机械工业出版社，2001.

[5] 吴元徽. 热处理工（中级）[M]. 北京：机械工业出版社，2006.

[6] 凌爱林. 工程材料及成型设计基础 [M]. 北京：机械工业出版社，2005.

[7] 姜西尚. 铸造手册 [M]. 北京：机械工业出版社，1994.